別跟狗爭老大

瞭解狗格，人狗共享好關係

經典暢銷改版

The Other End of The Leash

Why We Do What We Do Around Dogs

派翠西亞·麥克康諾 Patricia B. McConnell 著

黃薇菁 譯

〈專文推薦〉

我是隻閹掉的狗

卜大中先生

我是隻狗，人類叫我「黃金獵犬種」。可是我認爲人類是猿猴雜交動物種。看我的主人就知道啦。我的主人叫卜大中，是個作家，也在報上寫評論，只罵別人，不罵自己。大概這是人類的通性吧。老卜這傢伙不懂得狗，常常自以爲是地對待我，使我啼笑皆非。在我一歲的時候，他就帶我去閹掉。喔，對了，忘了告訴你，之前我是隻公狗，閹掉後我就不男不女了。如果我把他牽去閹掉呢？可惡的傢伙只准自己爽，不准我爽，什麼態度嘛。他不知道閹割對我多痛苦，聞到母狗發情的味道，我快要抓狂到燒炭自殺。而且，在狗的世界裡很沒面子耶。

後來他常牽我出去散步，我非常興奮，每天只等這一刻。本來我以爲他愛我才帶我出去蹓躂，後來我發現他是虛榮心，因爲別人看到我都讚嘆：「哇，好漂亮的狗狗喔！」，他就比我還神氣，趾高氣昂，顧盼自雄。不過沒關係，我也很爽就是啦。其實，我對他還有個貢獻，就是幫他把妹。有美眉來摸我，他就乘機搭訕、要電話。沒見他眉花眼笑那副色鬼德行。哼，沒有我，你這個死老頭行嗎？

我雖然慘遭閹割，可是聞異性尿味的本能還是有的。母狗尿裡有雌性荷爾蒙，我聞了雖無法發情，也硬不起來，可是很舒服啊。老卜不懂，硬把我拉走，超解high的！唉，算了，誰叫我是狗，要靠他吃飯呢？

他也不知道我這種長毛狗很容易得皮膚病，尤其在台灣這種溼熱的地方。我常抓癢、掉毛，就是病徵。可是老卜不懂，常罵我、打我，還給我戴口罩，害我不能咬癢。他應該帶我去看醫生的，而不是給我戴口罩、剪指甲、穿襪子。還有，他知道我喜歡吃甜食和鹹食，常為了討好我，餵我巧克力和中國菜。我眞的愛死啦，西哩呼嚕吃乾抹淨。可是他不知道那對我的腎不好，會提早駕鶴西歸。

他也不知道我有時候並不想跟他玩，懶得理他。可是他偏偏來鬧我。狗也有情緒的；也有心情的高潮和低潮。你知道，我們有種心理病叫做「曠野憂鬱症」嗎？就像人類的憂鬱症。狗也有心情不好的時候喔。你最好別理我們，等過了就好了。如果你要關心我們，就餵我們吃點我們喜歡又健康的東西吧。

我們的領域觀念老卜也不懂。到家門口外面的路邊都歸我管。所以有人經過我一定會叫。那是祖先傳下來DNA密碼的本能，也是我的任務。老卜常常喝叱我，不准我叫，害我超不爽。我們狗類邊走邊尿也是劃地為王。所有動物都這樣，就像人類的民族主義，可是老卜常拖走我，不准我尿。

不過老卜這小子雖不上道，心地還不錯，沒把我賣給香肉鋪，對我也滿照顧的，雖然方法不對。唉，狗是人類最好的朋友，人類可不是狗最好的朋友。這是我跟附近那群狐群狗黨共同的看法。

我知道很多人類很喜歡我們狗類，只是不得其法，愛之適足以害之。所以我推薦你們看這本書。我敢打賭，這書作者一定是外星來的狗，或者前輩子是隻狗，要不然怎麼那麼瞭解我們？看了本書學會怎麼正確對待我們，我們可以多活幾年沒問題，心情也好得多，更能耍寶讓你們歡笑，幫你們看家、帶孩子。要記住喔，我們狗是忠心、單純的好朋友，不是玩物喔。我們不計較你窮不窮，只認你一個人做主人。聞到主人的氣味就是我們狗的幸福。要善待我們，也要尊重我們。有時候多給我們點自由，我們就會「受人點滴，湧泉以報」，那是死而無悔的。最重要的是：你們要用我們的方法跟我們溝通，不要用你們猿猴類的方法。最後，如果我們錯了，千萬別打我們，那會造成內心創傷，只要多教我們幾次就好了。記得，狗是會學習的。

喔，對了，時間到了。汪汪，老卜，快起來，別裝死，該帶我出去撒尿啦！

（本文作者爲《蘋果日報》總主筆）

〈專文推薦〉
當人遇到狗

黃慶榮（獸醫師）

一萬兩千多年來，人與狗之間的愛恨情仇糾葛不斷，今後也必將依然綿延不絕。

「狗，是人類最忠實的朋友」，這句話似乎已成爲古今中外顚撲不破的眞理。多年前曾聆聽瑞士籍動物行爲學家透納博士演講，他認爲：「狗，對人類有天生的崇拜。」當時，我很白目地丟出一個就像「舌頭爲什麼會被牙齒咬到？」的白癡大哉問：「既然狗天生就崇拜人類，爲什麼狗還會咬人？甚至咬牠的主人？」

現在從美國的派翠西亞·麥克康諾博士（Patricia B. McConnell, Ph.D.）的大作《別跟狗爭老大》中，可以知道問題的核心出自「人與狗的互動關係」。中文把 relationship 翻譯成「互動關係」，眞是既傳神又適切，它意味著兩者間因爲「動」而不斷產生因果關係，你一舉一動的「因」，影響狗一舉一動的「果」，狗一舉一動的「因」也左右你一舉一動的「果」。良好的互動關係猶如一對默契十足的舞者能舞出一場精彩絕倫的「探戈」，不良的互動關係就常常會互相踩腳，甚至翻臉。

在人與狗的互動中，狗絕對有能力從你的行爲中接收你所發出的訊息，經過解讀後，並做出牠們認爲最佳的回應。經過動物行爲學家長年努力研究的結果顯示，牠們做出回應的判斷能力是根據祖先的基因遺傳、自小從父母親與同儕或從生活經驗等學習所獲得。

同樣地，人類在文明進化中，不僅創造了許多表達人類思想的複雜語言（聽覺訊號），還運用了相當多不同的「肢體語言」（視覺訊號）詮釋。而且，「聽覺訊號」與「視覺訊號」又因地域、種族、性別、年齡、教育程度等各種因素而有所不同。

派翠西亞博士多年來以各種方法對狗行爲進行研究，卻發現人類習以爲常傳遞「聽覺訊號」與「視覺訊號」的方式，對狗兒言，在很多情境中，不僅猶如「雞同鴨講」，甚至可能讓狗產生適得其反的解讀；遺憾的是，人類卻毫無察覺，一直理直氣壯地用它跟狗「溝通」（communication）。因此，派翠西亞博士略帶嘲諷地說：「你的狗兒沒有瘋掉，已經是不幸中的萬幸了！」

「溝通」是近年來在人類社會關係中常常被使用的名詞，其最重要的精神在於「使用彼此都能瞭解的語言，經過意見交換後，彼此都能將對方的意思融入自己思想或行動中，達到雙方都能接受的境地」。

狗和人類一樣，都是高度社會化且有階級意識的哺乳類動物，也都喜歡交朋友，過正常的社交生活。但是，卻各自使用來自演化形成或學習得來屬於自己的獨特「溝通語言」，它當然包括了「聽覺訊號」與「視覺訊號」。

遺憾的是，人類是相當自以爲是的動物，常用「自認爲是客觀，卻是相當主觀」的思維模式處理事情，對大自然如是，對狗自不例外。人類跟狗兒「溝通」時，往往不自覺地採取強勢的「灌輸」方式，就是「我要你做什麼！我希望你怎麼做！」，也就是說「以高位階的統治者（dominator）姿態，用命令式的方法進行所謂的『溝通』」。

反躬自省，我過去在臨床診療時，面對求診「狗病患」的行爲，竟然犯了這麼多的錯誤而不自知，尤其是碰到被認爲是具有「統治攻擊性行爲」（Dominance Aggression）的「狗病患」時，採取傳統「必須壓制牠的氣焰」的暴力方法，自然就把「醫病關係」搞得更糟糕。

派翠西亞．麥克康諾博士提出她結合多年實務經驗與學術研究結果，不僅解開我多年來在臨床診療上碰到的有關狗行爲的疑惑，也糾正了很多我對於狗行爲的錯誤解讀及教導我什麼才是正確的方式。因此，這本書對我而言，不僅是一本有關狗行爲的教科書，更是一本令我拍案叫絕的「人狗公共關係學」。

人類需要學習與狗的「關係學」？沒錯！不過，誠如作者所說，選擇權掌握在你手中。狗的族群社會中，也存在統治者（Dominator）階級，雖然不是每一隻狗都天生具有領袖慾，但是天生具有領袖慾的狗兒在人類家庭中，會不斷試圖挑戰家庭成員的地位，以爭取更高階地位。

事實上，在家中「誰是老大？」，從狗進入家中的那一刻，答案早就揭曉，當然是飼主！可是，人類不論在「視覺訊息」或「聽覺訊息」上卻傳遞太多的錯誤訊息給自己飼養的寶貝，讓有領袖慾的狗兒誤認爲「黃袍加身」。此後，牠當然會毫不客氣地把你當作「老二」使喚囉！

要如何讓你的寶貝成爲默契十足、知書達禮、人見人愛、充滿自信的狗紳士或淑女呢？《別跟狗爭老大》開宗明義告訴讀者「仔細觀察，詳細紀錄」是瞭解狗兒最佳的途徑。這個絕招，不僅不用花大錢，更可以讓你深入狗心。當你充分瞭解狗兒後，耐心地確實依照派翠西亞博士建議的步驟去做，保證能成功培養出一隻身心健全的寶貝狗兒。

最後，我要以動物保護工作者的身分，向派翠西亞博士致上最眞誠的敬意和謝意！因爲她語重心長地點出，在美國很多寵物店展售的幼犬，是來自只是把狗當作搖錢樹的黑心繁殖場，而這些幼犬出生後，由於缺乏人類的關懷，錯過了「黃金社交期」，逐漸發展出排斥人類的孤僻行爲；因此，她呼籲大家共同打擊這類利慾薰心的繁殖場。同樣地，在此我也呼籲台灣的讀者，若碰到這種情形，請與中華民國保護動物協會聯繫：apaofroc@ms29.hinet.net；電話：（02）27040809，我們必定盡全力拯救牠們於水深火熱之中。

（本文作者爲社團法人中華民國保護動物協會秘書長）

〈專文推薦〉
開啓水龍頭的經歷

戴更基（獸醫師）

動物行爲，本來是一個簡單的東西，那是什麼，那就是動物每天的生活記錄，每天的互動及學習。這些互動及學習之後所呈現出來的反應，就是動物表現出來的樣子，也就是他的行爲。人類也是動物之一，只是人類總是自以爲高尚地把自己區隔開來，好像人類不是動物，而其他的才是動物，也因爲這樣，動物行爲就變成了學問。

人類的社會和動物的社會是很相像的，都是屬於流動型的社會階級結構，也就是會依照相處的對象的不同，而有不同的階級及不同的反應。這些階級的確認，本來是不需要言語的，可惜的是，人類需要語言，因爲長期的依賴語言，使得人類忘記了自己的本能，忘記了行爲是不需要語言的，所以對於自己家中飼養的寵物，就忘記使用行爲的方式和動物溝通，仍然使用語言來要求自己的動物和你一樣，可以完全聽得懂你在說什麼、完全理解你的心理。也就是因爲這樣，人類和動物之間就存在了非常多的障礙，與其說障礙，不如說是問題。

因爲人類不願意接受自己不是萬物之主的事實，運用了語言欺瞞了自己的行爲而不自知，也因爲如此，人類忘了使用自己的行爲，來影響或是改變動物的行爲，或是運用自己的行爲，讓人和動物之間的階級達到平衡點，因爲這種種，使得人和動物之間的障礙一直存在，也因爲這種問題，給予動物行爲學一個搭起人類和動物之間溝通橋樑的機會與管道。

我常常運用一個例子來說明行爲，有一個水龍頭，你每天都在使用，一打開就有水，在你的心中，這水龍頭是好的，打開來應該會流出水，如果流出血來，你會認爲很恐怖，好像在恐怖電影中才會有。這是你累積的經驗。如果有一天你去開這個水龍頭，結果沒有水，你會怎麼辦？你會以爲停水，或是送水的馬達壞了，或是水龍頭阻塞，可是過了一天以後，當你要洗手的時候，你還是會打開這個水龍頭，因爲你會認爲這個水龍頭會有水。爲什麼？是誰保證這個水龍頭會有水？是經驗累積！

如果未來的一個月中，你每天要洗手的時候，你就去開水龍頭，有時候有水，有時候沒有水，你仍然會繼續使用這個水龍頭，因爲你的心理只有不滿，並不認爲水龍頭沒有水。這是你的經驗累積的結果。

換一個狀況，當你從現在開始使用這個水龍頭，每次打開都沒有水，就這樣每次都沒有水，經過了一個月，仍然沒有水，你會覺得這個水龍頭可能壞了，或其他的原因而沒有水，過一陣子，你還會去嘗試開看看，因爲你以前的經驗告訴你，水龍頭沒水可能是因爲壞了，或是沒有繳水費……。所以你偶而還是會去開看看，看看這個水龍頭到底出不出水，如果你無論怎麼試，經過了一兩個月以後，仍然是沒有水的，我相信你從此再也不會去使用那個水龍頭了，爲什麼？因爲你的累積經驗已經告訴你，這是不會有水的水龍頭。

你知道嗎？這就是行爲，你會去特別思考這個水龍頭有沒有水嗎？不會的，你只會直覺地去使用它或是不使用它，因爲你累經的行爲經驗告訴你，這水龍頭有水或是沒有水，所以當你要用水的時候，你就會直覺地去找一個會有水的水龍頭，而不會去開啓一個你直覺就認爲不會有水的水龍頭。

換回一個角度，你的狗狗所做的一切，就是在反應你的行爲，就好像水龍頭一樣，你就是水龍頭，你有水或是沒有水，就會決定你的狗狗的行爲。當你的狗狗撲你的時候，你的反應是什麼？沒有反應就是沒有水，有反應就是有水，這就是行爲。你如果大聲地罵你的狗，卻對牠撲你的行爲產生反應，這就是有水，不要以爲你的語言有多大的意義，就算你罵著牠，都沒辦法讓水龍頭沒有水。因爲你的語言往往和你想要的結果不一樣。

人類活在自己的世界中，運用著自己的經驗來判斷，養狗更是這樣，所以多數的飼主不斷地誤解自己的狗狗而不自知。在這本書中，透過作者不同角度的切入，讓讀者可以看到行爲的不同層面；它讓讀者能夠透過這樣的了解，發現自己的錯誤，導正自己的觀念，不再使用不正確的方式來面對自己飼養的狗狗。希望這本書，可以給你一個開啓水龍頭的經歷，增進你相信行爲的經驗，讓你和你的狗狗活得更自在。

（本文作者爲台灣狗醫師協會顧問暨動物行爲治療師）

感謝

這本書因受到母親喜愛狗兒及父親熱愛文學之薰陶，方得以撰寫而成，衷心感謝父親克拉克・比因（G. Clarke Bean）生前給予我的一切，也同樣衷心感謝母親潘蜜拉・比因（Pamela Bean）持續不斷給予我的一切。

我的學術界恩師傑夫・貝勒斯（Jeffrey Baylis）教授和查爾斯・史諾登（Charles Snowdon）教授總是給我無限的啓發與支持，承蒙他們的諄諄教導，而兩人對動物深深的喜愛及好奇及結合批判思考的研究能力，在在讓我獲益良多，我將永生感激他們。並感謝威斯康辛大學麥德遜分校動物學系，對於我的博士研究和我目前教授的「人與動物關係的生物學及哲學」課程給予大力支持。

我不知自己何德何能竟能找到一位每位作家夢想中的文字經紀人——柴克利・舒斯特・哈姆斯渥斯文字經紀公司（Zachary, Shuster and Harmsworth）旗下文字經紀人珍妮佛・蓋茲（Jennifer Gates），她的智慧和支持對我的意義無可言喻。我同樣感謝我的編輯萊斯莉・瑪莉迪斯（Leslie Meredith），她一直對這本書抱持無比的信心，而且在撰寫的不同階段都提供我寶貴的意見。至於她的狗迪倫，我想給牠我的親吻，哪天我一定會帶些狗狗零食去讓牠驚喜一下。我也誠摯感謝莫琳・

歐尼爾（Maureen O'Neal）及貝勒汀出版公司（Ballantine Books）的所有人，謝謝他們的支持與辛勞。

假如沒有「狗狗最好的朋友」馴犬學校全體員工的協助，這本書不可能誕生。多虧有了艾咪．莫爾（Aimee Moore）、丹尼絲．史威朗德（Denise Swedlund）、賈姬．包蘭德（Jackie Boland）和凱倫．倫登（Karen London）對工作的投入與專業，我才能夠長期早上在家寫作而不必進辦公室。我也很感激「狗狗最好的朋友」馴犬學校馴犬課程裡所有的講師及義務助手，謝謝他們一年來幾乎每個星期都熟練和善地對牽繩兩端的兩種動物施予教育。

本書應該大大歸功於一群朋友與同儕的悉心意見，包括了傑夫．貝勒斯教授、賈姬．包蘭德、安．林契（Ann Lindsey）、凱倫．倫登、貝絲．米勒（Beth Miller）、艾咪．莫爾與丹尼絲．史威朗德，還有查爾斯．史諾登教授，他們思慮細密的評語亦使本書的內容大獲改善。我很感謝佛朗斯．狄瓦爾博士評讀有關黑猩猩及倭黑猩猩的章節，也很感謝史蒂夫．芬蘭博士與我進行有關靈長類性格特質的討論。我很幸運地獲得了威斯康辛州麥德遜市凡勒斯郡立動物園（Vilas County Zoo in Madison, Wisconsin）多位人士的青睞與支持。特別感謝瑪莉．司密特（Mary Schmidt）和吉姆．胡井（Jim Hubing）讓我有機會與他們的黑猩猩群及紅毛猩猩「慕卡」（Mukah）親密接觸。

倘使路克與軟組織肉瘤（soft tissue sarcoma）的病魔奮戰時，沒有一群好友的支持與協助，我可能無法趕上本書的截稿日。黛咪崔．比爾吉（Dmitri Bilgere）、賈姬．包蘭德、哈蕾兒．爾文

（Harriet Irwin）、派崔克．莫門茲（Patrick Mommaerts）和芮蕾．瑞發塔（Renee Ravetta），多虧他們不辭心力每天接送路克至美國威斯康辛大學麥德遜分校附設教學獸醫院，接受放射治療。我也感謝四位非常特別的獸醫師：河谷獸醫診所（River Valley Veterinary Clinic）的約翰．達利醫師（John Dally）、威斯康辛大學麥德遜分校附設教學獸醫院的克莉絲汀．柏吉斯醫師（Christine Burgess）、銀川動物健康中心（Silver Springs Animal Wellness Center）的金．康利醫師（Kim Conley）、同時專精中醫的克里斯．巴賽醫師（Chris Bessent），謝謝他們在這段艱難時間所提供的專業及支持。

我希望我所有「佛蒙特谷母狐社」（Vermont Valley Vixen）的朋友都知道我們每月一次的聚餐對我來說有多麼特殊——我一直很感謝老天讓我住在美麗的鄉間並且身旁有許多好友。我親愛的朋友大衛及茱莉．艾格夫婦（Dave and Julie Egger）、黛咪崔．比爾吉、凱倫．布魯姆（Karen Bloom）、凱倫．拉斯克（Karen Lasker）、貝絲．米勒及派崔克．莫門茲，他們各自具有不同的重要性，我很幸運能與他們為友，也很幸運的是擁有兩位極支持我的好姐妹溫蒂．巴克（Wendy Barker）和麗莎．彼雅特（Liza Piatt），雖然我們相隔千里，但是我們依然心靈相通。

我很感激瑪莉．文森（Mary Vinson）及位於威斯康辛州拉克羅斯市的庫里區域人道協會（Coulee Region Humane Society），他們慷慨地允許我們使用蘇珊．福克斯（Susan Fox）所著《眞誠的尾巴》（*Tails from the Heart*）書中由攝影師凱西．艾克曼（Cathy Acherman）所拍攝的照片。我感謝狄瓦爾博士慷慨允許我使用其著作《黑猩猩政治說》（*Chimpanzee Politics*）及《靈長類的求和行爲》（*Peacemaking Among Primates*）書中的照片，也感謝凱倫・倫登對本書照片拍攝的貢獻。柴克瑞・桑爾（Zachary Sauer）對研究的協助讓我非常感念，也必須向他致謝。

我要特別感謝獸醫師兼家庭婚姻治療師的西西里雅・史給爾斯（Cecelia Scares）博士，謝謝她慷慨讓我借用她諮詢公司的名稱作爲書名。史給爾斯博士會舉辦研討會，爲獸醫行業中人性層面的溝通及其他相關主題，提供諮詢服務給獸醫師及獸醫院員工，她的電話爲：925-932-0607 或 800-883-2181。

我從數以千計個案狗兒及飼主身上所學習到的東西，多得無法以言語形容，感謝他們給我機會教學相長，也感謝許多天資聰穎的馴犬師及行爲應用專家，多年來爲我及許多人提供專業意見及啓發，以下爲他們的大名：卡蘿・班哲明（Carol Benjamin）、希拉・布斯（Sheila Booth）、威廉・康寶（William Campbell）、琴・唐納森（Jean Donaldson）、唐娜・達佛（Donna Duford）、賈伯・艾文斯（Job Michael Evans）、伊恩・當拔（Ian Dunbar）、崔莎・金（Trish King）、凱倫・布萊爾（Karen Pryor）、潘・瑞德（Pam Reid）、泰瑞・萊恩（Terry Ryan）、皮雅・施瓦尼（Pia Silvani）、蘇・史坦伯（Sue Sternberg）、芭芭拉・伍德郝斯（Barbara Woodhouse）。在我列完這些人名時，我很確定我一定忘了一個絕對應該列上去的名字，也許等到這本書出版之後才想得起來，如果你是這個人，請接受我的感謝（及歉意）。在這裡也向我最喜歡的主持搭擋道格・麥克康諾（Doug McConnell）及賴瑞・米勒（Larry Meiller）打招呼及致上祝福。我也要謝謝瑞奇・艾倫（Ricky

Aaron），他沒教過我什麼關於狗的東西，但就衝著他打電話哀求我非得提到他的名字這件事讓我覺得很好笑，我還是要謝謝他。

我的朋友暨同儕南西·瑞飛多（Nancy Raffetto）博士值得我特別感謝，她的遠見及勇氣使她在一九八八年與我協同創立了「狗狗最好的朋友」馴犬學校，當時甚至沒有人知道動物行爲應用專家是什麼。現在回想起來，我仍然不敢相信我們這兩個根本不懂生意、只是很懂行爲的動物學博士創立了一個蒸蒸日上的公司，感謝她一路與我披荊斬棘走來，要是我獨自一人絕對無法辦到。

我也希望向《汪汪》寵物雜誌（*The BARk*，也被稱爲狗界的《紐約客》雜誌）的所有朋友表達感謝與敬意，謝謝他們對我的文章大力支持，也感謝他們本著對狗兒和飼主的熱情，綜合妙筆文章及藝術佳作，呈現出精緻的心血結晶。

我要向我親愛的朋友吉姆·比林斯（Jim Billings）表達最甜蜜也最眞摯的感謝，他在這一年半來所給予我的友誼、支持及明智的忠告，對我來說彷彿飲食般重要。最後，我宣告我對路克（Luke）、鬱金香（Tulip）、彼普（Pip）和萊西（Lassie）的愛與崇敬——這四隻不凡的狗兒使我的生命豐富圓融，已經超乎言語可以形容！

作者的話

本書中所描述的人和狗都是眞實存在的主角。案例中牽涉到人、狗或兩者兼具時，基於保護隱私的立場，書中提及的所有狗名（除了我的狗之外）及飼主名字都不是眞名，有時我會改變狗兒的犬種或飼主的性別。許多讀者一定對我所描述的情形感同身受，因爲我所碰到的問題都是很多飼主共同遭遇的問題，這些例子即使沒有數千人也有好幾百人，所以如果您認爲自己或您的狗就是故事中的主角，請瞭解您並不是唯一這麼想的人——在我所見過的人和狗當中，遇上同樣問題的人實在不勝枚舉，除非您覺得成爲書中某故事的主角眞是太令您驕傲了——假如是這樣，那麼您**當然**就是那則故事的主角。

在此提醒您：如果你的狗出現了嚴重的行爲問題或有此傾向的話，強烈建議您立刻向專業人士尋求協助。與狗相處或訓練狗單單靠直覺其實沒什麼用，尤其對一隻具有嚴重行爲問題的狗來說更是如此。只有一位可以提供個別協助的教練才是解決之道，就像您不可能單靠看書就學會打籃球，如果您想打好籃球，請您務必找一位知識豐富的好教練，任何父母爲了孩子好都會這麼做。不必感到不好意思，當人爲了狗的問題向我求助時，經常有這種感覺，但是沒有人會因爲將車子送修而感到丟臉。然而，如同修車師傅一樣，專業當中也涉及不同程度的專精能力及職業道德，請您務必找到一位能積極幫助狗兒並且精通訓練的專業人士，而且他對待你的狗就像你對牠一樣親切仁慈。書後的參考資料將告訴你如何找到專業且合格的協助，請您別吝於詢問獸醫有關狗兒健康的問題，因爲有時行爲問題來自於生理問題。

最後再補充一點：我在書中使用狗兒的英文人稱代名詞時，並沒有全用雄性代名詞「他」表示，也沒有同時使用雄性和雌性代名詞「他和她」，這樣很不自然。我在書中輪流使用雄性代名詞「他」和雌性代名詞「她」，這麼做比較簡單，而無論是寫作或馴犬，簡單幾乎永遠是件好事！（譯註：中文名稱全以動物代名詞「牠」代替。）

別跟狗爭老大

目錄

〈引言〉
知己知彼，人狗雙贏

當時暮色昏暗，很難看清楚路上的兩坨黑影是什麼。我正以一百一十二公里的時速行駛在州際公路上，前後各被一輛休旅車和一輛貨櫃車包抄。我剛剛參加完一場牧羊犬大賽，正心滿意足地開車返家，不過隨著黑影越來越迫近，我原來平靜的心情開始起了變化，因為那兩坨黑影是兩隻狗兒，兩隻活生生的狗兒，至少當時還活著。彷彿迪士尼電影中的一幕，一隻老黃金獵犬和一隻正值青春期的混種澳洲牧牛犬（Heeler）就這樣小跑著，一下子跑到公路上，一下又走到公路旁，全然沒意識到可能的危險。我多年前曾目擊一隻狗被車子迎頭撞上的情景，如果能讓我忘掉那一幕的話，我願意付出任何代價。現在看來，慘劇似乎即將重演。

我將車子停在路旁的一輛卡車後面，一些同樣自牧羊犬大賽返家但比我先上路的朋友們也看到了這兩隻狗，我們以驚恐的眼神對望一下，便沿著公路同一側的方向向牠們跑過去。公路上川流不息的車流使這兩隻位於公路對向的狗，好似和我們隔著洪水般的大河；牠們看來友善、習慣人類，甚至好像很高興眼前看到了人的蹤影，而不再只見到輪胎。四個線道上全是許多高速來去的車輛，能見度很低，車子的噪音更是震耳欲聾，牠們不可能聽得見我們說的話。

不妙的是，牠們開始跨越車道朝著我們走過來，我們像交通警察指揮交通那樣地做出「退後」的手勢並且向前跳出去，企圖阻止牠們前進，於是牠們停了下來。假使當時牠們沒停下來，下一秒牠們就會被一輛載著米勒啤酒的大貨車撞上。一時之間，我們全站在那裡呆若木雞，嚇得不知所措。但現在我們必須得作正確的判斷才行，看看怎麼做才能挽救牠們的性命而非將牠們送上死路，這個重責大任像千斤大石般沉重地壓在我們心上。

每當沒車過來時我們會「呼叫」牠們：方法是彎下腰作出邀玩的姿勢，再把身體轉向其他方向以鼓勵牠們接近我們。但當牠們即將跨入下一個車道而遠處坡道卻正出現急駛而來的車輛時，我們就會轉身面朝著牠們，並做出像交通警察指揮交通的動作。車子衝得飛快，我幾乎以為牠們肯定沒命了，卻又繼續著這個攸關生死的無聲之舞，不停地把身子背對、朝向牠們，因為這是在車輛噪音干擾下唯一能夠和牠們溝通的方法。隨著我們移動的身體來引導牠們穿越車陣，這兩隻渾然不知危險的狗兒朝著我們前進、停下又退後，前進、停下又退後，一切似乎如光速般飛快進行著。

不過這個方法再加上很多的好運氣就足夠了。利用身體前傾同時手臂打直、伸出的動作，就能夠阻止狗兒往前。利用身體後傾和轉身的動作，就能使牠們向我們靠近。牽繩、項圈或任何的牽制都沒必要，只需用肢體動作改變身體的方向，就能對狗兒傳達「過來」和「停下來」的訊號。雖然我仍不明白牠們怎能安然穿越車陣，但牠們確實辦到了，為此我永遠感謝狗兒對正確視覺訊號所表現的絕佳反應。

永遠的親蜜關係

所有的狗都擁有觀察人類細微動作的敏銳能力，而且牠們也以為每個小動作都具有某種意義。人類自己不也一樣嗎？回想一下，以前你約會時曾注意到對方輕輕轉頭的小動作吧？想想看，人的嘴形只要有微妙的改變，原本甜美的笑容就會轉而帶有嘲諷不屑的意味。如果要改變從對方臉上所讀取到的訊息，這人的眉毛至少得挑高多少呢？〇．三公分不到吧？

既然大家都明瞭這個道理，你一定認為我們應該會自動將這些觀察技巧也運用在人犬互動上吧！其實不然，我們通常毫不自覺自己在狗兒面前的一舉一動，這種不意識自己肢體動作的現象（全然沒有意識自己手往哪擺、或者頭剛剛歪了一下）很「人類」。我們的身體像瘋狂亂舞的信號旗一般，隨時任意發放出訊號，在此同時我們的狗兒卻困惑地看著我們，眼珠子就像滑稽的卡通人物一樣，苦惱地轉個不停呢！

這些視覺訊號如同人類其他動作一樣，對狗兒的行為影響相當大。狗兒個性及行為有一部分受到人類本身個性及行為的影響，「家犬」顧名思義需要與另一個物種（也就是我們）共享生命，因此這本書雖然是一本寫給愛狗人士的書，但它並不只是一本有關狗的書，它也是一本有關人的書，這本書談到我們和狗兒之間有何相同和相異之處。

我們這個物種和狗兒之間太相似了，如果你看看廣大的動物界——從甲蟲到大熊，人類和狗兒相似的地方比相異的地方可多得多了。我們和狗同樣會產乳、育幼，而且在群體裡撫育下一代；我們的下一代在成長期間，都必須學習很多東西；我們都會合作狩獵，甚至成年後仍會像小朋友般戲耍；我們都會打鼾，在暖陽午後都會抓抓癢、眨眨眼、打個呵欠。請看看《永遠的親蜜關係》（*Bond for Life*）一書中紐西蘭詩人潘·布朗（Pam Brown）所描述的人犬關係：

> 人類被狗兒吸引的原因在於牠們太像我們自己——笨笨拙拙，情感豐富，摸不清狀況，容易失望，又容易重拾樂趣，被別人親切對待或分到一點點注意就會很感激。

這些相似之處使得兩種不同物種的成員能夠密切共同生活，分享食物、一起尋樂子，甚至一起「懷孕」[1]。很多動物的生活彼此密切相關，但我們和狗兒密切相關的層次則太深遠了。我們多數人會和我們的狗一起運動、和牠們一起玩、同個時間吃飯（有時甚至還吃相同的食物）、和牠們一起睡。我們之中有些人在工作上仍然仰仗狗兒的協助。美國懷俄明州牧場業者及威斯康辛州酪農對工作犬的需要性，並不亞於或甚至超過了機械設備或高科技化牲畜餵食系統。我們都知道狗兒充實了我們許多人的生命，也爲全世界數百萬人帶來慰藉及歡樂，甚至有研究指出狗兒能夠減少二度心臟病發的機率。我們忍受著狗兒的掉毛和吠叫、散步時得隨身攜帶掃便用具，這一切並不是毫無回報。

你看看我們爲狗兒做了些什麼：託了我們的福，家犬（學名：canis lupus familiaris）成爲目前地球上最成功的哺乳動物之一。據估計全世界狗兒的數目約有四億隻，美國的許多狗兒吃的是有機食物，看的是狗兒專用推拿師傅，上的是狗兒安親班，每年咬掉的玩具就花費數百萬美元，這才眞稱得上是個成功的物種。

為何人狗同歌不同調

不過，我們和狗兒也有不一樣的地方。我們人類並不愛在牛糞上打滾；我們——大多數人——也不會吃掉新生兒的胎盤；我們見面打招呼時，也不會去嗅嗅對方的屁股（謝天謝地！）。狗兒生活在氣味的世界裡，而我們則認爲人類是「氣味白癡」。人犬之間常溝通不良的原因有一部分來自這些人犬差異，而溝通不良的後果也許只造成些微不滿，也可能會危及生命；另外一些溝通不良的情形則源自飼主對犬類行爲及動物學習原理的無知。我鼓勵所有的愛狗人士多多閱讀有關狗兒訓練的好書。馴狗其實並不是件你本能就知道該如何做的事。當你學到的越多，它會變得越容易也越有趣。

然而，有些溝通不良的問題並不只牽涉到人對馴犬方法的無知，也與人犬兩個物種行爲上的根本差異有關，畢竟在此關係中狗並不是唯一的動物，牽著牽繩另一端的我們也是動物，全都帶著我們隨著演化伴隨出現的一套生物行爲。當我們開始訓練狗兒時，我們並不是白紙一張從零開始，全然沒有自身的行爲，而狗兒本身也保有原來的一套行爲。無論是狗兒或愛狗人士的行爲，全受到我

1. 這聽來也許有些極端，但如果你詢問任何一位曾經來回踱步等待幼犬出世的狗兒繁殖者，他們都會告訴你，他們能夠強烈感應到母狗當時的感受，而母狗在產前片刻會變得非常黏人。

們各自演化背景的影響而成型；雙方在人犬關係中表現出何種行爲，則必須從我們和狗兒的個別自然史傳統談起。雖然我們的共同點創造出令人驚嘆的人犬親密情誼，但我們依然各自使用自己的「母語」，而進行溝通時便會遺漏許多訊息。

狗兒屬犬科，這個生物分類學上的類別中包括了狼、狐狸和郊狼，以遺傳來看，狗其實就是狼，因爲狼和狗的DNA相似到幾乎不可能以基因來區分牠們。狼和狗可以自由交配混種，而牠們的後代也同父母一般具有生殖力[2]。我們藉由狼的行爲研究，瞭解到當狗兒耳朵緊貼著頭或舔著我們的臉時代表著什麼意義。當狼群成員或狗群成員溝通時，牠們也使用相同的姿勢表達順服、自信或威脅；當你看到狼或狗站著靜止不動，身體高聳，邊發出低咆還邊瞪你的雙眼看時，如果你的結論認爲牠們傳達出相同訊息就沒錯了。所以就某個層面來看，狗等同於狼，從狼隻本身和狼群的研究中，我們可以學習到很多有關狗兒的知識。

但是若從另外一個非常重要的層面來看，狗和狼完全截然不同：家犬不像狼那麼怕生，攻擊性也不似狼那麼強烈；牠們比較不會四處遊走，也比較好訓練。你不會看到很多人使用狗狼混種的犬隻牧羊。請你信任我這位生物學家兼牧羊農的話，假如用這種狗牧羊的話，結局不會太妙。其實狗兒的行爲最近似幼狼，好比是永遠長不大的「彼得潘」狼，在第五章我們將談及牠們爲何會如此。令人惋惜的是，幾十年以來某些有關狼和狗的說法廣泛流傳，但它們皆過度簡化兩者相似之處，這也許是引發雷蒙與洛納・考賓格夫婦（Raymond and Lorna Coppinger）於著作《狗》（*Dogs*）一書中強調狗與狼差異性的緣故。他們在引言中說：「狗與狼在血緣上也許密切相關，但這並不代表狗的行爲和狼一樣，人類也和黑猩猩密切相關，這也不代表我們是黑猩猩的一個亞種，也不代表我們會出現黑猩猩的行爲。」

我想到有句諺語說過：你可以形容一個杯子是「半滿」或「半空」，這兩個觀察都很正確，只是強調的觀點有所不同，我個人的偏好是這兩個觀點都不可或缺，因此我主張研究狗和狼時要同時注意其相似處和差異性，而研究我們人類自己的行爲時也是如此。很多時候我們**確實**會表現出近似黑猩猩的行爲，但是我們當然也有很多時候並不像牠們。

人類的近親

多年前，科學家便已發現人類和其他靈長類動物的「行爲比較及對照」研究極具價值。從暢銷書類的《裸猿》（*The Naked Ape*）和《第三種猩猩》（*The Third Chimpanzee*）到教科書類的《人類演化：工具，語言及認知》（*Tools, Language, and Cognition in Human Evolution*），科學家將人類視爲靈長類動物而進行的研究已達數十年之久。這個課題也是體質人類學（physical anthropology）、文化人類學（cultural anthropology）、動物行爲學及比較心理學領域中的一大重點，而且會如此比較

2. 讓狗兒和狼配種繁殖可能會產生很多生物性問題，我強烈反對這個作法。

的並不只限於學術界。象牙海岸的奧比原住民（Oubi tribe）視人類和黑猩猩為一對兄弟的後裔，所以按此說法我們應該是黑猩猩的表親，這個生物學比喻相當合宜，因為我們人類與黑猩猩約有百分之九十八相同的基因；在這些原住民的想像中，有個很可愛的諷刺之處：兩兄弟之中「英俊」的那位成了人類的祖先，而「聰明」的另一位則成了黑猩猩的祖先。

如果我們能正視自己本質上就是一種很敏感、好玩及喜愛戲劇性的靈長類動物，我們將會獲益良多，因為我們這種動物或許獨一無二，具有驚人的智慧，但我們仍然受到許多自然法則的規範。我們和血緣相近的物種如黑猩猩、倭黑猩猩[3]、大猩猩和狒狒等，都遺傳了表現出特定行為的傾向；黑猩猩和倭黑猩猩不會蓋體育館，不會使用立可貼便條紙，也不會寫本有關自己的書，但是即便我們之間有這些所有的差異，我們與牠們依然非常地相似。舉例來說，黑猩猩、倭黑猩猩和人類的姿態及動作驚人地相似，三個物種與親屬聯絡感情時都會利用親吻、擁抱甚至牽手的方式。

我之所以提起我們的靈長類根源，並非想刻意貶低我們人類的獨特地位。我們是很獨特，獨特到了我們合理認為應該是「人類與動物」，而不是「人類與『其他』動物」。無論你相信這是上帝的恩典，抑或是物競天擇的結果（或者你相信兩者皆是），我們和其他的動物眞的大為不同，而這些差異也大到足以讓我們自成一類。然而儘管我們之間相當不同，我們和其他動物依然存在重要的關連性。當我們越瞭解生物學時，就越會發現到，我們實際上和其他物種的血緣關係非常接近，尤其是與黑猩猩、倭黑猩猩和大猩猩的血緣關係，有些生物分類學家直接將這幾類物種歸到專屬的「人亞科」類別當中。

黑猩猩、倭黑猩猩和人類是血緣關係最近的表親，都是具有複雜社會體系的高智力動物，學習及發展耗時很長，親代必須投入大量心力與時間育兒，而且在某些情境下常表現出特定的行爲，甚至連我們人類也會不自覺地這麼做。例如，這三種靈長類動物的共同傾向是：興奮時通常都會重複發出同樣的聲音，想讓對方知道厲害時會製造出轟然巨響，感到挫折時就會隨便把手上的東西亂揮亂舞，這些行爲對人犬互動的影響甚大。儘管狗兒有時也會吠會咆，但牠們主要利用視覺作溝通。當牠們想讓對方知道厲害時，會靜默不出聲而不會大吵大鬧，而牠們的四隻腳忙著站就很忙了，沒空拿來做別的事。

狗狗不喜歡被抱抱！

這種靈長類行爲傳統可能促使人犬關係出現問題的情形不勝枚舉。舉例來說，我們人類很喜歡擁抱，這在靈長類研究文獻中稱爲「腹面對腹面式的接觸」（ventral-ventral contact）。黑猩猩和倭黑

3. 過去被稱為黑猩猩的靈長類有兩種。體型較大、也較為人所知的是黑猩猩（chimpanzee，學名：Pan troglodytes），珍．古德博士所研究的黑猩猩便是此種。我將依慣常用法稱牠們為「黑猩猩」；另外一種有時被稱為「侏儒黑猩猩」（pygmy chimpanzee），現在我們都稱牠們為「倭黑猩猩」（bonobo，學名是Pan paniscus），牠們的體型較小，比黑猩猩更常利用後腳直立行走，而且喜好性交的程度到了牠們大部分的行為無法登堂入室，獲許在電視自然節目中播放。既然眾所皆知人類自己在電視上的尺度有多寬，你應該可以由此意會到不少。

猩猩也很愛這麼做；牠們會抱著小猩猩，而小猩猩也會回抱。年幼黑猩猩會互相擁抱，而當成年黑猩猩結束衝突求和時也會互抱。金剛猩猩母子則是擁抱的個中翹楚。我永遠記得生物學家艾咪·韋德（Amy Vedder）博士曾告訴過我的一個故事[4]。

有次當她走入一處小屋時，她看見一隻金剛猩猩寶寶驚恐地縮在小屋後方。長期研究金剛猩猩的她，完美地模仿金剛猩猩見面打招呼時發出的「打嗝聲」，這隻驚恐的患病猩猩寶寶便自後方爬出來，而且爬上她的胸口，將兩隻長臂環抱著她，這隻猩猩寶寶如同迷路小孩看見母親似的，很自然地抱住艾咪，而艾咪也很自然地回抱牠。想要抱住我們所愛或很在乎的事物是個無法抗拒的強烈慾望，你可以試試要求任何一位少女或四歲小朋友不可以去擁抱她們心愛的狗兒，祝你好運！

但是狗兒不會擁抱，想像一下兩隻狗以兩隻後腳站立，用兩隻前腳環抱住對方，胸口貼胸口，嘴貼嘴的樣子，你大概很少在公園裡看到這種情形吧？狗兒和我們一樣喜好社交，牠們根本就是缺乏大量社交互動就無法正常過活的社交花蝴蝶，但是狗兒就是不會擁抱。牠們也許會用前腳撥撥另一隻狗邀請對方玩耍，牠們也可能會用一隻前腳搭在對方肩上展現地位，但是牠們不會去擁抱對方，而且牠們通常對於上前擁抱牠們的人不會做出很和善的回應。你自己的狗兒可能會出於仁善之心而容忍你的行爲，但我見過數以百計的狗兒在被人擁抱後發出低咆或咬了對方。

我之所以會見到這麼多低咆吼人的狗，要歸因於我的動物行爲應用專業——專門針對伴侶動物的重大行爲問題，提供諮詢服務。我的科學訓練[5]以及與人狗相處的實際經驗成就了我在本書中所提出的觀點。在我的博士研究中，我記錄並研究了各地動物操作手與工作用馴養動物溝通時所發出的聲音，而這些操作手來自不同文化及語言背景。就某個層面來看，我當時如同研究其他物種般，以我們自己這個物種作爲研究對象，客觀記錄分析這些操作手所發出的聲音，好比科學家研究鳥類歌聲中的音節似的。由這樣的觀點出發，再加上我在精確觀察及行爲描述所受過的大量訓練，使得我不但會注意狗兒的行爲，也同樣會注意我們人類本身的行爲。

無論是在美國威斯康辛大學麥迪遜分校教授「人與動物關係的生物學及哲學」課程，或是偕同主持全美聯合廣播節目「呼叫所有寵物」（有關動物行爲及寵物諮詢的節目），這些工作都不斷提醒我，我們人類與其他動物之間的關係極其必要，然而在此同時，我們本身傾向表現的靈長類行爲卻時常爲我們製造不少麻煩。

而同樣重要的是我身兼多重身分所帶來的經驗。我是個馴犬師[6]，專門繁殖並訓練工作用的邊境牧羊犬。我參加牧羊競賽，也是位愛自己的狗愛得義無反顧的狗兒飼主。這些經驗時時提醒著我，我們人類與自己的狗兒之間，多麼容易發生溝通不良的情形。

4. 她是位最不為人所知的無名英雄。非洲盧安達國內的山地金剛猩猩（mountain gorilla）保育工作，她及丈夫比爾·偉伯（Bill Weber）居功厥偉。在他們的著作《猩猩國度》（*In the Kingdom of Gorillas*）一書中，你可以拜讀他們引人入勝的經歷故事。

5. 我的博士學位主修動物學，副修心理學，專長領域為動物行為學。

6. 我教授馴犬課程已不止十二年。

道德兩難

本書中所描述的一些故事與我自己的四隻狗，以及我們在美國威斯康辛州一座小牧場上的生活息息相關，其他的故事則來自飼主關切狗兒問題而前來尋求諮詢的個案。當我開始遇到人們帶著嚴重的狗兒行爲問題（通常和狗的攻擊性有關）上門時，我並不感到訝異，因爲當你是一位專攻狗兒攻擊行爲的認證動物行爲應用專家時，你通常是對方「最後的一絲希望」，所以你會聽到一些相當戲劇性的故事描述，也會遇到一些有嚴重心理問題的狗。我數不清有多少隻狗兒來我辦公室時是衝著進來的；牠們邊咆哮叫著，邊由一口利齒帶頭朝著我衝跳過來。我多年以來一直在這種只要稍有疏失就會遍體鱗傷的環境中工作；雖然我永遠無法說我對這種環境已經習以爲常了（我偶爾會問自己：「我到底爲什麼得幹這一行維生呢？」），但若有什麼意外也是預料中的事。我們與這些嘴裡像是長有利刀的動物一起生活，勢必偶爾會遇上問題。

雖然我預料到工作上將面對這些因爲一口利齒而惹出麻煩的狗兒，但是我沒料到的是，我竟然會看到這麼多痛苦的情緒。我幾乎每星期都會遇到一兩起「我是不是必須將牠安樂死？」的個案。這些傷心欲絕的飼主哭著，在我辦公室裡討論是否得將他們最好的朋友安樂死；事實上，倘使飼主有能力而且也有合適的環境，有相當多的問題狗兒是可以經由治療恢復正常的，或利用管理措施免除危險性；當然也有時候是無論飼主再怎麼努力，某些狗兒的心病已病入膏肓，其危險性超乎了可接受的程度。我的一部分工作內容就是帶頭開始與飼主討論這個兩難的道德困境，因爲他們雖然想保護與自己同物種的伙伴，卻不想背叛這個如同家人般的個體。這些個案之中有些眞叫人心碎不已，我當時感同身受。

許多這類個案令人驚訝的地方在於它們通常不只與狗的行爲相關，也同時和我們的行爲有所關連。我說這話的意思並不是指牠們的飼主在狗兒照料或訓練上不盡責或者沒用心，我指的是更深切的層面。看看我們靈長類天生的行爲傾向如何引發狗兒同樣與生俱來的本能反應！通常雙方都各自誤解了對方正在溝通的訊息，這讓我想起我們人類吵架時有一種情形是，雙方吵得嗓門和心跳速率都升高，直到兩人意識到雙方吵的根本是不同的兩件事，而且兩人其實意見一致。我在前面提過我們以擁抱表達對狗兒的喜愛傾向，可能會爲我們雙方帶來問題，狗兒常將擁抱的動作解讀爲一種侵略性的動作，所以牠們只好利用唯一的自衛方法（一口利齒）對付這個瘋狂的舉動，但是我們只是……只是想設法告訴狗兒我們有多愛牠們。

每天在街上看見人們對狗兒打招呼時，類似的溝通不良情形就會層出不窮。我們靈長類動物打招呼時，會直接走到對方面前，將手伸出，並且面對面地直視對方，這個行爲傾向極其強烈，以致於當狗兒很緊張而且四肢僵硬，甚至當牠已經輕聲發出低吼，而當牠的主人都說了：「請您別摸我的狗！牠對陌生人不友善！」時，路過的人仍舊會朝著牠前傾彎腰，並伸出手來靠近牠。這世上有很多可憐的狗兒飼主雖然很想阻止別人表現出這種天生的行爲，卻仍是徒勞無功，因爲我們這種打招呼的行爲極其根深柢固，甚至連要求我們停手的訊號已經明明白白擺在眼前了，亦無法阻止它的進行。

並不是所有溝通不良的結果都會轉變爲嚴重的問題，通常我們只是讓狗兒感到困惑，或者使自己的訓練心血大打折扣。無論狗兒做什麼，如果我們都重複說同一句話，這樣的行爲讓狗兒感到很困惑。我們全然不自覺自己對狗兒發送出哪些視覺訊號，卻只是忙著構思冗長的語句，因爲語言對我們人類極爲重要；而當我們感受挫折時，我們會毫無理由地提高嗓門，想也不想地就胡亂抽拉牽繩，這些通常是以兩隻腳行走的猿類才會做的事。

人比狗更難訓練

注意到牽繩另一端的人類行爲並不是馴犬的新概念，其實大多數的專業馴犬師很少訓練別人的狗。我們大部分的時間花在訓練飼主身上，相信我，我們人類絕不是最容易訓練的動物，你可以在馴犬課後留下來聽聽訓練師都談些什麼事，內容並不總是和你的狗有關。事實上，能讓一大群訓練師都同意的少數幾件事之一便是——人類比狗兒難訓練多了，不過這不是因爲我們太笨，也不是因爲我們缺乏動機，而是單純只因爲我們是人類，如同狗兒會啃咬東西、也會叫一樣，我們通常也會表現出一些我們天性的行爲，即使這些行爲對我們並不合用亦然。

良好的專業馴犬師之所以好的理由之一是：因爲他們瞭解狗兒以及牠們學習的方式，但是另一個理由則是他們很清楚自己的行爲。他們已經學會不表現出那些我們人類與生俱來、卻會造成狗兒誤解的行爲，這種能力並不是渾然天成的，但就某種程度來說它並不難做到，你可以由本書中學習到很多方法。如果我們希望清楚知道自己在狗兒面前的行爲，這的確需要花上相當多的精神，需要有一份注意自己行爲舉止的用心，然而這卻是我們時常缺乏的，不過一旦你開始留意，專心意識到自己的行爲而非狗兒的行爲時，你的動作對狗兒而言自然而然就會變得比較清楚，也較容易理解了。

單單只是一個轉身離開狗兒的動作，就可以大大增加牠來你身邊的機率，而學會幾個簡單的招式，也將有助於教會狗兒無論家中有任何干擾都要趴著不動。我無意暗示要當一位優秀的訓練師很容易，這一點兒也不容易，我對於自己馴犬的能力和獲頒的博士學位感到同等自豪，言下之意你應該很明白了；但是，不論你是位專業馴犬師或者是位家中有隻愛犬的人，只要你能更意識到自己的行爲，你就能夠改善你和狗兒的關係。

我每年在大學裡都會碰到幾位學生前來詢問我，如何才能成爲一位動物行爲應用專家。有些人告訴我，他們之所以有興趣主要是因爲他們太愛動物了，接著多談一會兒之後，他們才承認自己其實並不喜歡人，但是我們人類是家犬生命中不可或缺的一部分。如果我們無法接納自己的物種成員，我們自己和家犬的關係就無法圓滿。你越愛你的狗，你就越需要去瞭解人類的行爲，好消息是——以我身爲生物學家的立場來看——我們人類這個物種和其他的動物一樣令人驚嘆。我發現自己對人類（學名：Homo sapiens）和對狗兒（學名：Canis lupus familiaris）一樣著迷，因爲即便當我們人類表現出白癡行徑時，我們也是很有意思的白癡，所以我邀請你們大家把我們給予狗兒的耐性和同理心，也同樣拿來對待我們人類同胞，畢竟，狗兒似乎很喜歡我們人類，而我也高度重視牠們這樣的想法。

我們與狗兒的相似之處，以及那些困擾我們的相異之處，在我們和狗兒的關係中是福分也是怨詛，而那天晚上在州際公路上，我們對這些異同之處的瞭解便是一種福分。當那兩隻狗成功跨越車陣來到我們身邊時，我們用鉗子般的力道緊緊地抓住牠們的項圈，在腎上腺素飆高之後的鬆懈狀態下又哭又笑著。我用行動電話聯絡了狗牌上的獸醫診所電話，該診所的獸醫剛剛到一處酪農牧場上出急診，碰巧正由同一條公路駕車返回，所以不到十分鐘時間他的車就抵達了。他在一小時內已將狗兒送返家門，看來是那隻年輕的澳洲牧牛犬把老黃金獵犬引到了危險地帶，我隔天去電牠們的主人時，我們都哭了，一同為了原本可能發生的慘劇而感到哀傷，但又為了皆大歡喜的結局而欣喜若狂。

牠們之所以還活著是因為我們運氣很好、因為守護狗狗之愛的神明保佑著我們，也因為我們瞭解我們的行為會如何影響著牠們。請你好好注意自己的行為，相信我，你的狗早就在注意了。

1

狗眼如何看人？

人狗之間重要的視覺訊號

身為動物行為應用專家，在辦公室裡診療攻擊性犬隻是一回事，而在有兩百名觀眾的講台上，面對攻擊性犬隻則又是另一回事了。在個別行為諮詢時，我可以把所有注意力都集中在狗兒身上；但在現場示範時，我必須同時注意狗兒和觀眾的反應。然而，一些重要訊息可能只出現〇．一秒，移動距離也可能不到半公分，這些都會讓你為了同時注意觀眾和眼前的問題狗，而陷入困境。

在台上面對攻擊性犬隻，讓我感覺有點像是著名的美國傳奇特技演員伊渥．肯尼渥（Evel Knievel），為了盡可能讓自己保持極佳狀態，事前必須一絲不苟地做好萬全準備，譬如睡個好覺、吃得健康，向飼主詳細詢問有關牠的事情，而且工作夥伴也都要是我能信賴的優秀人才，然後我就可以像伊渥．肯尼渥一樣騎車衝上助跑坡道，期盼這次能夠成功飛越峽谷。

某次研討會上，示範的大型獒犬九十多公斤重，牠見到陌生人時會想衝過去，跳到他們身上，這情形已經持續了好幾個月，飼主和他的朋友們都被牠嚇壞了；當我向觀眾示範我的動作時，我一邊不斷丟出零食給牠，一邊慢慢接近牠。我用眼角餘光瞄這隻獒犬，牠看起來很放鬆地等待著下個零食的出現，呼吸也很正常；然後我將注意力轉移到觀眾問的一個問題上，我繼續丟出零食，並向牠再走近一步，現在我只離牠不到兩公尺遠了。

唐娜．達佛的眼神給了我警訊。她是位睿智而經驗老道的專業馴犬師，當我瞄到了她臉上的表情之後，就知道我的麻煩大了，在我身邊的這隻獒犬一動也不動的模樣令人不寒而慄，我很快地朝牠的方向看了一眼，卻恰恰與牠四眼相接，儘管為時極短——但卻已鑄成錯誤，而且是個愚昧的錯誤！因為和緊張的狗兒四眼對峙是生手才會犯的錯誤，要幹我這一行就必須學會避免這麼做，否則就得改行。

這隻狗立刻爆發了，牠帶著利齒和龐大身軀朝著我的臉衝過來，咆吠聲震撼了整棟建築物，我的反應和任何一位專業訓練師遇到此狀況都會有的反應一樣——向後閃開。

小動作，大影響

假如我沒有和那隻獒犬四目相接，或者我的目光向左或向右稍稍避開牠的眼神，也許牠就不會衝過來。若是我在轉移目光時稍微偏離半公分，這些爆發的力量可能都不會存在，牠只會安安靜靜地看著。一個小到幾乎叫人無法察覺的變化即能導致天壤之別的後果：一個是乖乖坐著的九十公斤獒犬，另一個則是，朝著我的臉撕咬的九十公斤獒犬。

這個故事聽來有點戲劇性，但是小動作所帶來的大影響卻存在於你與愛犬每天的種種互動當中。狗兒善於觀察人類肢體的細微變化，在牠們眼中每個小動作都具有意義。**人的每個小動作都會大大影響狗兒的行為**，這是本書中最重要的觀念。它的例子不勝枚舉，例如：訓練者站立的姿勢，是抬頭挺胸或者彎腰駝背，會導致狗坐下或不坐下之間的行爲差異；將身體重心前傾或後移的動作，在人類看來沒什麼差別，對狗來說卻像霓虹燈般刺眼。身體角度的改變極其重要，對一隻驚恐的流浪狗來說，你身體向前傾或向後仰一公分，都有可能把牠嚇跑或引牠來到跟前；你的深呼吸或暫停呼吸，也很可能會阻止或導致狗兒打架。十三年來，我每個星期都會診療攻擊性犬隻，而我不斷目睹的是，小小的動作可以化險爲夷，有時卻能帶來危險！

有位獸醫系學生跟著我實習兩星期後，我詢問她的學習心得，她回答：「我從沒想到許多小動作竟然如此重要，像轉移身體重心的細微變化，竟可以大大影響動物的行爲！」對我們來說，這一類的訊息似乎不是那麼明顯，弔詭的是，人類本身也很重視一些細微的動作。如同我在引言中便問到：你得把眉毛挑高多少才能改變臉上所傳達的訊息？如果現在方便的話，去照照鏡子，將嘴角稍微往上揚，看看你臉上的表情改變了多少？或者去觀察一下家人的表情，想想看，表情只要稍微出現怎樣的改變就能傳達不同的訊息？

這些藉由觀察他人臉部和肢體細微變化之後得知的訊息，對於人際關係極其重要。這些訊息根深柢固地存在於靈長類動物的遺傳因子中。儘管靈長類之間有著極大的差異性，從一一〇公克重、吸食樹汁的侏儒狨（pygmy marmoset），到二二〇公斤重的食葉金剛猩猩，但是所有靈長類都高度使用視覺，在社交互動上完全依賴視覺的溝通——狒狒會挑起眉毛作低度威脅；黑猩猩失望時會嘟起嘴來；恆河獼猴（rhesus macaque monkeys）會張開大嘴，直視對方的眼睛表達威嚇；黑猩猩和倭黑猩猩在小爭吵後會與對方握手言和。靈長類的基本社交溝通就是利用視覺訊號，狗兒也一樣！

狗對人類的肢體動作瞭若指掌；當我們在思考著該說什麼的同時，牠們也正在觀察我們，並在我們身上搜尋著狗兒互相溝通時所使用的細微視覺訊號。任何有關狼的文章或書籍，都會描述數十種狼群社交互動時最重要的視覺訊號。在《世界之狼》（*Wolves of the World*）一書中，狼隻行爲專家權威艾力克・西曼（Erik Zimen），就描述了四十五種狼群社交互動時所使用的動作，他只提過狼的叫聲三次，這並不代表哀鳴和低咆在狼群社交關係中不重要，事實上它們也極其重要。然而，狼隻的視覺訊號變化卻極其廣泛——包括把頭往下輕點、將身體重心前傾或後倚、身體僵直或放鬆等都是。而在我與狗兒的互動經驗中也顯示：視覺訊號在犬類溝通時也同等重要。

所以人類和狗這兩個物種都擁有共同的傾向：**極重視覺、高度社會性、天生善於留意所屬群體中每位成員的一舉一動**，即使這些動作看起來微不足道。但我們和牠們不同之處在於：狗兒似乎比我們自己更加留意人類身上細小的動作。想來也挺有道理，因爲人類和狗兒雖然都會自然去注意人類所發出的視覺訊號，但狗兒卻必須花更多心思才能解讀這些「異類」所給予的訊號；何況，我們總認爲狗兒應該要聽我們的話，因此牠們便更迫切理解人類的動作和姿勢。然而，如果我們能多注意一下自己在狗兒面前的行爲舉止，也多關注牠們的行爲，這將對我們產生莫大的幫助，因爲不管我們有心或無意，我們的肢體都不斷在溝通。當然，如果我們能意識到自己的身體在說些什麼，便再好不過了。

一旦學會觀察你和狗之間的視覺訊號之後，即便是細微動作所帶來的影響也會變得非常明顯。這其實和你從事任何運動時，要求自己的身體做出特定的動作相同。每位運動員都必須意識到自己的肢體動作，在訓練狗兒時也是一樣。專業馴犬師訓練狗兒時，都非常清楚自己的肢體動作，但大部分的飼主並非如此，於是他們的狗每分每秒都必須試圖從這些不經意發出的訊號中理出頭緒。

狗兒靈敏的洞察力似乎連人類最細微的動作也從來不會漏失。我無意間在腰際將雙手交握的動作竟教會了我家的狗坐下。之所以發現這情形是：每當我把牠們叫來並叫牠們做事時，會不自覺做出雙手交握的動作。接下來我通常會先叫牠們坐下，於是我家的狗很快就學習到——當我雙手交握之後，通常就會出現「坐下」的指令。顯然牠們認爲，既然如此，不如省省彼此的時間，乾脆直接坐下好了！

每位飼主每天都經歷類似這樣的例子。當你拿起外套，你家的狗可能就會往門口跑；或者你追著你家的狗玩，只要你每次身子往前，牠就會火速從你身邊溜掉。大多數人要狗兒坐下時，會揮揮手或動動手指，甚至會不自覺地就這麼做，但是狗兒卻注意到了，而且這個動作大概也成爲叫牠坐下時最重要的訊號。

當我剛開始訓練狗兒與飼主時，最讓我印象深刻的幾件事是：當飼主專注於所下達的口令時，狗兒卻似乎一直觀察著主人的行爲。這促使我和兩名大學生進行了一項實驗，想看看狗在學習簡單的把戲時，到底比較注意聽覺？還是視覺？他們找來二十四隻六週半大的幼犬[1]，訓練牠們出現某個聲音或動作時就坐下，每隻幼犬先以聲音和動作同時出現的方式訓練四天，但是進行到第五天的訓練時，每次訓練者只給予其中一種訊號，依隨機的順序讓幼犬每次會看到訓練者「坐下」的手勢或是會聽到「坐下」的嗶聲。我們想看看哪種訊號（聽覺訊號或視覺訊號）達成正確反應的比例會比較高。

果然不出所料：二十四隻幼犬當中有二十三隻對手勢的反應較佳，只有一隻幼犬對手勢和嗶聲的反應差不多。也許大家也料到了邊境牧羊犬和澳洲牧羊犬對視覺訊號的反應特佳，在四十次手勢測試中正確坐下了三十七次（而當進行四十次嗶聲測試時卻只坐下六次）；大麥町幼犬對二十次視覺訊號有十六次坐下的反應（但對二十次聲音訊號卻只坐下四次）；查理王獵犬對視覺和聲音訊號之反應差異最小，在二十次視覺訊號和聲音訊號測試中各自做對了十八次和十次。假如你養的是米格魯或雪納瑞，你對牠們的測試結果應該不會太驚訝，這兩種幼犬在看到四十次坐下手勢時有三十二次坐下的反應，但當牠們聽到四十次聲音訊號時竟然完全沒有反應，你現在知道爲什麼當你家米格魯在林間追兔子時不必白費力氣把牠叫回來了吧！

我對這項實驗抱持小心謹慎的態度，因爲要完善執行它眞的非常困難，除非手勢和嗶聲可完全自動化的控制，否則這兩種訊號很難同時出現。這些學生之前曾利用不作手勢的另一隻手餵食，這樣是否已經讓幼犬只注意手勢了呢？而且我們怎能確定這兩種訊號出現的強度是一樣的呢？如果幼犬的樣本數目多一點會更好。

1. 我們在以下犬種中分別挑出了四隻同窩幼犬，米格魯獵犬（Beagles）、查理王獵犬（Cavalier King Charles Spaniels）、邊境牧羊犬（Border Collies）、澳洲牧羊犬（Australian Shepherds）、迷你雪納瑞犬（Miniature Schnauzers）、大麥町犬（Dalmatians）。

參與實驗的訓練者對此實驗的眞正假說並不知情（因爲我騙他們這實驗和遺傳及性別有關），我也將幼犬的訓練過程拍攝下來。查看後我發現：手勢和嗶聲「同時出現」或「同時消失」的時間都只差幾百分之一秒。而我們的實驗也在有限的環境中做到了盡可能的單純。由於已知狗兒能輕易學會視覺訊號，也瞭解哺乳動物的大腦對特定的刺激特別敏銳，所以我想，這項實驗的結果有其意義存在。諷刺的是，人類對於狗學會看手勢的「驚人」能力常會嘖嘖稱奇，好像那是高難度的特技。事實上，狗對你的聲音有所反應才眞的是奇蹟呢！

嘿，人類，我有話要說！

儘管靈長類動物高度使用視覺，但是人類卻經常忽略狗發出的訊號。舉例來說，在研討會上我會做一項現場示範，當我的邊境牧羊犬「彼普」（Pip）把球還給我時，我就會輕拍牠並且給予稱讚。彼普是我的「祕密武器」，牠看起來像隻傻里傻氣的混種拉布拉多犬，但牠確實擁有極純正的牧羊犬血統。牠愛球如命，爲了獎勵牠把球還給我，我對牠甜言蜜語，並且不斷拍著牠的頭。觀眾看著我奮力稱讚彼普的樣子也頗受感染，於是當我結束稱讚時他們看來亦甚爲開心，開心到我問他們，像我這樣獎勵彼普的方式可以得幾分時，他們都給了我「甲上」，但我卻給了自己一個「丁」。因爲，雖然觀眾喜歡聽到我對牠的稱讚，也喜歡看到我輕拍牠，彼普卻一心只想要那顆球。

接著我再示範一次，但這次我請觀眾特別觀察彼普的表情，一旦將注意力集中在牠身上時，牠的反應就變得很明顯了。牠並不理會我的稱讚話語，只會低頭躲開我要去摸牠頭的手，然後再往前推進，目光如炬地直盯著那顆球看。我們的愛犬通常和彼普一樣，有時候很喜歡被人輕拍與稱讚，有時卻不是如此。畢竟，就算你喜歡被按摩，也不會在重要會議中，或者在比數接近的網球賽中來個按摩吧？所以，為何無論何時狗（即使是隻超愛被撫摸的狗）都非得喜歡被人拍撫呢？因為無論我們多麼喜歡按摩，也不會隨時隨地都想這麼做吧！

當觀眾學會把對人的注意力轉移到彼普身上時，他們很快便發現，彼普躲開手，而且顯然不耐煩仍拿不到球的樣子其實很明顯，然而我們通常不會去注意狗給予我們的視覺訊號。許多來辦公室向我求助的飼主述及愛犬所出現的攻擊行為時，都形容事情「突如其來」，然而甚至在這些飼主與我交談的同時，我很輕易就看得出他們的狗兒正明顯地發出這樣的訊息：「別再這樣摸我了！如果你還不住手，我就咬你了！」

有一句陳腔濫調，說我們愛狗是因為牠們對人類「忠心耿耿」。這是個愚蠢的想法，任何懂得解讀狗兒視覺訊號的人，都知道這個說法有多天真幼稚。假如你想讓一群訓練師笑破肚皮的話，你可以大談忠狗情結。我的愛犬「酷手」路克（就是那隻高尚、忠心，曾冒著性命危險救我一命的路克）有一種表情，一看我就知道牠在「罵髒話」。路克對我很敬愛，這點，我相當確定，但是這並不代表牠每分每秒都敬愛我，如同你也不會時時刻刻都尊敬你所喜愛的人。

有些人之所以深信狗兒永遠愛我們，是因為他們並不善於解讀牠們「非語言」的溝通方式。然而，一旦和狗相處，你會發現「愛」只是牠們諸多情緒中的一種。只要花時間去觀察，這些訊號大多很容易察覺。許多視覺訊號並不僅出現在狗身上，早在西元一八七二年，著名生物學家查爾斯・達爾文（Charles Darwin）就曾述及非人類動物普遍共通的情緒表現，包括厭惡、恐懼和威嚇。但是我們不可假設每一種狗兒面部表情的背後意義都與人類的相同——例如：狗兒的「微笑」可能就代表恐懼（當然，人類的微笑也可能具有相同意義）。同樣重要的是，具備仔細察覺狗兒表情的能力。如同職業網球選手在網球以九十英里時速向他飛來時，依然看得見球面縫線一樣，好的專業馴犬師也能夠觀察到稍縱即逝且帶有大量訊息的視覺訊號。這是每個人都能學會的一件事，只要做到專注即可。

在你家客廳實地研究

我的專業是動物行爲學，是一門研究演化、遺傳、學習及環境間的互動關係，以瞭解動物行爲的科學。動物行爲學的研究基礎建立於良好而完整的觀察，它是一個縝密而精準的研究領域，會使用到各種高科技儀器和數理分析，以因應評估遺傳、生理及神經生物學時的需要。但它起始於任何人都可學會的最基礎行爲觀察，也就是觀察動物並且記錄牠們的行爲。聽起來很簡單，因爲所需要的只是你自己、動物、筆和紙，不需要任何昂貴器材，如果就近沒有狗可供觀察的話，任何會動的動物都可以（包括你的同事、朋友或配偶）。只要描述外頭那隻鳥、裡面這隻狗、甚至你同事現在正在做什麼就行了。

儘量清楚描述細節、重點，像「我的狗走來走去」的描述就相當不仔細也不清楚。如果你的描述是：「我的狗正以每秒約一步的速度緩慢行走，頭抬得和肩膀同高，耳朵向兩側輕鬆下垂四十度，但沒有緊貼著後腦杓……」，這樣子才算詳細、清楚。但等你在紙上記下這段描述時，這隻動物早已改變牠的行爲。這個簡單的練習很快地會讓你感到挫折，但最後卻會讓你驚嘆動物行爲的複雜度。

在研討會上，我最愛做的現場示範就是要求全體觀眾幫我讀秒，當他們齊聲大喊「五、四、三、二、一……！」的同時，我會跳到空中、扭動身體、揮手臂、微笑、皺眉、大笑，還有什麼動作我也不記得了。假如把全程拍攝下來，試著像動物行爲學家般去分析它，便可以記下數十個不同的動作，它們全在爲時一秒的時間內發生。對動物行爲學家來說一秒就好比永恆，因爲在不到零點一秒的時間內可以產生許多動作。要仔細觀察並不容易，因爲腦袋無法一一注意到這麼多同時發生的事，更別提要記錄下來。

由於許多行爲會同時發生，所以學生研究動物行爲時所學到的第一件事，就是專心注意特定的行爲或範圍並且忽略其他旁物，直到此一觀察結束爲止。當你的觀察力越來越好時，將能夠同時觀察到更多行爲細節，但一開始練習時最好有所選擇。加強你的觀察技巧將會讓你的狗變得更乖巧，因爲你在牠面前的行爲應該和牠的行爲本身產生聯結。別因爲牠的動作難以理解就予以漠視。

多年來，我在工作上遇到很多狗，當我無法正確解讀牠們的肢體語言時就很容易被咬，於是我觀察狗兒肢體反應時，有一套先後順序。當我和一隻狗初次見面時，我會把焦點集中在牠的身體重心和呼吸。牠的身體是朝著我前傾、還是往後？身體重量是否平均分布在四肢上？這隻狗是否靜止不動、正常呼吸著，還是淺而快地喘息著？同時，我也會觀察牠的嘴巴和眼睛，這兩處透露出極多的訊息，但我會小心地不去直視牠的雙眼。雖然尾巴也很重要，不過並沒有臉部表情重要，而你也無法一下子接收那麼多訊息。如果有好幾個動作同時進行，譬如說，狗兒邊吠邊衝向我，或者更糟，還全身僵直、眼神冷峻、嘴角往鼻頭縮起，我大概要停個幾秒鐘才能注意到牠的尾巴在說些什麼。

熟能生巧，你也可以成為馴犬師

有些飼主能夠輕易讀懂自己狗兒的肢體語言，他們生來就有此天分，自然而然就會吸引動物來到身邊——就像白雪公主到了森林中，鹿會跑來舔她的臉頰，鳥兒也在她髮間嬉戲一樣。不過，一般人（包括我自己在內）都得利用傳統的老方法學習瞭解動物，也就是「反覆練習」。有個練習法就是去觀察並記下觀察所得。藝術家和科學家都知道：如果我們沒有將事物轉化成文字或圖畫，我們就無法「眞正地」瞭解它。所以，你也可以當起珍．古德博士，帶著你的狗兒和一本素描簿（任何有硬背的紙本都可以）到狗群之中，開始觀察、描述並且畫下自己狗兒某些特定的動作。

留意牠的身體如何前傾或後倚，記錄它並且試著描述出來。嘴角是前伸或後縮？並且記下這些情形何時發生、何時消失。遇到別的狗時，牠的眼神看起來「很冷酷」或「很柔和」？或者尾巴有何改變？和看見人的時候有一樣的改變嗎？每次只要注意一個身體部位就好，否則你的腦袋會忙得不可開交，也沒法專心觀察某個特定的動作。儘量用同一本冊子做筆記和素描，並且要經常回頭翻閱筆記。

另外一個方法是：拍攝狗兒的錄影帶，以慢動作播放並且重複觀看。你也許會驚訝地發現，在很短的時間內竟出現了這麼多行爲，慢動作放映時竟可以看到這麼多東西！多加練習，你的大腦將更能觀察到行爲上的改變，也將訓練出可以觀察到特定動作的眼力，能夠看到瞬間的微妙改變，甚至旁人都沒注意到它的出現，這會讓你對狗兒的反應更加迅速合宜。你不必多做什麼，自然就會變成一位良好的馴犬師，而且奇妙的是，你的狗兒也會變得比較乖巧。

人是隨意發送訊號的發射台

人對狗兒送出的視覺訊號反應遲鈍，還算情有可原，但是對於自己產生的訊號渾然不知就眞的太遲鈍了。你家狗兒可是這方面的行家，牠們把我們的一舉一動都看在眼裡。試試以下的實驗，請你特別留意自己給予狗兒的任何訊號，無論你是否刻意地發出這些訊號。這個實驗實在很簡單，因爲現在你是產生動作的人，你的狗則是觀察員，你的任務就是找出狗兒學會看到它就會有所反應的視覺訊號。

把狗兒帶到一個安靜的地方，遠離其他家人或狗兒，放輕鬆站好，但維持靜止不動的姿勢。然後只動嘴巴出聲要狗兒坐下，但不動用身體其他部分。當我自己這樣做時，我注意到的第一件事就是：要完全維持不動非常困難。當狗兒走近時，你有沒有把頭低下來一點點？是不是把眉毛挑高了一些？你的狗兒能夠輕易察覺這些小動作，也很可能視它們爲訊號。現在換成在地上坐著，盡可能保持不動之後再叫狗兒坐下；然後請你到另一個房間，在牠看不到你的情況下叫牠坐下（你可以自己偷瞄牠或請另一個人觀察牠有何反應）。

現在，請你用平常叫牠坐下的方式叫牠坐下，這次你的身體可以自由活動，表現出平常的樣子，你的身體難免會動，當你在進行這個遊戲時，不必擔心狗兒有沒有坐下，因爲我要你注意的是**你自己**的行爲，你有沒有舉起了手或手指頭？你是否往前踏出了一小步？有沒有把頭偏了？當你觀察過自己的行爲之後，看看自己能否歸納出狗兒看到哪些動作時會坐下，看到哪些不會（但是別考慮你一直叫牠坐下而牠不理你的厭煩反應）。試試以不同的動作進行實驗，你也許會發現你的狗兒只對某個特定的動作有所反應，和對口令的反應差不多，或者比對口令的反應更好。

以上的測試並不能用在每隻狗身上，有些狗兒已經學會忽略人類的肢體語言，只聽聲音行事。我最常見到這種情形：飼主自己表達同一意思時，動作從來不曾一致，甚至連家人也各自使用一套極其不同的動作。舉例來說，爸爸張開手掌要狗狗「坐下」的手勢和媽媽要狗兒「等待不動」的手勢一模一樣。讓人心疼的是，當家人指令不一致時，受害最大的通常是那些最聰明也最樂意配合的狗狗。當牠們竭盡所能想從這些人身上尋求一些可預測的行爲模式時，你幾乎可以看到牠們因爲用腦過度，而從耳朵冒出一縷縷白煙。

如果你想知道自己給了狗兒什麼樣的訊號，最好的方式是請朋友幫你錄影起來。人與人在社交互動時，很少會眞正意識到自己的肢體動作，這也是我們爲何看見自己出現在錄影帶上會覺得錯愕的原因之一。我們會心想：「這是誰啊？」，很驚訝自己在談話時竟會閉上眼睛或習慣性地抓下巴。但你的狗比你自己還清楚，牠知道你如何移動身體，也知道你何時作此動作，而且牠比較會注意到的是這些動作而不是你的聲音。設法將每位家人都錄影下來，再比較大家給予狗兒訊號時的動作。如果你們家是典型的飼養家庭，你會開始驚覺：你家的狗竟能安然度過這麼多年而沒有瘋掉！

一旦開始意識到自己的行爲，協助狗兒瞭解你的任務就算完成了一半。既然你已隨時都意識到自己在狗兒面前的動作，你可以特別選擇一些狗兒能夠理解、清楚且一致的視覺訊號。記得我曾看診一隻可愛的小可卡犬，牠飼主所發出的訊號實在是混淆不清，連我都不明白她要狗做什麼。這位女飼主很愛她的狗，但她的狗爲了設法理解主人混亂的訊號而搞得疲累不堪，當她起身要離開時，小狗坐在我身旁一點也不願意離開，但這並不是因爲我有多特別——許多馴犬師都可能遭遇類似的故事——而是因爲那隻可憐的狗終於找到一個牠能理解的人，牠並不想失去能夠清楚溝通的輕鬆快感。不過當這位飼主學會調整自己的肢體動作與她的狗「溝通」時，原本那個令人心酸的尷尬時刻已轉變成一段快樂的時光，現在她們已經是最好的朋友了。人犬之間本來就該如此。

狗狗的認知與你的不同

昨天我治療了一隻名爲蜜茲的狗，牠是隻可愛到不行的混種㹴犬，可愛到可以去演迪士尼的電影了。但是牠的行爲可沒這麼惹人愛，恐懼的牠出於防衛，會對著急速靠近的高大男子或蹣跚行走的老人吠叫，這種反應代表牠很可能會攻擊人。偕同蜜茲和飼主在牠家附近散步時，我先後請了三名愛狗男士來幫忙。我請他們經過蜜茲時就丟零食給牠，這麼做的目的在於讓牠學習：接近牠的陌生男子不但很安全，而且還帶著好吃的食物來。

儘管我已事先向他們解釋過我們需要他們怎麼做，但當他們每人手中拿著零食時，不僅沒有將零食丟給蜜茲，反而試著直接走到牠跟前，朝著牠向前彎下身子，企圖伸手餵食；甚至第三位男士還不只朝著牠彎下身子，簡直就朝著牠的方向跌過去，也許我當時早該注意到我們正站在一家酒館前面！

不過，除了那位酒館常客之外，這些助手有如此行爲其實都是人之常情。雖然這三個人都知道我要求他們距離狗十英尺處就停步，然後丟出食物，而且也都同意這麼做，結果他們三人依舊試圖直接走到牠面前，把手朝著牠伸出去。那時我以身體擋住了這三位男士的去路，因爲我知道假使他們靠得太近，蜜茲會感受到威脅，然後接收到完全相反的訊息——「沒錯，我早就知道男人是很危險的動物！」。

爲了盡可能顧及禮貌和行動速度，我一邊走到他們面前阻止他們前進，一邊還像個白癡一樣痴痴傻笑，藉以緩和自己突兀的行爲。這一行幹久了，就能學會如何牽著別人的鼻子走卻不傷和氣的藝術。不過要是對方是個醉得站不穩的醉漢，整個人還會像麻布袋似的垂掛在你身上時，你不但得試圖安撫蜜茲，對牠說：「好——乖！好——乖！」，同時還得用另一側的嘴角交代牠的飼主：**「現在就冷靜地牽著牠快走！」**這的確得多費一番功夫才行。

雖然人類根深柢固、難以改變的行爲常令動物行爲專家和馴犬師感到非常挫折，但這倒也難免，因爲我們總歸是人類，不是狗，無法憑直覺就瞭解狗兒對我們行爲的解讀。即使我們意識到自己的肢體動作，但我們也只是透過一層靈長類的濾鏡來看待這些動作。狗狗卻不然，牠們已經將它解讀成犬語。

狗式寒暄法vs.人類寒暄法

想像自己走在街上，很開心遇見一位舊識，這時你會怎麼做呢？多數人會喊對方的名字，或者揮手叫他，然後朝他的方向走過去。如果你邊走，還邊直視對方的臉，注視他的雙眼且露齒微笑，這是很有禮貌的行爲。而當你快碰觸到此人時，你可能還會和他握個手，張開雙臂跟他來個溫暖的擁抱；或者直接把自己的臉湊過去，親一下他的臉頰。友善至極的表現，就是深深注視對方的雙眼，再直接親吻他的嘴唇。哇！這眞是既窩心又親切。但是，假如你是一隻狗的話，就不會這麼認爲了。這些人類所謂有禮貌的打招呼方式，在犬類社會則被視爲不可思議的無禮行爲，你還不如直接在狗兒的頭上撒泡尿算了。

直接走到狗的面前接近牠，對狗來說可能是種威脅，尤其當害羞的狗遇見陌生人或陌生狗時更可能如此。你可以到公園裡觀察社會化良好但互不相識的兩隻狗如何打招呼。最有禮貌的狗會由側面接近對方，甚至可能從垂直的角度接近，並且避免直視對方的眼睛。相反地，如果兩隻狗面對面對峙著，雙方眼睛直視互瞪時，麻煩就來了——而且麻煩還不小。有時我在處理狗對狗的攻擊行爲個案時，會看到這類情境。狗兒偶而也許會直接面對面的打招呼，但這是無禮的作法[2]，而且這會使氣氛緊張，有時也會引發攻擊。

當我們直接走到狗兒面前，以人類打招呼的方式對待牠們時，牠們通常會表現出遭受威脅的樣子。我的經驗來自與超過上千隻狗兒的接觸：假如你和牠們打招呼時是以側身對著牠們，並且讓牠們自己靠近你，牠們會感到很自在；但如果你是大剌剌地朝牠們面前走過去，還直瞪著牠們的眼睛，手伸到牠們頭頂上方時，牠們就會出現攻擊似的前撲動作和吠叫，而且還可能會咬人。懂得禮貌的狗不但會避免正面接近，遇到不熟的狗時，也不會用前腳去抓對方的頭。

我已經遇過數以百計的苦主對我哭訴，他們遇到類似我遛蜜茲時的遭遇。當他們帶著遇見陌生人會很緊張的愛犬去散步時，有陌生人過來，直接朝狗兒正面逼近。飼主會停下腳步，清楚地告訴對方這隻狗怕生，遇到陌生人時會有何種無法預測的反應，並**請求**對方不要摸牠。但這位陌生人會一邊說：「爲什麼不要摸牠？」或「喔，但是我很喜歡狗啊！」，一邊臉朝著狗兒彎下腰來，然後伸手摸牠的頭。狗兒的反應不是害怕得往後退（又一次見識到人類是社交白癡），就是對著這個人狂吠，或是眞的咬下去。

多年來，我幫助怕人的狗兒能自在地面對陌生人，這些經驗讓我見識到我們習以爲常的打招呼行爲對狗產生多麼大的威脅力量。在初期療程中，人類必須在狗開始感到不安之前，就停止接近牠們，這是非常重要的一點。然而，人類想和狗面對面、並伸手去摸牠的慾望是非常強烈的。對有些人來說，甚至到了幾乎無法克制的地步。這種想要把手伸出去的強烈需求其來有自：在許多靈長類動物中，包括黑猩猩和人類在內，伸手觸摸對方的後腦杓是一種表達愛意的自然行爲。「伸出手去感受（碰觸）對方」（Reach out and touch someone）並不只是個廣告詞，它提醒我們「伸出手」和「碰觸」是人類兩個非常習以爲常的社交行爲。

我曾經治療過數百個類似蜜茲的個案，所得到的教訓是：無論我告訴對方什麼，也無論對方對我說了什麼，人們直接走到狗兒面前、朝牠伸手出去的打招呼方式就是改不了，你經常必須以實際動作阻擋他們，解決這問題的唯一辦法是兩個人共同合作。也就是由一人帶著狗，另一人站在陌生人旁邊待命，當陌生人忍不住做出靈長類典型的打招呼動作時，就上前擋在對方和狗中間。我學會了以身體擋住他們卻又不失禮的方式，知道怎樣讓陌生人不致太靠近，也學會故意把零食或球丟出

---

2. 假如狗兒已經是好朋友了，如同人類對待好友一般，牠們會允許對方出現一些絕對不可能見容於陌生狗之間的脫軌行為。所以，你有時會看到很快交上朋友的兩隻狗，見面時違反所有犬類社會的打招呼禮儀。

去請他們接[3]，免得他們對狗伸出手。靈長類動物會想伸出手打招呼，而當有東西朝我們飛來時，也會忍不住想去接。我會對人行道上正漸漸走近的好心男子說：「你可以將這塊零食丟給牠嗎？」，同時將東西很快地丟向他，大多數人會因專心一意去接住這塊零食而忘記把手伸出去摸狗，人是可以訓練的，眞的，只是比馴犬還難一些。

「擁抱」的意涵

把手伸出去接近狗兒是一回事，但去抱牠們又不同了。引言中，我提過人類擁有極強烈的擁抱傾向，而這種傾向也許與靈長類的傳統脫不了關係。我們應該感謝許多的動物行爲研究學者，由於他們的苦心研究，我們才知道大多數靈長類表達熱情時會採「腹面對腹面」的接觸方式（也就是胸口貼胸口，臉對臉的方式），互擁對方再以手拍拍對方的後腦杓或肩膀。

珍・古德博士在她的暢銷著作《我的影子在岡貝》（*In the Shadow of Man*）中，描述熟識的黑猩猩打招呼的行爲，包括鞠躬、蹲伏、牽手、親吻、碰觸、擁抱及拍撫。在動物界裡除了人類以外，黑猩猩與侏儒黑猩猩（bonobos）是最愛擁抱的動物，當牠們感到興奮、快樂、焦慮或極其恐懼時都會擁抱在一起。靈長目動物學家佛朗斯・狄瓦爾（Frans de Waal）在《靈長類的求和行爲》（*Peacemaking Among Primates*）一書中描述，經過漫長冬季之後，當黑猩猩從擁擠的過冬欄舍被放到大型戶外活動場時，牠們會欣喜若狂互相親吻擁抱，彼此拍背；但是當牠們緊張時也很可能會緊抱著彼此不放。

另外，若發生了重大打架事件而使群體激動不安時，這些黑猩猩也會以擁抱方式彼此安撫。黑猩猩與侏儒黑猩猩都是沒事就愛親吻的動物，當牠們感到興奮、想要在緊張情勢或打架過後與對方重修舊好，或者與對方再次見面打招呼時，牠們都會親吻對方。我們之中是否也有不少人會忍不住去親吻自己的狗兒呢？不過，其他靈長類動物如狒狒（baboons）和大猩猩（gorilla）等並不像人類、黑猩猩或侏儒黑猩猩那麼經常擁抱。關係要好的狒狒會以手臂互擁藉以表達對彼此的情感，而大猩猩則經常保持肢體接觸。所有的猿類母子都會長時間互擁，人類的小孩在年幼時期多半也是肚皮對肚皮、臉朝著臉地被呵護著長大。

依我的經驗，最喜歡抱抱摸摸軟綿綿動物的人，大多是十至十三歲的小女生和年約三至五歲間的兒童。在我處理過的不少個案當中，都是家中可愛的小女孩張開雙臂前去抱狗，結果狗兒就對著她們低咆、作勢空咬或者眞的咬了她們的臉（幸好通常並不嚴重）。她們就像其他的年輕雌性靈長類動物一樣，非常渴望擁抱和接觸。儘管她們心中懷著溫暖善意的想法，狗兒卻將這個擁抱動作解讀成一種跋扈、無禮的威脅舉止，請勿認爲我是在爲這些作勢空咬或眞的咬人的狗作辯護。

我的每隻狗對這些靈長類的典型行爲，都會毫不猶豫地容忍下來，連眼睛也不會眨一下。最近

3. 如果你的狗曾對陌生人做出威脅性的行為，請由有經驗的專業人士協助練習後再試著這麼做。

有位女士造訪我的農場，她擁抱路克時緊緊地勒住牠的脖子，用力到在我還來不及請她住手之前，路克的眼球幾乎快從眼眶裡綳出來了。我邊趕過去，把牠從這位女士半摔角式的強抱中解救出來，邊安撫著牠：「好乖，好乖！」，牠只是轉頭哀怨地看著我，連做出逃脫的動作都沒有。但是並不是每隻狗都能這麼容忍，狗兒與人一樣，各有不同的性格特質，學習經驗也各不盡相同。我們不可能要求每隻狗都有禮貌，如同我們不可能期望所有人都溫文有禮一樣（通常人也並不都是這樣）。

狗兒只有在三種情況下，會互相「擁抱」：一、交配時公狗會緊抱住母狗，二、狗兒（可能是公狗或母狗）跨騎在另一隻狗身上表現地位優勢，三、和熟識的狗兒玩耍。如果狗兒在初見面後幾秒之內，就將前腳搭在對方脖子上，牠就已經逾越犬類社交禮儀中的禮貌界線。「用腳搭在對方身上」是犬類行爲中「站在對方身上」的前導動作，它的作用在於建立地位。我的確曾見過一些狗兒才和對方打過招呼不到一秒就把腳搭到對方身上，但這不見得是有禮貌的舉止。我猜測，在犬類社會中，這種搭腳的行爲可能和我們人類推開他人，好讓自己搶先一步的行爲同樣粗魯無禮。當然，彼此熟識的狗兒玩耍時就經常這樣搭在對方身上，但是前提是牠們得先成爲朋友，發出了想玩耍的視覺訊號之後才會如此——這就好比橄欖球員並不會把球場上的行爲搬到球場外去上演的情況是一樣的。

令人咋舌的是多數人卻渾然不覺狗兒是如何解讀人類的行爲。大衛・賴特曼（David Letterman）是我最喜歡的深夜脫口秀節目主持人。我最近收看他的節目時看到他被狗咬，他當時將身體向前傾，直瞪著狗兒的雙眼，以兩手托著牠的臉，再將自己的臉湊到距離狗兒眼睛不到十公分之處。接著，純屬意外地，他踩了狗的尾巴。可是導致狗兒咬他的主因並不是因爲牠的尾巴被踩到，儘管賴特曼的解讀是如此。在狗兒咬他之前，他將眼睛越來越湊近狗兒的眼睛，看得我心驚膽跳，因爲我明白即將發生的事將無可避免。我非常擔心他會被咬，以致於我在床上急得跳上跳下，白癡般地對著電視大喊大叫，好像他聽得到我講話似的。

對未經訓練的人來說，直接看著狗兒雙眼，是人類表達親切善意的一種方式。賴特曼迎接女星茱利亞．羅勃茲（Julia Roberts）時，用的就是這種方式，這也正是我們所有人迎接自己眞心喜歡的人時所採用的方式。然而，這種迎接方式在犬類社會中，好比科幻恐怖電影的一幕。對狗兒來說，除了你直接上前咬牠一口，大概沒有比「瞪著牠看」這種行爲更沒有禮貌的了。這次賴特曼被咬事件中，最讓人驚訝的是，這隻狗兒竟然能等了這麼久才咬他。你可別自以爲是地嘲笑賴特曼，記得他不過是表現出一般人的行爲罷了。

下次如果遇到一隻你想和牠打招呼的狗時，在距離牠一兩公尺時就該停下腳步，轉身以側面對著牠，不要正面對著牠，也不要直接瞪著牠的眼睛看，並在一旁等待牠主動上前來。假如牠沒有靠過來，表示牠並不想被拍撫，所以就別碰牠了，這應該不是過分的要求吧！難道你希望每個街上的陌生人都來摸你一把嗎？假如狗兒接近你時身體放鬆而不是僵硬的話，你可以讓牠嗅一下你的手，把手放低，手伸到牠頭下方而非上方。當遇到陌生的狗時，一律只輕拍牠的胸口或下巴，千萬別用手去摸牠們的頭。想想看，假如有隻像電影大金剛那麼陌生的龐然大物跑來，彎下身來把牠的巨掌伸到你腦袋上時，你會作何感想？

那麼，可以抱狗嗎？

講到擁抱，我也是那種超愛擁抱的人。其實，我有時也會忍不住放任自己張開雙臂環抱「酷手」路克或是迷你馬體型的大白熊狗「鬱金香」。我的狗之所以會容許我這麼做有幾個理由：因爲我們並非陌生人；因爲牠們爲了讓我注意到牠們而情願忍受這些胡鬧的行徑；因爲當牠們不高興時我並不會這麼做；因爲牠們受到制約，被人擁抱讓牠們聯想到愉快的經驗諸如按摩等等，還有牠們對人類相當順服，而且大概也明白牠們別無選擇。此外，牠們也很清楚誰才能夠從冰箱裡把肉拿出來給牠們享用。

毫無疑問，如果講台上那隻大獒犬想咬我的話，我早就被咬了。狗的反應時間沒有人類長，即便我當時往後退了，但我相信大腦發出身體要移動的指示前，牠早就有機會咬上來了。還好我很幸運，牠只是要我離開屬於牠的空間。我把這個經驗轉化成那次研討會中有用的部分內容，討論了許多有關視覺訊號的重要性。我站的位置相當靠近那隻獒犬（我不想讓牠以為只要衝向人，人就會走開，但我若站太近，牠也學不到有用的東西），但最後我終於能再度站在牠身旁而且也讓牠感到非常自在。他的飼主也獲益良多，學到如何管理及對待這隻對陌生人具有危險性的巨犬。當晚我懷著感激入睡，感激的是，我愚蠢的錯誤除了讓我覺得自己很白癡之外，並沒有導致任何不幸的結果。有時我會想，狗兒存在的主要目的就是讓人類保持謙卑，任何一位馴犬師都可以告訴你，狗兒看來似乎把這份工作做得非常好！

2

你的身體會說話

觀察肢體如何與狗對話，並確實表達你的指令

某個下著初雪的冬天，我的客戶瑪麗身上緊裹著一件新的羽毛外套返抵家門。十一月底溫暖宜人的氣候已變成冬季大風雪，為了擋住寒風，她用外套的帽子把頭緊緊包住，她很期待看到她那隻叫做貝倫的聖伯納犬熱情地迎接她歸來。平常貝倫都會在門口等她，尾巴搖得連肩膀以下的身體都跟著左右晃動。瑪麗用鑰匙開門進來時，貝倫站在門後興奮地叫著。但當她一進入屋內，貝倫臉上卻出現大為吃驚的表情。牠嚇得抬頭靜靜地看著她，然後眼睛睜得和銅板一樣圓滾滾的，汪汪地低吠了兩聲便衝入浴室，跳入浴缸蜷縮成一團。

確定她的愛犬很不對勁，瑪麗追著牠，不停呼喚牠的名字。當她發現貝倫躲在浴缸裡時，她想伸手幫牠，結果卻把牠嚇得跳出浴缸，把瑪麗撞倒在地，直到在衣櫃裡找到慰藉。瑪麗花了將近十分鐘試圖引牠出來，非常擔心牠的怪異行為，但這隻九十公斤重的大狗就杵在衣櫃裡，一動也不動，甚至用零食引誘牠也沒用。最後瑪麗終於放棄，沮喪地坐在床上。

此時她感到很熱，便脫掉那件連帽大外套，丟在床上，走出房間去拿點水喝。此時，貝倫從衣櫃走出來跟在她身後。瑪麗發現後，感到相當意外。她轉過身來輕輕叫了牠的名字，此時溫柔貼心的貝倫開始用牠粉紅色的大舌頭不斷舔著瑪麗的臉……。

後來我們在辦公室分析這件事時，瑪麗才回想起貝倫初夏到她家時還只是隻幼犬，那時頂多只看過穿著薄外套的人而已，從來沒見過主人用帽子把頭包得那麼緊，甚至從來沒見過任何戴著帽子的人。牠當時是隻友善正常的幼犬，遇到陌生人可能有些太安靜了。牠第一次對人叫，是對一位送包裹的快遞員。「我走出辦公室穿上一件連帽大外套再走回來，當貝倫看見我時，當場站在原地一動也不動，直到我脫掉外套為止，這時我幾乎可以聽到牠鬆了口氣的聲音」，瑪麗這才開始理解到牠為何有這種行為。

身形也是一種視覺訊號

我不認爲狗兒和我們一樣瞭解「穿戴、脫衣」的概念。假如有人戴新帽子，你並不會以爲他變成了外太空來的異形，但狗卻會這麼想，至少有不少狗都是如此。當心愛的主人戴個大帽子進入屋內，有些狗會激動地叫個不停。或者有人背著背包（像是郵差背著郵包）出現時，有些狗會吃驚且不可思議地睜大雙眼注視著他。想想看，狗沒有理由天生就能理解人類爲何可以隨意改變身形吧？

我們知道狗是非常留意事物形狀的動物。許多來到我這裡的狗會對著牆上的黑貓翦影猛叫，甚至有些狗會對著一幅狗臉畫像激動到近乎瘋狂。那幅比照實物大小的畫像，畫著我第一隻大白熊狗柏彼的臉。那僅是一個狗臉形狀的白色橢圓形加上兩個暗色的圓形（牠的眼睛），便足以引發吵死人不償命的連番吠叫，而且通常在最令人意想不到的時候。正當我們舒適坐定時，天知道究竟是怎麼一回事，牠們抬起頭來注視著那張像，然後狂吠聲使牆壁都撼動起來，茶水也像遇到地震般給震溢出杯外。那張狗臉不過是個圖像，但它所代表的意義對狗來說卻等於是另一隻狗的存在。

所以當狗兒看見我們的眼睛變得巨大、渾圓又嚇人（戴太陽眼鏡時）、頭上長出了奇特邪惡的腫瘤（戴帽子時）、或者我們手上與腰間不可思議地長出危險的肢體（拄枴杖或拿包裹時），牠們會怎麼想呢？儘管狗很聰明，但是牠們沒有理由能夠理解「身形」爲何產生。牠們平常用來辨識來者何人的重要視覺訊號，爲何到了人類身上卻隨時在改變、永不固定。怕人的狗兒尤其會對帽子、大外套或包裹感到害怕。

假如你的狗對人類出現各種怪異身形會感到害怕，幫助牠的方法就是：在家裡戴著帽子活動兩星期，並且讓牠習慣看到你進屋時背著背包或拿著任何可能會讓牠不安的東西。多數狗兒最後就會學到不必理會這些如昆蟲般的變形能力，但有些狗兒還是需要人的幫忙。不過，我也看過一些讓人不敢恭維的衣服，連我自已也很想對它亂叫幾聲。

如何把狗叫過來？

幾年前，我和邊境牧羊犬路克在威斯康辛州的新綠山坡上練習趕羊。我們兩個正學習如何合作無間地將一小群羊趕成兩批，這個所謂「分群」（shedding）的趕羊技巧難度可比花式溜冰的轉三圈。牧羊犬和操作者都必須展現精準的時間控制能力與智慧，這種雙方合作無間的極致表現通常僅見於奧運雙人花式溜冰選手。操作者和狗兒在分群時，會各自站在羊群的一方，然後操作者會叫狗兒進入羊群，把一些羊趕出來自成一小群，接著要求狗兒把指定的那一小群羊趕開，使牠們遠離另一小群羊。

儘管我已經用手勢清楚地給予路克訊號了，但路克和我一樣是趕羊生手，牠一直去趕那群非指定的羊。直到有位經驗老道的操作手只看了一下就讓狀況改善了，他說：「記得只要將你的臉和腳，朝著你指定要牠趕的方向就可以了。」問題於是迎刃而解。

身爲靈長類的我，習於用手指示方向，於是我一直用手比著我要路克趕離開的那群羊，但爲了左右路克的下個反應，我大概正好轉頭去看牠，而路克卻在觀察我的臉和腳朝哪個方向，那個方向卻總是朝著不該趕的那群羊。我從沒想過要注意我的臉和腳，我只是忙著拚命用手指著我想要牠跟上的那群羊。然而路克並不是靈長類，牠是隻狗，而且和其他狗一樣，牠通常會朝著我面朝的那個方向走，而不是朝著我指的方向走。（你可曾看過會抬腳指示方向的狗嗎？）

當你招喚狗時，所觀察到的這種行爲，是值得加以利用的小技巧。招狗過來最好的方法是轉身背對牠，然後往相反的方向移動（這個動作對狗來說其實是「請接近我」的意思），但這對人類來說實在太不自然了，以致於我有時得抓起苦主的袖子，將他們拉走，才能避免他們朝著他家的狗走過去。狗兒會想朝著你所前往的方向走；對狗來說，那個方向就是你的臉和腳所指示的方向。

但是靈長類通常想做的卻是站著面對狗兒，再動一動嘴皮子叫牠來。你可以看看人類和其他靈長類動物彼此如何接近：我們會直接走到對方面前。但這個動作對狗而言很可能會成爲「壓制」的訊號。當你直接朝著狗兒走過去時，在牠眼裡你就好比是個攔下車子的交通警察，要牠停著別動。所以，如果你叫牠來的同時也朝著牠走過去，即便你說：「來！」，你的身體卻告訴牠：「別動！」

況且，如果你朝著狗兒走過去，牠爲什麼不該停下來乖乖地等著你走過去呢？對狗兒來說，即便一個最微不足道的接近動作也可能造成不同凡響的結果，甚至將身體稍微前傾，也足以使一隻敏感的狗兒停在原地不動。

據我所知，招喚狗兒最好的視覺訊號是「彎下腰來學狗兒做出邀玩的姿勢」，將身體轉向另一邊不要面對牠，並且拍著手。你所模仿的這種邀玩動作是最接近狗兒語言中能夠引導狗來到身邊的一個訊號。畢竟，狗兒本身並沒有任何代表「立刻過來這裡」的訊號。假如你研究一下家犬和狼，在牠們的文獻資料中並沒有任何代表「立刻過來這裡」的行爲描述。我常告訴大家應該把招來狗兒這件事當成把戲，不能理所當然地視同好狗狗就應該做得到的事。

當你叫牠過來但肢體語言卻示意要牠別動時，好狗狗是不懂要小跑步過來的。況且，連人類自己也沒有代表「立刻過來」的訊號。當你老婆叫你時，你會馬上丟開手上雜誌，從椅子上彈跳起來走過去找她嗎？當有人要你回頭一下時，你是不是也曾經回答：「等一下！」？我們的狗兒當然也常常對我們這麼回應：「等一下，我聞到了松鼠的氣味！再等一下嘛！我聞到吃的……我待會兒再過去找你。」你憑什麼認爲狗應該天生比你更加聽話服從呢？

在短短的章節裡，我沒法告訴你什麼方法能保證你的狗每招必回，但我教會家中狗兒每招必來的技巧是，先從牠們未受太多干擾的情況下開始練習（好的老師都會協助學生先從難易度適中的狀況開始學習）。我每次叫牠來時都會清楚使用相同的訊號：「鬱金香，過來！」，同時還會拍著手，稍微彎下腰做出邀玩的姿勢，並且轉身以側面對著牠，開始往反方向移動。

一旦我的大白熊犬鬱金香開始朝著我移動，我會開始輕聲稱讚牠：「好乖！好乖！」，並且加快速度跑走，這個動作會引發牠朝著我追的反應，同時也成爲對牠的獎勵，因爲牠得以進行牠最愛的活動之一：大玩一場我追你跑的遊戲。狗兒喜歡零食和被人拍撫，但牠們也喜愛盡情跑跳，把狗叫來之後讓牠好好跑一跑似乎是個很棒、很有用的獎勵。假如你的狗兒變得過度亢奮，跑向你時會上前輕咬的話，在牠趕上你之前就要停步不動，轉過身去面對牠，作出彎腰邀玩的動作，然後再給牠一塊零食。

所以喜愛追東西的鬱金香學到了一點：如果我叫牠來，牠因而停止手邊正在做的事情跑向我時，牠就可以玩牠最愛的遊戲。當牠追上我時，我也常往自己身後丟出一顆球或幾塊零食，讓牠樂趣倍增地開始另一場好玩的追逐遊戲。而多年來與牠玩這個招喚遊戲的心血最近總算有所回報。當時鬱金香正對著一隻衝出穀倉的紅狐緊追不捨，當我大喊一聲「不行！」時牠立刻停步不追，而當我叫牠「過來！」時，牠立刻便跑來了，至今我心中仍充滿著驕傲及感激。

擁有小羊體型和媲美鹿隻速度的鬱金香，當時正以全速追趕著紅狐，只落後紅狐不到一公尺，牠和紅狐穿梭於樹林間往山上跑去，雖然牠的工作是阻止郊狼和狐狸這些不速之客闖進牧場，但牧場圍欄有個缺洞，我不希望牠跑出牧場。你可以要邊境牧羊犬在追逐中停下來，但要大白熊犬工作到一半停手卻不太容易。像鬱金香這種大白熊犬在服從比賽的表現並不優異，因爲培育這個犬種的目的是要牠們一輩子和羊群共同生活，以護衛羊群不受獵食動物侵犯，而且牠們也以獨立個性著稱，某些特質簡直和邊境牧羊犬完全相反。

邊境牧羊犬的培育目的就是要與人類合作無間，簡單的坐下訊號到了牠們面前成了高度精準的訓練（「坐下？好，我做得到……，你要我這樣坐嗎……是往前一點好還是往後退兩公分呢？我可以坐在我的尾巴上，這樣好不好？」）。相反地，大白熊犬則會考慮是否要執行你的指令。對大白熊犬而言，你的指令永遠只是個請求罷了。

當鬱金香還是一隻處於青春期的小狗時，我們每天玩招喚遊戲的次數一定不少於五次，我會用愉快的聲音明確地叫牠「過來！」，使自己的行為有助於牠的前來。我會轉身朝遠離牠的方向移動，以追逐遊戲鼓勵牠追上來，當牠追上我時再丟球或零食給牠。訓練鬱金香時極關鍵的一點是「利用家中其他的狗兒」。每個星期我們會練習一兩次招喚遊戲，最先回到我身邊的三隻狗才有零食吃。因為我同時招喚狗兒們時，鬱金香總是離我最遠，回應也最慢，所以牠每次都排到第四名，我會對牠說：「噢，太可惜了，鬱金香，我的零食都餵完了，你下次得動作快一點囉！」後來牠真的很快跑回來了，這並非因為牠聽懂了我說的話，而是因為牠瞭解到反應必須快一點才會好處多多。

這是不是說，當你想要狗兒放棄去追一隻跑走的松鼠時，只要不面對著牠，反而轉身作勢要跑走，牠就會跑來找你呢？別抱太大希望！不過如果記得每次叫牠過來時都轉身不面對牠，並且以追逐、丟球或零食作為前來的獎勵，我保證牠的表現會比以前好很多（我發現對付狗追松鼠最有效的方法是：先教會狗聽到「不可以！」就會停下腳步，然後再把他叫回來）。

最近我帶著家裡那幾隻邊境牧羊犬去附近的狗兒公園，邊散步我就一直想著把狗叫回來的事。在我們散步的一個小時中，狗兒們超前我約三十到四十公尺的距離，以牠們感到自在的步調在地上吃吃走走。我為了保持在狗兒公園應有的禮貌，每當我看見有群人和其他狗兒靠近時，我就會叫牠們回來靠近我一點。那天公園的人和狗都滿多的，我大概叫牠們回來不下三十次，每次牠們都乖乖地回來。但是我懷疑像我這樣不斷把牠們叫回來，又讓牠們朝著剛剛走過的地方再走回去，牠們不知會作何感想，可憐的狗兒們一定以為人類瘋了。

空間操控權

牧羊犬和羊群教會我一件事：可以利用「狗所處空間」的方法輕易引導牠們的行為。邊境牧羊犬就經常這麼做，無論遇到什麼動物。邊境牧羊犬操控這些動物的方法就是用行動來控制動物所處的空間。牧羊犬沒法用繩子或項圈來控制羊群或牛群，所以牠們必須利用其他方法。牠們控制其他動物的方法就是，想避免動物往某個方向移動就擋住牠們的去路；想要動物往某個方向去就把路讓出來，使牠們輕易就朝那個方向移動。這個技巧極類似足球賽中守門員的角色，**任務是負責保護特定的空間範圍，而不是控制球的走向**。假如你能仿效牠們，學會操控狗狗周圍的空間，就可以不需依賴繩子或項圈來要求狗兒聽話。還有，千萬不要衝到狗身旁抓住牠的項圈。我看過太多狗因飼主伸手抓項圈而作勢要咬人或眞的咬人了。牠們過去學習到的經驗是：主人常會用項圈將牠們使勁拉走、勒住或者拉離牠們正感興趣的事物。

現在我和我的狗相處時，便常利用視覺訊號作空間操控。譬如，我讓鬱金香坐著不動，牠卻想站起來四處聞聞我掉在廚房地板的玉米麵包屑。這時，當牠朝我的左側向前起身時，我會把身體向前移動、向左斜跨一步，先行占住牠原本即將跨入的空間位置，我稱這個方法爲「身體屏障法」。單靠我的動作便足以使鬱金香停止向前走，並將身體後退坐回原來的姿勢不動。接下來我的對應之道是退回原位，不再對鬱金香施加壓力，但仍處以待命狀態，一旦牠又蠢蠢欲動時，我會隨時向左或向右移動。

當然，你的反應越快效果會越好。一旦熟能生巧，只要等待中的狗兒準備起身，並出現移動身體重心的跡象，你就可以立刻將身體前傾幾公分作爲回應。我的經驗是，結合動物行爲學和動物學習基本原理通常可以達到最佳的效果。所以除了發出要牠們不動的視覺訊息之外，當狗兒維持等待不動的姿勢時，我會不時給予零食。我走近牠們給予零食時，我會協助牠們維持等待的姿勢。作法是右手拿零食，左手像交通警察指示車輛停止那樣向前打直、手掌張開；走到狗兒面前時，由下方快速將零食遞到牠嘴裡，後退時，左手仍維持著指示等待的姿勢。狗兒學習到的是「乖乖等待的狗兒可以得到好東西」。於是牠們會漸漸發展出不易動搖的等待動作。

我也會利用「身體屏障法」，阻止狗兒未經邀請便擅自跳到我的大腿上，或把前腳搭在我胸前，甚至踩在我頭上跳舞（有隻九十磅重、過度友善的大麥町犬就曾經企圖這麼做）。狗兒並不會用腳去推開其他的狗，於是我開始觀察狗和狼如何操控自己周圍的空間。狼隻行爲學家經常見到狼隻運用身體屏障法，甚至他們還將此類行爲細分爲：「肩撞法」（shoulder slams）和「臀撞法」（hip slams）。兩者常見於狼群的互動中，意即狼隻運用身體部位（肩膀或臀部）向另一隻狼取回空間主導權。發情前的母狼爲了維持領袖地位以確保繁殖權，活像嗑了安非他命的冰上曲棍球員一般，老是以臀撞法去撞開別隻母狼，要牠們「安守本分」。我並沒有建議你也去撞你家狗兒，你可千萬別這麼做。但是當你逐漸意識到自己和狗的空間所在、以及誰即將要占據誰的空間之後，要訓練狗就容易多了。

這些以身體做屏障的動作並不難學，但它們做起來總是有點不自然。對所有靈長類而言（包括我們人類在內），利用手（或前腳掌）把別人推開是自然正常的反應。但對狗兒而言，舉起來的前腳可能代表著卑微順服、邀請對方玩耍，也可能是意圖跨騎對方以展現地位，但這個動作似乎從來沒有「要對方走開」的意思。因此我不會用我的「腳掌」把狗兒推開，相反地，我會利用牠們可以理解的肢體語言告訴牠們走開。方法是將雙手交叉緊貼在肚皮上，再利用肩膀或臀部將牠們推開。下次當你坐在椅子上想好好休息一下，卻又遇到一隻過度熱情的狗兒想跳上你的大腿時，就可以試試這一招。

在牠來到身邊之前，先把雙手緊貼肚皮，利用肩膀或手肘前傾擋開牠，當牠退後時再回復原來的坐姿。但大部分狗兒並不會立刻放棄，牠們會再接再厲幾番嘗試。畢竟，牠們爬到大腿上的行爲過去可能一直長期獲得鼓勵，而那個鼓勵即使只是得到你的一點點注意。此時若把頭撇開也許會有幫助（本章稍後會談到轉移目光的重要性）。重點是在牠占據你的空間之前就先下手爲強，好比邊境牧羊犬在趕羊時會一直衝到羊群左側以避免牠們進入羊欄是一樣的。

空間掌握的技巧並不單指左右移動來阻止對方去向，它也包括利用身體前傾或後倚的程度操控另一隻動物的行爲，也就是利用「空間壓力」操控狗兒的行爲。

空間壓力

我在牧場裡養了三隻巴貝多黑肚綿羊，牠們的長相和多數的羊不同，黑棕白相間的時尚毛色彷彿出自設計師之手，身形有如非洲羚羊般優雅。當牠們站在我果園裡的一小片翠綠牧草裡時，牠們的美看來令人屏息。牠們的行為也和其他羊種不同，動作迅速且容易驚逃，一有些微的危險徵兆就逃得無影無蹤。牠們會横衝直撞，也會彈跳起來。

假如你或你的狗對牠們施加太多壓力的話，牠們就會發狂似地胡亂逃撞，或撞上圍欄或撞上你的頭。牠們野性十足，反應激烈，有時還具有危險性，但我超愛牠們。任何追求腎上腺素激增、刺激快感的人（有哪位專攻攻擊行為的馴犬師不是這樣呢？）都無法不愛牠們。因為牠們的動作迅速到你和你的牧羊犬也必須同等迅速對應才行，否則結果不堪設想。

有回牧羊犬大賽，以巴貝多綿羊取代一般比賽常用的長毛綿羊，就發生五隻急速衝入玉米田從此消失無蹤的事情。直到幾個月之後，才有人發現其中一隻羊出現在某公寓大樓前的小花園。爾後另一隻則在某郡立公園現蹤，動物園管理員和野生動物專家都想不透：為何一隻長得像非洲羚的動物會現身於第一大城米爾瓦基的郊區？

那幾隻巴貝多綿羊會逃出競賽場是因為牠們對空間壓力過於敏感，比白毛綿羊更甚許多，而且牧羊犬和操作手也不太熟悉牠們。假如你對一群巴貝多羊施加太多空間壓力，可能便永遠沒機會再見到牠們的行蹤，因此我認為牠們在教導我們空間壓力概念上，是最適合且極其重要的動物。不過你的狗也許早就試圖告訴你了。

空間壓力也包含「空間距離」。你必須測量出，哪個最靠近動物的位置剛好可以影響動物的行爲。有技巧的牧羊犬懂得如要讓羊隻移動，該施加多少壓力。牠們除了要從左右阻擋羊群之外，還必須測量出不會使羊群驚逃的安全距離。這非常不易拿捏，因爲狗如逼得太近，就會迫使羊群轉身回頭與牠們對抗，或者使羊隻越過新的圍欄逃走。這項工作總是極具挑戰性；所謂的「壓力限度」會因當天狀況、羊隻不同和天候變化而隨時改變。

一隻穩定而天生能敏銳感受壓力的好狗總是身價不凡，因爲牠能夠順利把牛羊趕到你指定的位置，不會讓牛羊胡亂逃竄或和狗打起架來。這種聰穎的狗兒驅趕牛羊易如反掌。一旦你見過缺乏技巧的狗衝得過急，導致畜群嚇得驚慌失措，你就會瞭解這有多困難了。空間壓力之於狗的重要性也不亞於對羊隻的重要性。優秀的馴犬師對空間壓力瞭若指掌；不佳的馴犬師則容易誤用，並且導致發生一些原本可以避免的問題。

和同種的人類互動時，你同樣很清楚空間壓力的影響。大多數人都知道不可侵犯他人的空間，以免因造成壓力而使對方感到不快。一般人都瞭解接收者的感受：有人靠得太近時，我們通常會發現自己自然向後退開來，不待對方實際碰觸到我們，就讓我們感受他們的存在而想退避三舍。讓人感到自在或不快的社交距離可能相差不到幾公分。你與狗的相處亦然，這也同樣存在於牧羊犬和羊群之間。當然，忍受空間壓力的限度會隨著畜群不同而改變，也會依每個人的個性及文化背景而異。同樣地，每隻狗也各有不相同的忍耐限度。

優秀的犬隻操作手非常清楚：如何針對不同的狗調整身體傾斜程度，以施予空間壓力。我們回過頭看看前述「等待不動」的例子：我叫鬱金香等待不動，但假如牠起身往我的左方前進，我不但會把身體移到左方擋住牠的去路，同時也會將身體前傾以阻擋牠前進，等到牠稍有停頓，我的身體就必須停止前傾，並且往後退回原位，停止對牠施加空間壓力。而當牠恢復成等待不動的姿勢時，我也必須予以獎勵。這種你來我往、調整身體重心的空間壓力法，就像任何運動或舞步一樣，得花上一些時間才學得會。

我在辦公室提供諮詢時發現，飼主似乎很容易就學會施加空間壓力。然而，他們剛開始學習時會施壓過度，而且停止施壓的動作也都不夠快。你可以找個人或狗一起練習看看，但要確定你已充分瞭解這隻狗才進行這項施壓練習。每隻狗都因著遺傳與學習經驗不同而成爲獨特的個體。牠們大多數也和人類一樣，可以歸類成幾個典型：有些傻大個兒型的狗兒完全不懂社交規則，無論你多麼小心翼翼抓準正確時機向前擋住牠們，牠們依舊會飛撲到你身上；但敏感順服的狗可能只要看見你在一兩公尺外把身體稍微前傾就會向後退開。還有，可別挑上那種性情暴躁、愛爭地位又有攻擊傾向的狗練習，牠們很可能會認爲你冒犯牠而攻擊你。

狗兒重心轉移的方向（不管是向前或往後）對於動物行爲應用學家來說，是一項極其重要的資訊。舉例而言，在接待大廳遇到一隻狗對我露齒低吼，但是只要牠身體重心稍微往後移，我便知道牠只是出於自衛而不是準備要攻擊人，無論牠怎麼咆哮露齒，只要我不對牠施壓就不會有什麼危險。讓我比較擔心的反而是默不出聲、四肢僵直的狗兒；牠們一動也不動地站著，直直瞪著我的雙眼，身體重心還前傾。至於那些不斷衝上前又後退的狗兒，則還在攻擊和逃走的意念之間猶豫，實在很難判讀牠們的行爲。

學習讀懂狗兒移動身體重心的意義之後，你將能從狗兒身上獲知許多的資訊。一旦腦中有這樣的概念時，你會發現狗兒移動身體重心的情形隨處可見。當你情不自禁伸手去摸小喜樂蒂的頭頂時，牠一側肩膀會往下壓低，幾乎讓人看不出來牠已向後移動了一些些。在公園裡，你可能會看到兩隻狗相遇，一隻將身體向前傾時，另一隻狗通常就會把身體往後移。牠們的行爲將變得如霓虹燈招牌般鮮明醒目，你無法理解自己過去怎麼會一直錯失這些訊息。

當然，我們忙著理解狗的行爲時，牠們也忙於解讀我們的行爲。假設你遇見一隻不認識的狗時，你將身體重心稍稍向後，通常就可確定這隻狗不會因你的姿勢而感到威脅。你把身體重心稍稍移到後腳時，表示你並沒有做出即將前進的預備動作，即動物行爲學家所謂的「意圖性動作」，狗兒可是看得一清二楚。這些動作不必很大，若沒有特別注意，幾乎難以察覺。不過假如你遇到的是神經很大條的狗兒，又是舌頭又是腳的活蹦亂跳、絲毫不在意你說的話時，你當然就得加大動作，刻意往牠的方向前進，利用占據空間和肢體語言，宣告你想拿回主控權的意圖，之後再要求牠坐下。

請讀狗狗的唇

山帝是隻可卡犬，有著選美皇后般的捲曲金色毛皮，就像洋娃娃般柔軟可愛。不過牠出現在我的辦公室時，卻像個守衛兵一樣站得挺直僵硬，備戰似地身體前傾，在辦公室裡冷冷地瞪著牠的主人，雙眼看來如打火石般黝黑。牠的主人因為山帝咬了她而來找我，而且不只咬了一口，是連咬了好幾口。她的傷口並不是輕微的咬傷，而是咬住拉扯且深入皮肉的傷口。

這種連續性並且造成嚴重受傷的咬法稱為「多發性襲擊」。在最近、也是最嚴重的一次攻擊事件中，山帝沿著飼主的手臂一路往上咬，一口口不斷地狠咬，最後還咬著她的耳朵不肯鬆口。這位獨居的女人花了很久時間才將牠拉開。她的手臂受了重傷，不過她的心也碎了。她愛山帝如同愛自己的命一樣，而且我很確定山帝也愛她，至少大多時候是這樣的。

我懷疑牠之所以瞪著主人看，是要她去玩具箱裡拿玩具給牠。不久前，牠曾走到籃子旁，看看她，然後回頭注視籃中超棒的玩具，牠的主人便站起身來取那個玩具給牠。玩具箱的高度很低、沒有蓋子，很容易就搆得到，山帝沒有任何理由不自己取玩具，不過牠顯然寧願要主人為牠做這件事。我向飼主提議讓牠自己去拿，她解釋說：每次山帝要求，她都會拿玩具給牠。

但我轉過頭去看看山帝，牠仍站在箱子旁，輕緩地擺動尾巴，並且冷冷地瞪著她。這時，女主人就搖搖頭對牠說：「不行，山帝，你得自己去拿！」正當她說話時，幾乎毫不起眼地，山帝的嘴角往鼻頭方向拉近了約三公釐。（這個動作聽起來相當微不足道吧？你可以把尺拿出來，用手指沿著尺移動三公釐試試。你會很驚訝它其實是個很明顯的動作。）

這個小小動作就像霓虹燈般刺眼。還好山帝的小壞心眼給了我這個警示。當牠向主人衝過去時，我及時把一個小砂包丟到牠面前阻止了牠，等小砂包在牠面前落地時，牠的眼神依舊冷酷，嘴唇已經完全向前撅起，露出利牙，準備要咬人了。因為我觀察到牠嘴角向前縮的動作，才能夠預測牠的下一步行動，並在牠再次攻擊飼主前阻止牠。在往後幾個月期間，山帝接受了很多培養耐心的訓練，牠的主人也學習到該如何成為一位和善的領袖，重要的是，她也學會了（如老鷹般敏銳地）時時觀察山帝的嘴角變化。

我並不希望你像山帝的主人一樣，有迫切的理由必須學習如何解讀自己狗兒的訊號，但是狗兒的嘴角的確可以透露很多事情，讓你知道牠毛絨絨的腦袋裡是什麼狀態。嘴角流露訊息，並非狗兒的專利，人類微笑時也會把嘴角後拉。非常籠統的說法是，我們和狗兒微笑時所表露的是一樣的情緒。狗兒嘴角後拉時所表露的順服或恐懼，有時在人類身上也具有類似的代表意義。

有些研究學者相信：人類的微笑是從許多靈長類表現順服時所出現的咧嘴動作演化而來。我們都很熟悉高興的微笑是什麼樣子，但請回想一下記憶中那些因爲緊張而擠出來的微笑吧！也許你也曾經和我一樣，曾經在不該笑的時候竟笑了起來，譬如焦急等待考試成績宣布、低聲下氣請求某個權威者幫忙時。靈長類也有類似這種微笑的表情。這種近似緊張或表現順服時所展現的「微笑」，即所謂的「咧嘴而笑」，與輕鬆、友善的社交行爲有關。無怪乎這種行爲較常見於社交關係較輕鬆的物種，而非在那些位階清楚劃分的物種裡。我認爲就某種層次來看，微笑可以同時代表兩個意義：不具有惡意攻擊的順服意圖，也因此向陌生人表示你不會傷害他。

靈長類（包括人類、黑猩猩和恆河獼猴在內）爲了向對方展現自信滿滿的威脅，同樣也會將嘴角往前拉。不過這種把嘴角向前嘟的動作，也是我們用來表現愉快驚喜的神情（想想自己對嬰兒或狗兒說話時的表情：眉毛挑高，眼睛睜大，嘴形變圓，嘴角向前拉，作出說「歐——」的嘴型）。但這種表情對狗而言卻是種侵略性的表徵，稱爲「好鬥性撅嘴」（agonistic pucker）。任何對我吠叫並撅起嘴唇的狗絕對會引起我的注意力。這種狗並不是想自衛，而是準備好，隨時要向對方展開毫不畏懼且自信滿滿的威脅。

我作狗兒性情評估的項目之一是：給狗兒一個塞了食物的玩具，然後觀察我要拿走玩具時牠的嘴角有何反應（我現在利用假手進行此項評估，這得感謝蘇·史坦伯小姐〔Sue Sternberg〕聰明的主意，她是位馴犬師、擔任收容所顧問，也是位研討會講師。有十年的時間，我一直靠自己的反射動作和判讀狗兒來保護自己，我很高興自己的手現在可以退休，以假手替代，不過即便利用假手仍可能相當危險，因爲偶爾有些狗會沿著假手、再沿著我的眞手或臉一路咬上來。因此，正如廣告中常出現的警語：「危險動作，請勿模仿！」）

當我觀察狗的嘴巴時，我不只看牠是否僵住不動、或是露出牙齒，我還會看牠的嘴角是向前或後拉。如果嘴角向前，牠通常是隻好爭地位的狗兒。假如你家有三個年紀都不滿五歲的幼童，牠便不適合你飼養。如果嘴角後拉露出防禦性的微笑（即便牠對我又低咆又撅唇露齒），這代表著牠只是自衛，而且很害怕食物被拿走、或害怕接下來即將發生的事情。這兩類狗兒都會咬人，但是重要的是你必須盡可能去瞭解牠們的心理狀態，然後再去做診斷及療程。假如你的狗兒會對你出現像這樣的威脅行爲，明智的作法是聯絡一位經驗豐富且訓練方法符合人道精神的訓練師或動物行爲專家，讓他們依狗兒的狀況量身訂做一套專屬療程協助你。

要幹架嗎？

有關人犬之間的視覺訊號誤解，一個常見的情形發生在飼主們牽著自家狗兒外出碰到其他狗兒時。飼主們通常會很擔心狗兒們是否合得來。假如你不去看狗，而先觀察這些飼主的話，通常會注意到這些飼主屏氣凝神、嘴巴嘟起，一副「在警戒中」的神情。由於這些行爲在犬類文化中，代表的是侵犯、攻擊的意思，我懷疑這些飼主在不自覺的情況下發出了情勢緊張的訊息，此時如果你再將牽繩越拉越緊（許多飼主都會這麼做），便很有可能引發狗兒攻擊的事件。你可以想想看，這種狗兒見面的氣氛有多緊繃。每隻狗有自己的「狗」伴在旁撐腰，而飼主們屏息以視的模樣彷彿在狗的周遭佈下一層緊張的氛圍。我看過數不清的場面就是：狗就是看了主人僵住的表情之後，才開始對著另一隻狗咆哮起來。其實很多狗打架事件都是可以避免的。你可以放鬆臉部肌肉，讓眼神柔和、呼吸緩慢，轉過身，不去正面面對那些狗狗，而非將身體靠過去，增加緊張情勢。

避免眼神接觸

人類或狗兒會對著同類把頭別開、不直視對方的行爲，其實有許多相同的理由。人類、黑猩猩和大猩猩等靈長類常會將頭別開，以避免社交衝突。靈長目學家佛朗斯．狄瓦爾特別強調，對人類和黑猩猩來說，社交情勢緊張時，會避免眼神接觸；欲重修舊好時，則會尋求眼神的接觸。鑽研狒狒研究的靈長目學家雪莉．史壯（Shirley Strum）也曾描述東非狒狒（olive baboon）爲了避免與別隻狒狒發生衝突，會把臉別開。靈長類進行溝通時的一個重要原則似乎是「只要彼此不對看，就不會惹事端」。這在狗兒身上似乎也很合用。

當我治療狗對狗的攻擊行爲時，我家的邊境牧羊犬全是訓練有素的好幫手。牠們可以不用狗鍊外出，因爲牠們訓練有素。當我全神貫注在眼前的個案狗時，我很信任牠們會依吩咐停步、坐下、趴下、等待、前進或後退。不過我從來沒教過牠們：有別隻狗對牠們叫而且要衝過來時，牠們應該把頭別開，然而牠們就是會這麼做。這一點讓我非常欣慰，因爲這對化解緊張局勢是個非常有效的方法。

不久之前，有隻重三十六公斤、叫艾比的狗，因和別隻狗相處時出現粗魯行爲而被帶來我的牧場進行診療。牠看到每隻狗都會又叫又跳，而療程的主要目的在於教牠如何變得比較有禮貌。「酷手」路克當時依我的指令靜靜地坐著，待在房子一頭。當艾比朝著牠衝過去時（艾比已事先繫上一條堅韌的牽繩，栓在某個安全距離之外），路克將頭轉到另一側，如同乾坤大挪移似地，也轉移掉艾比散發出的緊繃能量。瑞典馴犬師屠蕊德．魯葛絲（Turid Rugas）稱這個轉頭動作爲「緩和訊號」（calming signal），我也認同它確實對別的狗具有緩和情緒的效果。但我並不認爲狗兒是爲了使對方放鬆而刻意這麼做！

人類倒可以刻意做出這個動作。當我們遇到陌生狗或察覺到緊張氣氛持續升高時，就可以把頭別開，作出狼隻研究學者所謂的「目光轉移」行爲。或者你也可以把頭一歪，一隻全身緊蹦、隨時要攻擊別人的狗兒是不會出現這種行爲。許多哺乳類動物會把頭歪一邊，藉以收集更多有關周遭環境的訊息，而且幾乎只在牠們感到很好奇、且相當放鬆的狀態下才會這麼做。如果你把頭歪一邊，對狗兒發出的訊息是「你很放鬆」，對於引導牠放鬆也有很大的作用。

把頭別開並不單純只有化解緊張情緒的作用，這個動作和微笑一樣具有多重意義。每天晚上，當我那隻謙卑的彼普匍匐、爬近大白熊犬鬱金香尋求牠的注意時，鬱金香就會轉頭去看別的地方。彼普朝著鬱金香靠近的同時，不時會倒在地上，把身子放低側躺，尾巴像擊鼓般地用力拍擊地面，頭一直放低靠地，嘴角還帶著順服的微笑。貴爲「老大姐」的鬱金香極少依彼普所願地去搭理牠，鬱金香會將牠又大又寬的頭稍稍上抬、鼻頭朝上，再將頭別開不去看彼普。「低位」的狗兒可以尋求互動，但是「高位」的狗兒才有權決定是否要理睬對方。有時鬱金香會回過頭來嗅一下彼普的臉（這時彼普看起來似乎開心得快酥掉了），但牠多半會對彼普不理不睬，直到彼普放棄離開。

所以，假如你的狗每次跑來找你，你就立刻放下手邊事務，以撫摸及關愛回應牠，你的狗會怎麼想呢？你家由誰作主呢？訓練你的狗兒對你索求注意力很容易，如果你對牠總是有求必應，無意間就等於已經完成了這項訓練。你可以問問自己牠從這裡學到了什麼，牠可能學習到，自己永遠比你手上的任何事情來得重要，然而，牠所沒有學到的東西，才可能造成最大的問題。

我在辦公室裡常見到一些行爲等同兩歲孩兒的狗，牠們完全沒有忍受挫折的能力，原因是牠們的主人一向讓牠有求必應。然而，如同人類小孩一樣，牠們遲早會遇到必須克服挫折感的時候，但牠們卻缺乏處理這種情緒的經驗。挫折感是狗兒（或大多數哺乳類動物）出現攻擊行爲的普遍肇因。如果你想要一隻融入家庭又有禮貌的好狗狗，就必須像教小孩一樣培養牠的耐性，使牠瞭解並不是每次都能有求必應。

假如你正忙著要事，但你的狗卻一直吵著要你摸牠，不要和牠作眼神接觸。你可以利用身體作屏障擋開牠（記得別用手去推牠），或者以不具惡意但嗤之以鼻的神情把頭別開（把下巴抬高）。你會驚訝地發現一旦杜絕了眼神接觸，狗兒很快就會走開。同時你會注意到：當我們想要狗兒做某事時，要人類不去看牠們的眼睛極其困難。我們所有本能似乎都驅使我們去注視我們的狗兒，如同其他靈長類企圖和同伴取得直接溝通的作法一樣。

不過，打發狗兒走人，最有效的方法就是那種將頭別開時不自覺流露出的眼神：有點臭屁又很難搞的樣子；它不但對人有效，對狗都很有用，這眞的是實話。狗兒與你社交圈中的其他人一樣，都有可能把你視爲理所當然，我們大多數人都很討厭這樣的對待方式，你或許無法擺脫那些如此對待你的人，但你可以不必忍受自己的狗這樣對待你。

3

別對狗狗「雞同鴨講」

狗兒與人類說話的方式有何不同
如何改變說話方式以增進人犬溝通

時逢春天，我的大白熊犬鬱金香正欣喜若狂。一隻死松鼠讓牠龐大身軀的每個細胞都雀躍顫動著。牠深深地吸入大自然的新鮮氣味。我喊牠，當時陶醉在美妙氣息的鬱金香應該聽到了。牠朝我的方向稍稍把頭側了側，接著又回頭專心進行牠生命中的重要大事：把這種絕妙動人的氣味沾抹在自己白色的長毛上。如同我喜愛長時間泡著薰衣草泡泡浴一般，鬱金香很珍惜能在動物死屍上盡興打滾的機會。我不知有多少次看過牠倒臥在地、肚皮朝天，歡欣慵懶地四足亂舞，臉上咧著大大的微笑，同時盡可能地把松鼠屍體、牛糞、死魚或狐狸大便的精髓磨蹭在自個兒的毛上頭。

「鬱金香！」我再次大喊，並且朝著牠走近了一些，但這次牠甚至連耳朵也沒動一下，完全忽視我的存在。我這次喊牠時用了較大的音量，因為我開始生氣了，我家這隻全身濕透的大白熊犬竟不理會我的召喚，害我得站在傾盆大雨中全身弄得濕答答的。這讓我很光火，而且大約再過半小時，前來參加當晚隆重晚宴的客人就會抵達，我可不想讓一隻濕漉漉、聞起來像千年死屍的巨犬充當晚宴陪客。

不過，鬱金香並沒有真的滾在地上那塊濕爛黏滑的屍體上頭，因為我很快就恢復了理智，從狗主人的身分跳脫出來，重拾動物訓練師的身分。這次我只輕聲地說出：「不行！」，而且把音調壓得非常低沉，鬱金香便停下嗅聞的動作，把牠又寬又大的頭轉過來直視著我，我便接著說：「鬱金香，過來！」而我說出「過來！」時的口氣，宛如和一位來家中喝茶聊天的鄰居打招呼一般，既親切又歡愉。鬱金香對著牠腳下的「寶物」瞄了一眼後，就像個舞者般轉身朝著我跑來。我們一塊兒跑進屋裡，衝往冰箱去拿鬱金香最愛的零食，但同時也再次把我那飽受摧殘的可憐老地板給弄得滿是泥濘。

鬱金香從一開始就依著我的要求照辦。我起初先叫了「鬱金香！」，用意是要牠過來我身邊。我只叫了牠的名字，卻期望牠心電感應到我想要牠做的事，而牠對我的存在也作了禮貌性的回應，表現出等同意謂「哇，你看這裡！我發現了一隻死松鼠，牠身上還有蛆耶！」的狗兒行為，然後又繼續進行被我打斷的行為。我再喊一次牠的名字時，和頭一次叫牠時並沒什麼不同，未為牠帶來任何新的訊息，但是當我清楚表達了我想要牠做什麼時，牠便完全照我的要求行事。

鬱金香曾學過「不行！」二字代表「停下手邊的事」，也學過「鬱金香，過來！」這句話意謂著「請停下手邊的事，現在就過來這裡！」。於是當我恢復理智並告訴牠我要什麼時，牠馬上就聽話照做了。既然我是個動物行為應用專家和專業馴犬師，而且博士論文研究的是訓練師和工作動物之間的聲音溝通，你一定會以為我對聲音的溝通應該瞭若指掌吧！然而卻仍有個隱藏的問題，那就是「我是人類」！

對不起，你在對我說話嗎？

最能夠定義人類這個物種的指標應該就是人類具有語言能力。科學家長久以來一直存在的疑問就是，如何區分人類與黑猩猩及倭黑猩猩等猿類之間的不同。我們自十八世紀以來就列舉了許多屬於人的特質項目，包括：工具的使用、利他主義、社會及政治系統和語言能力。然而隨著我們越來越瞭解這些最接近人類的物種之後，這些特質也越來越少。一九九六年《巨猿社會》（*Great Ape Societies*）作者約翰．密塔尼（John Mitani）在書中寫道：

一直不斷進行的圈養及野外研究，已經大量刪去以往用來區分非洲猿類和人類的特質。這些研究成果逐漸清楚呈現的是，人類之所以獨特也許僅存於一個特質，也就是我們具有說話及使用語言的能力。

噢！我們超愛說話的，我們就像是有生命、會呼吸的語言機，老是像個機關槍似的對著我們的狗喋喋不休。這種想對著狗兒說話的慾望極其強烈，甚至到了我自己和一些專業馴犬師遇到耳聾的狗時，明知對方聽不見卻仍說個不停的地步。要是儘量不讓自己開口說話，反倒會使自己分心而妨礙到工作，所以我們乾脆還是照常說。語言的使用對人性而言，極其不可或缺。因此聽障人士也發明出一套以視覺溝通的手語，獨具特有的文法和語法，而缺乏成人指導的兒童會創造出自己的一套靈長類語言。所有的人類（無論文化背景或身體機能的能力）似乎都有使用語言進行溝通的慾望。口語能力對我們人類的確甚爲重要，重要到甚至讓我們常忘記肢體語言的力量。

連近親黑猩猩或倭黑猩猩的口語能力都無法媲美我們對聲音的複雜運用。許多種類的動物（鯨魚、星鴉和蜜蜂）都擁有不同的複雜溝通系統，但是牠們對聲音的運用全及不上人類語言的複雜度。我們從數十年的研究中獲知，猿類能夠學會使用視覺符號溝通相當複雜的訊息，而一隻名爲艾利克斯的非洲灰鸚鵡也學會了說幾十個英文字，並且學會了對這些字有所回應，這些字當中包括一些代表抽象概念的字如「較大」、「不同」和「顏色」。

儘管研究動物的溝通，將發現更多人類之外的動物也具有語言能力及智慧的證據，人類精巧運用聲音的能力仍然獨一無二。但當我們利用語言和我們的狗兒溝通時卻問題百出，這豈不太令人意外了？你看看我在前述事件中，隨便叫了「鬱金香！」就想要牠停止嗅松鼠死屍並且回屋裡去。假如你全神貫注忙著做某件事，這時若有人叫了你的名字，你大概會回答：「幹嘛？」、「啊？」或是「等一下！」，你並不一定知道對方想叫你做什麼。然而我們卻老是這麼對待狗兒，只叫了牠的名字就期望牠心電感應到我們的想法。

狗兒並非天生就懂人話，也無法心電感應。假如你的狗不聽從你的指令，這很可能只是因爲牠搞不懂你的意思。當然，狗兒具有聽懂字彙的能力，牠們也和我們一樣聽力良好，而且天生就適合從周遭環境的聲音獲取資訊。受過良好訓練的快樂狗兒能夠從飼主聲音的變化瞭解許多訊息。狗兒甚至會學到一些我們不想要牠們懂的字。例如，當你說：「洗澡了！」，牠會跑去躲在桌子下面；或者當你詢問你的兩腳朋友想不想一起去「吃飯」時，牠會趕快衝到裝狗食的櫃子前吠叫。不過，仔細分析一下我們自己的行爲，有時我會覺得，我們的狗兒能夠瞭解我們的意思簡直就是個奇蹟。

「語言」絆腳石

約翰和琳達是一對全心對待新養狗狗的飼主，他們是我班上最有趣的兩人，他們每次來上課時都興致高昂，對我的笑話也很捧場（真感謝他們！），乖乖完成回家作業，滿溢著對那隻黃金幼犬的熱愛。有一回練習「召喚」時，約翰說：「金潔，過來！」，想把牠叫過來，然而金潔剛發現旁邊桌上有牛肝零食，連耳朵動都沒動一下。於是約翰又再叫一次：「過來這裡，金潔！」接著又說：「別這樣，乖狗兒，來這裡，過來這裡！」約翰急著不斷給予口令的結果，使他開始上氣不接下氣，同時挫折感遽增，卻沒有成功說服金潔離開桌上的那些零食，金潔倒學會了不去理會這位可憐飼主發出一大堆有趣的聲音。最值得注意的是，這些聲音的變化實在太多。假如你對中文一竅不通，「來這裡！」和「金潔，過來！」這兩句聲音聽起來根本一點也不像。然而人類卻似乎改不了，似乎非得使用不同字句代表同一個指令不可。

不過，想一想這也不無道理，人類語言最驚人的特點之一就在於它的可變性。你看看，我們可以用多少方式表達同一件事：「來這裡！」、「過來這裡！」、「過來嘛！」、「來這兒！」、「來！」、「嘿，金潔！」，還有很多不勝枚舉的例子。這種能夠運用豐富字彙的能力是上天對我們的恩寵，但對狗兒卻是個詛咒，因為要學習一種外國語言已經夠難了。要是這些字句還會時時變化就更別提了！如果你想學習的外國語不斷改變時態、沒有規則可循，你會怎麼辦？你大概會和許多狗兒一樣，乾脆連聽都不聽了吧！

幾乎每本馴犬書籍都會建議飼主選擇簡單的口令，並且每次都使用相同的口令，但是全世界的飼主都經常違背這個原則，爲什麼全世界最聰明的物種遇上這麼簡單的原則時，竟然會有如此白癡的表現呢？我認爲原因至少有兩個：第一，我們老愛使用同義詞，所以學習以同一個字詞作爲口令違反我們的天性。字詞的代換有極多好處，它增加了語言的微妙及深度，豐富了我們的生活。但是這對狗兒而言簡直是極大的挑戰。牠們等於生活在異國文化之中，而且當地人總是使用不同的字詞代表同一件事。我們的狗竟然沒有一起連夜逃走才眞是怪事呢！

第二，我們無法使用單一口令很可能是因爲：幾乎所有的動物（從單細胞阿米巴原蟲到結構複雜的哺乳類）都會有所謂「習慣化」（habituation）的行爲。當一個有機個體（或甚至單一細胞）開始忽略重複發生且沒有因果關係的事物時，就表示被「習慣化」了。這被認爲是幾乎所有動物都會有的學習模式。它解釋了你住在鐵路旁幾個月後，爲何不會再注意到火車聲，也解釋了無處可逃的枕邊人爲何能夠成功忽略另一半在耳邊嘮叨。假如你叫你的狗「過來！」好幾次，你見牠沒反應就放棄走掉的話，習慣化的結果，很可能使你每次叫牠過來時，牠就會連頭都不抬一下地不予理睬。因爲牠學到了「過來！」這個口令就宛如風吹過樹梢般的無關緊要，便轉而注意在其他更重要的聲音上，例如車道上的汽車聲或鑰匙聲。

動物甚至能夠不自覺地表現「避免習慣化」的行爲。這也許可以拿來解釋爲什麼有些鳥類鳴叫時會變化聲調，以及人類會經常替換語詞了。也許我們會這樣不自覺地停用某個聲音（尤其當它無效時）並設法換用另一個聲音，其目的就是在避免習慣化，不然就是希望換個聲音會更有效。這個理論雖然不錯，但是我們終究會有詞窮時，結果狗兒還是對我們不理不睬。雖然我們對狗兒使用的話語很不一致，但仍然有很多方法可以協助狗兒瞭解你的意思，而且這些方法也很容易且不花時間。

你得開始留意在狗兒面前所說的一字一句，甚至把你認為對狗兒具有意義的口令都記下。寫清楚你說話時用了哪幾個字，你說了：「躺下！」（Lie down）、「趴下！」（Down），還是兩者都用了？畢竟這兩句話的部分聲音是一樣的，但對我們來說兩者意義並不同，你的狗兒又怎麼會知道「躺下！」和「趴下！」的意義相同呢？假如這是兩句你不熟悉的非洲土語，你會知道它們代表相同的意思嗎？

想想自己對狗兒是用什麼方式說出這兩句話（你可以用不同方式說同一句話而表現出不同的意義，如同我們非常清楚自己名字被人小聲呢喃或生氣大喊時所代表的意義是不同的）。試著以符號記下你說話時每個字的音調。你的「趴下！」尾音是往上揚的（好比問句的結尾）或是低拉下來的（好比陳述事實般）？

開始聽聽自己說的話，並且請家人和朋友注意你對狗兒到底說了什麼。只要照著這麼做一、兩天，就應該會慚愧地想鑽進地洞躲起來（無怪乎這麼多狗兒愛死了自己的籠子）。我們大多數人對狗說話時好比是本同義詞典，總是用不同的字詞代替同一個口令。在你感到自己太可憎時，請謹記一件事：「你是人類，人類就是會這麼做」。相反地，假如你發現自己表達得很清楚，也使用固定的詞句，那麼你就眞的太棒了，給你自己一根新鮮骨頭咬咬吧！

如果你眞的很有心，也可以用攝影機或錄音機把相處過程錄下來。試著觀看一些你不自覺被拍攝下來的片段。重要的是，要非常清楚自己對狗兒說的每字每句，是否都使用了固定口令，以及全家人是否也都口徑一致。一旦你的腦袋開始密切留意自己說的話，通常不需花什麼力氣，你就會變得說話較具一致性。一個經證實且有效的行爲治療法就是：要求那些想減肥、戒菸的人記錄自己何時吃過東西或抽菸，以及吃了什麼東西、抽過什麼菸，他們甚至不必努力就自然而然變得少吃或少抽菸。這單純只是因爲他們開始專心留意到這些行爲本身，而不是再也不加思考地做出這些行爲。只要你多加注意，說話和下指令時自然而然也會變得比較一致。

那些聲音，到底代表什麼意思？

如果你思考過自己平常都用什麼字眼和狗兒溝通，接下來就是把這些字眼所代表的確切意義寫下來，也就是當你說了某個字之後，到底希望狗兒做什麼事。這聽起來很簡單，但即便是專業訓練師，當他們靜下心來把自己發出的指令一一寫下來時，自己也會嚇一跳。原來當我們要求狗兒做事時，很多人甚至連自己也不很明確想要牠們做什麼，這就難怪狗兒也不明白你的意思了！

舉例來說，我們之中許多人想叫狗兒趴下時會說：「Down!」，過了十分鐘，當我們叫牠別再撲在別人身上時也會說：「Down!」（此處變成『下去』的意思）。但對狗狗而言，它到底代表哪個意思呢？你說出「Down!」時，你想要狗兒怎麼做？要牠趴著，肚皮貼地？還是要牠別再撲人，把四隻腳掌貼地上？或者要牠從沙發上下來？你當然明白同一個字眼兒在不同情境下代表不同意義，但是我們應該把事情簡化，讓狗兒學習起來容易一點，而不是整天對牠們進行智力測驗。假如你能學會使用不同口令表達你想要狗兒去做的每一個行為，牠的生活將大獲紓解。

再看看另外一個例子，它顯示人類的語言經常讓狗兒一頭霧水。現在的訓練師很流行教導飼主叫狗兒坐下，然後給予口頭稱讚：「乖，『坐』得好！」。但從狗的角度來看，如果「坐」的口令代表「把屁股放在地上」，而你希望每次喊「坐」時牠都會知道要坐下，那麼，若是牠已經坐下了，卻又聽到你說「『坐』得好！」的口令，牠又該怎麼做呢？你期待你的狗能心電感應到你有時候發出「坐」這個聲音時是要牠「去做某件事」，有時候卻是「牠什麼都不必做，你只不過指出牠剛才做的那件事而已」。也許你的狗眞的很聰明，但這種期待太過頭了。置換語詞的順序是人類語言的一種變化，而你要求狗兒瞭解人類語言的規則就像要求牠摘月亮給你一樣不可能。

我也曾經把我家的邊境牧羊犬搞到快抓狂。我花了好幾個星期訓練牠們全部在門口等我，再一隻一隻走出門。我規定每隻狗在我叫了牠的名字接著說「OK!」之後才能走出去，但是無論我先叫了誰的名字，只要聽到我說「OK!」，每隻狗都會起身向前走。我早料到這對牠們來說很困難，因爲牠們都個別學過「OK!」的意思是「你可以去做你想做的事了!」。但是我以爲只要我表達清楚而且耐性指導，牠們應該就能學會聽到自己名字再聽到「OK!」後才行動。

兩個星期之後，我感到很挫折，而牠們則是很疑惑。彼普甚至因爲焦慮不安而開始哀哀叫。牠是我養過的狗當中，對聲音和動作連結領悟力最高的一隻狗，但是牠從沒搞懂牠的名字後面接著「OK!」時才代表這個口令跟牠有關係。牠坐在門前等著，聽到我說：「路克，OK!」時，牠就開始向前移、又往後退，向前移、又往後退，顯然不確定該怎麼做。牠在我臉上不斷尋求暗示，直到我到門口擋住牠的去路，牠顯得相當緊張、手足無措，簡直就像是用前腳抱頭、一副苦惱，不知到底怎麼回事的樣子。當時牠的確是深深地爲此深感苦惱、不知所措，所以每當我回想起牠的樣子都感到很心疼。

如果「OK!」就表示「現在起來沒關係！」的話，彼普聽到口令會起身絕對是合理的反應。因此，假如你的狗聽出一句話中有個「坐」字，那麼當牠已經坐著又聽見「坐得好！」時會怎麼想呢？我訓練彼普時，也陷入了人類社交中所慣用的語言思維，而其他飼主也經常犯這樣的錯誤。1

以下是另一則例子，顯示我們靈活、驚人的語言能力如何困擾我們的狗兒：很多人制止狗吠時會說：「不要叫！」，它聽來非常簡單，只有三個字而已。但是你曾經教會你的狗「叫」這個字代表什麼意思嗎？畢竟，以狗的角度來看，它只是你發出的一個聲音，換句話說，在教會狗它聽懂這個

1. 順道一提，我現在讓每隻狗聽到自己名字才起身向前走的方法是：用較高的音調輕叫每隻狗的名字，而牠們只花了一兩天就學會了它的意思，唉！

字之前，它並不具任何意義。既然牠不瞭解「叫」的意思，當你喊出「不要叫！」時，他會以爲你也加入了助陣合吠的行列，而且吠叫是會傳染的。如此一來，不但不會讓你的狗安靜下來，反而會鼓勵牠繼續吠。

接著，看看你用字的順序：你是否先說「不要」再說「叫」？假如你的狗知道「叫」這個字的意思，牠不是又會開始叫嗎？讓我們回到前述「乖，『坐』得好！」的問題。我們期望狗兒能夠明白前面的「不要」會改變下一個字「叫」的意義，於是喊出「不要叫！」的口令。不過我知道有些狗兒在主人大喊「不要叫！」之後的確會安靜下來，但只喊一聲「不要！」也可以達到同樣的效果。

即便你給予的訊號很清楚一致，仍必須確認狗兒對這些訊號的理解也和你相同。比方說，我猜大多數狗兒對「坐下」這個最簡單的口令的定義和飼主的定義是不同的。你是否和大多的飼主一樣，教會狗坐下的方法是「叫牠過來，叫牠坐下，牠做對了之後再獎勵牠」？對人而言，「坐」是一種姿勢。我們對坐下的定義是「狗的後半部身體彎曲，屁股貼地，前肢伸直，前腳掌平放於地」。「坐」就是這麼簡單，似乎狗也是這麼定義的！

通常你叫狗坐下時，我敢打賭牠就是這麼坐的。但如果牠已經趴在地上，你說坐下時，牠會怎麼做呢？除非你特別教過牠「坐起來」，否則牠大概會一直趴著。另外，如果牠已經坐著你卻又叫牠坐下呢？許多狗兒這個時候，通常都會直接趴下去。還有，假如你在五公尺之外叫狗兒坐下時，牠又會如何？大多數的狗會很高興地跑到你跟前，面對著你坐下來，就像你第一次教會牠坐下的情況一樣。我的猜測是：大多數的狗兒認為「坐下」就是代表「跑到主人身邊，站在主人面前，再往地面壓低一半的身體」。

當然，你可以讓狗兒學會不必跑到你面前「坐下」而是教牠「坐起來」，重點是你一定要把牠教會。除非你比其他飼主花更多的工夫，否則你的狗對「坐下」的定義肯定會和你不一樣。你想想看，你的狗對你的口令是否經常都有一套自己不同的理解。這讓我想起一部我最喜歡的卡通，裡面有一隻傻頭傻腦的狗兒，常咧嘴笑著問：「嗨，我的名字是『不可以！不可以！壞狗狗！』，你叫什麼名字？」

試想牽繩另一端的狗兒每天過著什麼樣生活？牠時時刻刻都必須設法瞭解一個可愛又令人困惑的動物——牠的飼主。

我在查爾斯．史諾登教授（Professor Charles Snowdon，任職於美國威斯康辛大學麥德遜分校心理學系）手下工作了兩年。期間，我對狗兒眼裡如何看世界有了全新的看法。當時，我試圖解譯一種南美產的小型動物「棉頭獅狨」（cotton-top tamarins）所發出的聲音訊號。這種體型約松鼠大小的高社會性靈長類，居住在濃密的樹林裡，因而發展出了驚人複雜的發聲系統。如同狗會感到困惑一樣，研究動物聲音的科學家也只能猜測別的物種發出的聲音到底代表什麼意思，而且也都必須利用這些聲音出現前後所發生的事件，去探尋「語言」背後的意義。

但是即便身為這世上最聰明的物種，要解譯這些聲音所代表的意義仍舊是件艱難的任務。舉例來說，狒猴聽到其他族群的狒猴叫聲時，家族成員就會發出「長聲呼叫」（long calls）。令人不解的是，這些聲音訊息是傳達給他群的狒猴？還是給自家成員？還是兩者皆是？代表的又是什麼？要如何才能找出它的意義？

要解譯另一個物種的聲音訊號絕非易事；相信我，你的狗要想辦法搞懂你說的話也眞的是非常辛苦。「趴下！趴下！快趴下！」和「趴下！」代表同一個意思嗎？「過來」和「來這裡」是相同的解釋嗎？只要想想看自己對狗說話的方式，自然就會謹愼看待對狗兒所使用的每一個字彙。

絕不重複口令！

讀過馴犬書籍的飼主都曾試著遵照書中建議「不重複下指令」，但通常不會成功。我的經驗是：所有人類共通的特點之一就是「對狗說話時會重複自己說過的話」。我們重複口令的行爲已經到了習慣成自然的地步，甚至當狗已達成我們的要求時，我們仍然會再次重複口令。像鮑伯就會說：「坐下，坐下，坐下！」但他的狗麥克斯在第三次坐下還沒說出口就已經坐下了！唉！馴犬師對飼主千萬別重複口令的要求，往往弄到最後也只能無奈地搖搖頭了。

我在訓練牧羊犬趕羊的初期，其實也因爲重複口令而發生悲慘的經驗。那時可眞是緊張，我放任狗兒自由奔跑在野地上，身邊有時速三十二公里的獵物在活動著。我的任務是避免狗把羊群追出圍欄或驚慌得撞上圍欄，或是把牠們追個半死，但有些時候卻是羊群反過來追你的狗。一隻新手牧羊犬加上一個新手牧羊人，不管遇到上述哪一種狀況，肯定會緊張得腎上腺素飆高。

當情況緊急時，我和大多數牧羊新手一樣，重複了好多次「趴下」的口令，就像不停踩煞車一樣，希望亂勢能停下來，好讓我有機會思考到底該怎麼辦（你可以把牧羊想成是在用「活」棋子下西洋棋，只有百分之一秒可以做決定，然後立刻走下一步棋）。我那時大喊：「趴下！」緊接著又更用力地喊：「趴下！趴下！趴下！」我的第一隻邊境牧羊犬——漂流，很快被我訓練成只有在聽到我大喊「趴下！趴下！趴下！」時才會趴下，因為牠沒法知道我每個訊號的基本單位到底是什麼，所以牠一直等到我「完全下完口令」之後才作出回應。

在我的博士論文中，曾經分析非英語系動物訓練家的聲音訊號。我發現判別某個訊號的基本單位極其困難。如果一位巴斯克的牧羊人以那種音節艱澀難分的語言說出三個短音，稍停頓一下，又重複最後一個音，你很難知道他的「訊號」是什麼。是三個音呢？還是四個音？如果這些短音聽起來都很近似「呱」的音，我無法確定「呱呱呱！」三連音，和重複三次「呱！」是否代表相同的意思。當我設法想搞懂這些操作者的口令到底是什麼時，我實在百思莫解、內心煎熬，抓著頭髮埋怨又呻吟，眞是苦惱萬分。而我還是最聰明的物種——人類呢！

飼主實在太容易重複口令了。在任何馴犬課上，你就會聽到狗兒飼主不斷重複「過來」、「坐下」的口令，而講師則咬著牙勉強擠出微笑，因為他剛剛才告訴大家：「記得只說一次坐下就好。」「請各位千萬、千萬、千萬（這裡也重複囉！）這次別再重複三四次口令了！」

爲什麼人類總是會像個連珠炮似的忍不住重複自己的話？如果某個物種能夠具備著名作家狄更斯和莎士比亞的語言天分，這個物種應該有能力阻止不用腦筋、喋喋不休的行爲吧？但是我們通常無法這麼做。找時間觀賞一下黑猩猩的錄影帶，牠們是與我們血緣最近的動物，而且也喜愛重複音節，牠們會發出：「噢！」，再發出「噢，噢，噢！」的聲音。不過，除了黑猩猩之外，大多靈長類動物都會不斷發出音調相近的音。激動的松鼠猴會大量發出「吱吱、啾啾、咯咯」的聲音；僧帽猴（wedge-capped capuchin monkeys）會快速以忽高忽低的音調發出「嘿嘿、哈哈」的聲音。當棉頭獅狨看見麵包蟲或是好吃的零食時，牠們會高聲尖叫「伊！」一聲。一旦牠們越來越亢奮，這個短音很快就會變成像連珠炮般的「伊、伊、伊、伊、伊、伊」叫聲。

第一次沒用，就大聲一點！

我們對狗兒說話時並不只是重複口令而已，我們通常會越來越大聲，我們不會以同樣的音量重複三次坐下，而是越來越用力地說：「坐下！坐下！坐下！坐下！」然而，不是只有在對狗說話時才如此，語言學研究人員發現，我們與他人說話但對方聽不懂時，通常也會重複相同的一句話，而且會使用更大的音量來表達。

威斯康辛大學麥德遜分校的一名大學生蘇珊·莫菲和我合作的研究發現，人類在狗面前也有一模一樣的行爲。在她的畢業論文，她請幼犬班課程的飼主叫自己的狗兒坐下，結果正如同人類溝通時一樣，假如狗兒在第一次口令下達之後沒有坐下，飼主就會再下一次口令，而且有三分之二的人用了比第一次更大的音量。

由這種普遍的行爲看來，人類似乎認爲加大音量就能產生刺激狗兒反應的效果。這個越說越大聲的傾向似乎是人類傳承而來的特徵。說到震耳欲聾的尖叫聲，應該很少動物能夠比靈長類動物來得激動了吧（不過，鸚鵡倒是其一）！小棉頭獅狨發現同伴遇到危險時，會發出足以震天撼地的圍攻叫聲。震耳欲聾的程度會讓你根本無法思考。黑猩猩和倭黑猩猩情緒激動時，也是以越來越大聲的長串叫聲來表達情緒。

然而，叫聲對黑猩猩來說，並不單是興奮的表達而已。像公黑猩猩就會時時注意誰的地位高、誰的地位低，而誰製造噪音的能力越強，其社會地位就爬升得越快。野生黑猩猩行爲學家珍．古德博士，曾述及一隻名叫麥克的黑猩猩如何迅速獲得地位提升的過程。牠在展現地位優勢時先丟擲金屬煤油桶發出巨大聲響，然後再大聲發出呼呼的吼叫聲，牠所造成的震耳噪音使得其他公黑猩猩（除了最高位的公黑猩猩之外）大爲折服，牠們立刻轉而向麥克臣服，並且以卑微的低姿態向牠接近，麥克後來眞的爬上了最高位的寶座。看來牠製造出搖滾樂團般吵雜噪音的行爲，在這個追求權力的過程中幫了牠很大的忙。

人類也同樣善用音量。當我們無法獲得想要的反應時，自然而然就會越講越大聲，彷彿覺得只要在聲音裡加入力量，就能達到想要的效果（想想看，你要費多大的勁，才能訓練你的孩子在接到找你的電話時走過來叫你，而不是直接站在電話旁越喊越大聲地叫『媽！』）。但是狗兒的反應卻和靈長類不同，雖然巨大聲響會引起牠們的注意或嚇牠們一跳，但這麼做卻不一定會得到牠們的敬重。

會吠的狗兒通常是害怕的狗，牠們叫得越大聲代表牠們越驚慌。狼很少會無緣無故地吠叫，尤其是成狼更不會這麼做[2]。極少有人聽過經驗豐富且充滿自信的成狼在叫。最常吠叫的應該是亞成狼，通常牠們察覺情況危險時才會吠叫。成年家犬身上具備的吠叫特質正與亞成狼不謀而合。而吠叫行爲的接收對象通常有兩個：一個當然就是那個入侵者（意思是「我看到你了，別想偷襲我，把罩子給我放亮點！」）；另一個則是牠的同伴，例如：「快來幫忙！西邊邊防有麻煩了！」，這時整群同伴通常會爲了回應牠所發出的示警訊息，而趕緊群聚過去。

最令我背脊發冷的狗，反而是那些我聽不到牠聲音的狗兒，牠們會站得直挺挺地一動也不動，直瞪著我，小聲低咆。如果吠叫的行爲與地位高低有所關連，狗兒是否會將人類大聲叫喊的行爲解讀爲「表現優勢」或者把人視爲牠敬佩的對象呢？還是牠們會視這種行爲爲恐懼或者缺乏主導權的表現呢？我發現，許多受狗兒喜愛的人都不多話，說話時也輕聲細語，顯示狗將這些人「從不吠叫」的表現視爲一種領袖的表徵，同時也被這些人的自信所吸引。

喊破嗓門有用嗎？

這世上有沒有人從來都沒有對自己狗喊過「閉嘴！」呢？我們在氣頭上時，通常不會想到這個舉動其實對狗是毫無作用的。但是想想看，既然狗天生的行爲就是會吠叫，當我們大喊：「安靜！」或「閉嘴！」時，牠們很可能會以爲我們也是在『吠叫』。你可以問任何一位飼養很多隻狗的人，他們會告訴你：當狗聽到吠叫的反應不是安靜不出聲，而是自己也會叫了起來。在我家，只要鬱金香隨便吠一聲，就足以使路克從睡夢中驚醒，路克會慌亂地從地板上站起來，甚至神智還來不及清醒就一路狂吠地跑到大門口。牠看起來實在可笑至極，我會告訴牠：「路克，你到底在叫什麼呢！」，牠看著我的樣子，彷彿我一點都不瞭解牠的心情似的，或許我眞的沒瞭解牠。吠叫是群體行爲；雖然我不確定路克到底爲了什麼而叫，但我知道：因爲鬱金香在吠，所以路克也跟著吠。

如果沒有教導狗兒「安靜」兩字代表的意思，牠可能經常會吠叫。就算牠知道聽到「安靜」時該怎麼做，但是當你用力大喊安靜口令時，你可能因此改變了「安靜」的音，致使你的狗認不出熟悉的口令。在馴犬無效時自然會把「安靜！」越喊越大聲，但聽在狗的耳裡，你完全就變成是一起吠叫的同伴。因此，這實在不是明智之舉。[3]

---

2. 當然，嚎叫的聲音由成狼發出，功用是溝通狼群的位置所在。它對維繫狼群的凝聚力也有影響。我認為這個行為和教堂中聖歌齊唱、或是部落狩獵前的祈誦很像。

3. 有些狗和我們一樣，看到別的狗在叫，也感到相當不悅。我曾親眼看過一隻狗衝向另一隻吠個不停的同伴，輕咬了下對方的吻部以示教訓。一旦這隻惹惱牠的狗停止吠叫，牠才會恢復冷靜，平和地站在對方身旁。我不太能確認狗兒真正的意圖是什麼，但很重要的一點是：這些「糾察隊」狗狗從來不會對其他的狗亂叫，而是無聲地做出反應，不像我們人類喜歡亂吼亂叫。

要飼主停止喊叫、學習用其他方法使狗兒安靜下來，並不容易。這項教導讓訓犬師搖頭嘆氣，備受挫折。但是關鍵在於給予這些容易激動的靈長類動物一些要領（這裡指的當然就是那些急於要狗兒閉嘴的飼主們），協助他們有效使狗不要吠，並避免因挫折感而使自己一開始就跟著狂吠起來。如果你的狗正在叫，不用比牠更高聲地嚇阻牠；你反而可以站起來，拿塊好吃的零食慢慢接近牠。這個步驟知易行難，教導學生抓準時機朝狗兒接近是馴犬講師的一大挑戰。你必須專心一意在這個動作上，它看起來是個輕而易舉的動作，但大家似乎很難做得正確又標準，即便他們聽我講解完時總是信心滿滿得點頭如搗蒜。

準備一份好吃的零食，放在容易取得的地方（別吝嗇！給狗兒雞肉、牛肉或任何牠們最愛吃的東西，但只要一小塊就好）。只要狗兒開始吠，便告訴牠：「夠了！」，然後走到牠身旁，將零食拿在牠面前（鼻頭前）約一、兩公分，用嘴巴發出聲響吸引牠的注意。

如果眼前這個香噴噴的零食夠吸引牠，牠會把頭從原來對著吠叫的方向轉而去嗅那塊零食，但是必須先藏在掌心不能馬上給牠，告訴牠「好乖、好乖」幾次，成功引導牠離開原來令牠吠叫的事物後，再給牠那塊零食以資鼓勵。

回顧一下這個事件的發生順序：狗在叫——發出制止的訊號——利用動作，製造使牠停止吠叫的情境——牠不叫了——以零食獎勵牠。零食的功用起先是用來誘使牠停止吠叫，然後利用它加強（獎勵）牠安靜下來的行爲。請記得，這個練習必須在牠尚未因過度亢奮而無法專心的情況下進行。

比方說，牠聽見門外有一大家子人和兩隻狗而興奮得發狂時，就姑且別作這個練習了。

初期練習時，可以事先設計情境，如此一來較能夠掌控狀況，避免狗兒（和你自己）因爲難度過高而無法完成練習。例如：你可以請朋友敲門一、兩下就停手，此時用零食將狗兒誘離門口。

爲了轉移狗兒對某件事物的注意力，你通常要走到牠身旁，把零食放在距牠面前（鼻頭前）約一、兩公分的地方。關鍵在於你必須一次又一次地，設下促使牠吠叫的情境，並在你消除使牠吠叫的理由時告訴牠：「夠了！」，再用零食引開牠。當牠離開門口並且已經安靜須臾之後（別等太久！），牠就能得到那塊零食。隨著練習次數的增加，你可以在下「夠了！」的口令後，等待越來越長的安靜時間之後，再給予零食。這個訓練不似「坐下」之類的訓練那麼容易做，因爲這對狗兒來說難度高多了。

由於吠叫的行爲與情緒及生理激動狀態息息相關（年輕人大笑、尖叫或大聲喊叫的行爲亦然），連狗兒自己想停止吠叫都可能心有餘而力不足呢，所以你必須有耐心。如果每次只花短短時間訓練、每週練習五至十次的話，可能也需費時數個月才能訓練成功，而且必須挑選狗兒處於非興奮狀態時才開始練習，以免牠對你的口令充耳不聞。

然而這一切都是值得的。等到你的狗聽到「夠了！」，就會從門口或窗邊離開，回到你身邊尋找零食，你將感到無比欣慰！一旦狗兒學會了這個行爲，就可以不必每次都給牠零食，偶而給牠就好了。

用聲音表達你想要狗做的事

當初我跑到美國德州邊界的賽馬場做博士論文研究時，我想探討人類為了讓動物「加快」或「放慢」腳步而發出的聲音是否都一樣，並不會因使用語言不同而異。人類用英語訓練犬類和馬匹的聲音，我事前錄製了許多。這回我想錄製非英語系國家的動物訓練師的聲音。可惜當我調查德州賽馬場時，發現這裡竟然禁止賭馬。沒有賭馬，代表這裡沒有什麼財力，也不會出現電視上看過的豪華白色馬廄和磚砌的馬場走道。我開車進入一個賽馬場，它的賽道和馬廄都老舊骯髒，而且出奇地冷清。我毫不知情的是，這兒的賽馬剛因為上個月的兩起謀殺案而停賽。看來這座被我選中的賽馬場似乎是兩類禁藥交易的大本營——一類是人類使用的禁藥，另一類是刺激馬兒的禁藥。

不知天高地厚的我走進馬廄，身上垂掛著昂貴的錄音機、麥克風和相機，我把頭探入陰暗的馬廄裡，找尋我之前曾連繫過的那位訓練師，卻只見一些被我驚嚇的黑影人跳了起來，抓了些東西就躲到離門遠遠的地方去。單單在那一天之內，我對那些在乾草堆黑影後方來來去去的針筒、藥丸和「醫療藥液」練就了很厲害的辨識能力。任何一項運動，不管涉入的金錢是多是少，都會有一些違法的教練或訓練師涉及其中。法律在這家賽馬場是蕩然無存，而一個背著相機和錄音機的陌生人在這裡出現，也格外引人側目。

當時我想研究一群使用不同語言的動物操作手。首先想看看說西班牙語的賽馬騎師是如何加快或放慢賽馬的速度。然後我會把他們的錄音與使用其他語言的馬匹操作手及犬類操作手的錄音做比較。這裡指的其他語言包括英文、巴斯克語、中文、祕魯蓋楚瓦語以及其他十二種語言。不過這時我需要找的是只會說西班牙語卻沒學過英文的人，然而當時待在這個破舊賽馬場的騎師不是只說英文，就是英語及西語兩者皆通的人。

有人告訴我：「在這裡等荷西吧！」——荷西可能隨時哪一天就會來這裡，他認識很多不會說英文的騎師和訓練師，他會帶你去找他們。這些人果然沒說錯：荷西認識每個人，每個人也認識荷西，雖然他和馬廄其他人一樣，對我到那兒去的目的都納悶不解，但他倒願意帶我四處找那些只說西班牙語的訓練師和騎師，好讓我錄下他們和馬匹互動的情形。我們驅車進入德州南部的丘陵區，在某鎮邊緣的一家便利商店停下來。當荷西回到車上時手裡拿著半打啤酒（時間是早上八點鐘），他開了罐啤酒，點燃一根雪茄大小的大麻菸後說：「好了，翠莎（派翠西亞的暱稱），我們要去找很多和動物說話的人對吧？想來口大麻嗎？」我婉拒了他，並且暗自以手摸索著，看看我那把瑞士刀到哪兒去了。

荷西信守了他的承諾。我針對使用非英語的訓練師和騎師，收錄了五個很不錯的錄音。荷西為什麼認識每個人而且樂意載我四處去的原因很快就昭然若揭。每當我們到達新的地點，我會刻意不去注意荷西暗地交給訓練師的長型飽滿塑膠包。當他進行著交易並向人解釋我到那裡的原因時，我會在一旁把弄著器材。天知道荷西對他們那些人說了些什麼，我蹩腳的西班牙語根本沒法聽懂他們的對談，但他們顯然以為我瘋了。儘管如此，他們仍然展現地主之誼，如同對待一個可愛又無害的外星人。

我的確像個置身事外的外星人，專心注意著其他人對動物發出的聲音，彷彿我研究的是另一種動物般。我感覺自己像是珍．古德博士，對於周遭靈長類發出的有趣聲音抱持著善意的好奇，這些靈長類碰巧就是人類。我從這些有趣聲音所學習到的結果，對我與狗兒的溝通有深遠的影響。專業動物訓練師應該比任何人都明白如何利用聲音與動物溝通。他們有一項異於一般狗飼主的共同特質——不會在聲音中洩露自己的情緒狀態。他們所發出的聲音只用來引發動物做出他們想要的反應，而非表現他們內心的感受。

但這絕非想像中簡單，人類情緒非常容易影響說話的方式。它不只影響我們使用的字眼，也影響說話的語氣，也就是語言中所謂的聲韻（prosodic），相信你一定聽過一句話：「你說什麼並不重要，重要的是你說話的口氣。」以不同口氣說話所傳達的訊息，有時並不亞於話語本身所代表的意義。你可以檢視自己平常總共用了幾種方式叫狗的名字：當你和牠依偎在一起，牠用鼻子輕碰你的臉，你會用溫暖的語氣輕呼：「瑪姬～」；但當牠衝進大馬路時，你可能會驚恐大吼：「瑪姬！」我們喊狗名字或說話的方式通常都受到內心感受所驅使。回想一下自己是否曾經在言語中不由自主地洩露害怕或不耐的情緒，儘管你自己並沒有意識到。

我們曾談到當靈長類越加亢奮時，會不斷重複發出相同的聲音。黑猩猩會依所發現食物的多寡而叫。食物越多，牠們發出的叫聲就越急。棉頭獅狨因看見食物而興奮時，不斷發出的「吱、吱」叫聲會逐漸增大到震耳欲聾的地步[4]。這種產生不同強度叫聲的「分級傾向」在動物界相當常見，因而數十年前科學家曾經主張動物所發出的聲音必定「只」單純反映牠們的內在狀態。現在我們知道應該不只如此，因爲有好幾種廣爲研究的動物或物種，會利用不同聲音代表本身以外的事物（如：不同種類的掠食性動物）。然而，人類習於將聲音與內在情緒連結，這種習性得要花很大力氣才能克服。

動物因興奮所發出的聲音，除了顯示情緒激動的程度之外，還有很多其他用處。它更可以影響收聽到此聲音的對象，其中包括人類以外的動物。記得有一次，我的好朋友陶德，粗魯地跨上一匹未經訓練且容易激動的馬。當他的馬兒驚慌且加速地跑起來，他拚命直喊：「握！握！握！」，馬兒跑得越快，「握！握！」聲也喊得越急。然而，他越急，馬兒反而跑得更快。人和馬都身陷難以回頭的惡性循環當中。人類情緒激動所發出的聲音反映內在的感受，但這些聲音無法協助動物依人類所願行事（或者停止做某事），反而容易使接收訊息的動物更爲難以控制。

我並非信口開河，這是我花了五年研究的博士論文題目。我發現不同操作手所使用的聲音模式極爲一致，一百零四位動物操作手和十六種不同語言的分析結果顯示——他們都普遍使用「急促、

4. 查爾斯．史諾登教授的研究發現，當狨猴興奮時，「吱、吱」的音頻構造與重複出現的間隔時間都會改變。參考資料中，還有諸多關於動物音頻構造與內在情緒的資料。

重複的短音」使動物加速，而使用「單一長音」使牠們放慢腳步或停下來。但他們發出聲音的方式差異甚大，有的拍手、吹口哨、嘴咂聲或使用自己語言中的某些字，不過聲音的模式都一樣。不管使用何種語言，當操作手想刺激動物跑快一點時，就會急促、重複地發出拍手聲、嘴咂聲、彈舌聲、口哨聲或使用某個語彙。講英語、西班牙語和中文的賽馬騎師、馬術競賽騎師、軍騎師和花式馬術騎師，要鼓勵馬兒跑快一點時，全都會不斷發出彈舌聲和嘴咂聲。巴斯克和祕魯克丘亞族的牧羊犬操作手，則用重複的短哨音或話語鼓勵狗兒動起來。說英語的雪橇犬賽參賽者會大聲喊出重複且急促的短音，如「夠！夠！夠！」、「駭！駭！駭！」和「呀！呀！呀！」，以激勵狗兒跑得更快。

相對地，專業操作手想讓動物放慢腳步或停下來時，他們使用單一的長音。無論他們訓練馬匹、狗兒、美洲水牛或軍用駱駝，在所有的研究樣本中，沒有一位操作手使用彈舌聲、拍手聲、拍腿聲、嘴咂聲或急速重複某聲音的方法來壓抑動物的行爲。普遍用在狗和馬身上的英文口令是「Stay（音爲『斯爹——伊』，意謂不動）」、「Whoa（音爲『握——』，本身無意義）」和「Easy（音爲『伊——記』，意謂別緊張）」。

我所訪問的北非操作手告訴我，他們訓練駱駝趴下的口令聽起來像「呼——虛」或「庫——虛」。祕魯克丘亞族騎士要馬兒停下來時會使用兩種聲音：一個是「素——」的長音（語言迥異的巴斯克人也用相同的「素——」長音讓驢子停下來），另一個則是聽起來像「伊希——塔！」的字。說中文的騎師要馬慢下來時，會用音調漸降的語調喊出「伊嗚——」長音。

牧羊犬操作手所吹的口哨全都是單哨音。要狗兒速度放慢時，會吹出拉得很長的長哨音；要跑步中的狗兒停下來時，則以一個音調先拉高、再下降的尖促短音。要動物減速或安撫牠們時，使用單一長音；要讓快速移動的動物立即停下腳步則使用單一短音。也許你會問：爲何需要兩種「制止」的訊號呢？理由很簡單，因爲「放慢速度、冷靜下來」』與「極速下全力煞車」要求的完全是不同的反應。

這些操作手皆使用類似的聲音，也許是因爲人類本來就這麼做，只是動物學會了以適當的行爲回應。不過大多數專業的動物訓練師都相信，要使動物興奮起來或加快速度時，有些聲音就是特別有效。我訪問過的賽馬操作手都深信：急速重複「噓！噓！噓！」聲最能達到刺激的效果。他們告訴我當賽馬騎師將馬兒騎入賽場起跑閘內，根據規定，是禁止發出「噓！噓！」聲的，以防過度刺激其他已入閘的馬兒。牧羊犬操作手也使用類似的聲音，催促猶豫不前的牧羊犬上前去對付威脅性十足的公羊。馬術競賽（講求速度及精準度的比賽）的騎師也會使用不同的聲音促使馬匹移動。要牠起步行走時，就彈舌二至四次；要牠小跑步時就重複發出嘴咂聲；要牠儘量跑快一點時，則發出一連串的「噓！噓！噓！噓！」。在我訪談操作手的過程當中，就有十七次操作手拒絕再次發出「噓！」聲的情形，因爲他們相信這個聲音會過度刺激馬匹，錄音時想操控牠們將變得很棘手。

靈長類並不是唯一會把「重複短音」和「單一長音」作不同用途的動物。舉幾個例子，馬、羊和狗兒等動物都會發出重複短音，呼叫牠們的幼獸。年幼的狗寶寶也會重複發出急促尖銳的哀叫聲，向母親表達驚慌、緊迫，藉以呼喚母狗前來搭救或照料。求偶公鼠重複叫聲的頻率越高，越能成功引起雌鼠熱切的回應。發情公雞啼叫得越急促、越頻繁，對牠越有利，因爲重複啼叫的速度越快，受吸引而來的母雞就會越多。諸如黑脊鷗（herring gulls）和麻雀（house sparrows）的鳥類研究發現，重複發出的短促叫聲會引來其他鳥群成員加入。事實上，黑脊鷗**只在眼前食物足夠分享**才會發出這種叫聲，作用在促使他隻同類接近。

我博士研究中有一項個別的研究計畫，它所測試的假說是：不同類別的聲音是否對幼犬產生不同的影響。結果非常明確：幼犬在聽到四個短哨聲後活動量（以幼犬前腳行走的步數爲依據）會增加；聽到單一長哨音時則不會。這個結果對愛狗人士最重大的意義在於：訓練五個月大的幼犬「過來」時，四個短哨音（或是四個重複的字）會比一個長哨音（一個拖長音的字）有效多了。這聽來很合理，因爲「過來！」這種動作通常代表活動量的增加。

背景如此不同的動物操作手對於聲音的運用卻有共通的特色，讓人聯想起使用語言時也發生同樣的現象。研究人員發現，人們對狗兒和嬰孩的說話方式很類似[5]，而且全世界的人對嬰兒說話的方式都差不多。這種所謂的「媽媽語」（Motherese）比平常說話的音調更高，而且也比成人對話時更加抑揚頓挫。這種「媽媽語」不但能讓嬰兒較易理解，而且無論父母使用的是什麼母語，他們對孩子說話時都會使用「媽媽語」這種共通的語言。「媽媽語」的一些特色，在我們對狗兒說話時也非常好用（在以下的「音頻變化」段落中會談及）。這顯示所有的哺乳類動物都擁有共通的演化關連性。不過這種說話方式有時並無助益。例如，喃喃兒語對一隻想去追松鼠的興奮狗兒來說幾乎沒有用。只有經常變化運用聲音的方式，狗兒才越有可能會聽你的話。接下來我會舉出一些例子，教你如何盡可能有效運用聲音好讓你的狗乖乖聽話。

音節的數量

直到目前爲止，我們知道：要鼓勵狗兒動起來時，就發重複的短促音；要牠慢下來或不動時，就發出單音。許多飼主希望狗兒聽到口令就會馬上過來；他們大多都把狗招來當成「服從度」的指標（或者是用它測試我們是否具有權威）。許多人會運用丹田大吼出：「來！」，活像操兵演練的海軍陸戰隊教官。假如我把這個聲音錄下來並加以分析，它的結果應該會和全世界動物操作手用來使動物停住別動的聲音一模一樣！你可以換喊別的字，但你仍然會發出一個急促的短單音，而它和十六種不同語言使用者要動物別動時所發出的「握！」或「荷！」竟是一樣的。

每當我聽到狗兒飼主奮力吼出大聲低沉的口令「來！」時，都覺得相當可笑。一些狗兒的確會聽話照做（儘管有些狗兒走過去時垂頭喪氣、尾巴夾緊），因爲只要訓練多了，終究可以違背生物的本能，可是你何必要牠們這麼辛苦呢？你的聲音只要能鼓勵狗兒動起來、而不會抑制牠活動就好

5. 請參見有關「媽媽語」及「人狗語」的參考文獻。

了。這樣訓練起來比較有效，重要的是，這樣也好玩有趣得多。

如果你愛犬的名字很短，要牠過來時，你可以喊牠名字兩次、再拍拍手，或者你也可以試試蘇格蘭牧羊人的招回口令「可以啦！」。教導小幼犬過來時，儘量在鼓勵牠跑過來時，不斷發出「啪！啪！啪！啪！」的聲音，同時一邊拍手、一邊跑開。聰明的狗兒飼主會拍著手，不斷吹出短促口哨、拍拍自己的腿，並且儘可能避免發出大聲突兀的單音或聲響，以免讓狗兒在途中停下腳步。假如你的狗會過來卻慢吞吞的，怎麼辦呢？當牠朝著你慢步走過來時，高聲喊出：「乖狗兒！」，然後一邊拍手、一邊跑開來。

你可能會問，爲什麼我有時會建議你重複發出聲音，有時又叫你不可重複，這要看你運用在什麼情況上。如果你企圖增加狗兒活動的程度，就用重複的短音；但是如果你想發出抑制狗兒活動力的指令（例如坐下或趴下），儘可能只說一次口令就好。我所研究的那些動物操作手都是這麼做的：你可以把口令想像成一個動詞，而如何發出口令的方式便是修飾這個動作的副詞。

但是萬一你的狗衝進樹叢追著鹿跑時又該如何呢？不久之前，鬱金香有好幾天的時間總是喜上眉梢的，老是在空中嗅聞著氣味。我讓牠到屋外時，牠衝出去的蠻力幾乎把我撞倒，並且全速衝往山坡，追趕一隻幾天來一直睡在花園裡的鹿。假如我這時以歡愉的聲音喊著：「鬱金香，鬱金香，過來！」，而且還拍著手，給予一些平常招喚牠來時所用的訊號，牠一定會繼續向前衝。畢竟我說過重複發出的聲音會鼓勵活動，但我並沒說過這個活動會導向哪裡。在當時情境下，最不該對鬱金香使用的聲音就是那些會刺激牠活動的聲音，因爲牠已經興奮到後來牠回來之後還大喘大吁了將近十分鐘。我希望做的是抑制牠的行爲而非刺激牠，所以我採用了巴斯克牧羊犬操作手及祕魯克丘亞族馴馬師快速制止狂奔馬匹的作法。我大聲短促地低吼出「不行！」，等牠停下來之後，我才開始利用拍拍手和嘴裡重複發出短音的方式，引導牠把活動力轉移到我的方向。

想像一下你帶狗兒去看獸醫時，在候診時是如何運用自己的聲音。你自己等待看診時可以很輕鬆自在，但要狗兒和飼主在獸醫院候診就不是件輕鬆的事了。你會擔心著：「那邊那隻巨大的聖伯納犬友不友善？剛才是牠在低咆嗎？」、「我家小白會不會掙脫牽繩去追那隻剛進來的貓？」在這情境下，你便可以使用一個拖長的長音安撫狗兒，全世界的動物操作手都是這麼做的。你可以對牠說：「好乖——，小白，好乖——，眞是乖——。」然而我經常看到的卻是無濟於事的作法——有點不安的飼主不斷急促重複說：「乖！乖！乖！乖！」，而他們牽繩另一端的狗兒卻精神緊繃地想衝出去，而且他們說：「乖！」時通常還配合急促拍打狗兒的動作，反而更容易使狗激動起來。

這時你必須學習掌控自己的情緒和你希望狗兒擁有的情緒。假如你想安撫狗兒或讓牠的動作緩和下來，請像我錄音時所觀察到的馬術競賽訓練師一樣。他們穩定馬兒不安的情緒時會說：「伊——記（easy：放輕鬆）」；賽馬騎師在比賽前安撫馬兒會說：「握——」；雪橇犬拖車遇到困難彎道時，駕車手會說：「斯爹——迪（steady：穩下來！）」。這些說話方式與全世界父母安撫嬰兒的方式一模一樣，但是當你感到氣惱激動時，可能就比較難做到。你必須在理智上克制自己，你所發出的聲音應該適當影響狗兒接下來的情緒，而不是表現自己的情緒。不過，拉長音的平穩語氣有個附帶的好處，它也有助於安撫你的情緒。別忘了調整呼吸，做幾次長長的深呼吸可以讓一切都放慢，包括你說話的節奏和狗兒的反應都會穩定下來。

音頻

說話的音頻高低相當重要。海軍教官操兵時，不會用又高又細的聲音喊口令。粗啞低沉的嗓音通常較能獲得士兵們的注意，它卻無安撫驚嚇哭泣的孩童。有相當足狗的理由，讓人相信高低音頻對狗兒很重要。狗兒和人類（以及其他的哺乳類動物）對高音頻和低音頻的聲音有著共同的解讀。對狼或靈長類來說，低音頻聲音通常代表權威或自信。只要把下口令的聲音壓低一點，就可能使原先不搭理的狗兒轉而聽令行事。

「酷手」路克就最好的例子。牠一生最愛做的事就是趕羊。當我們完成牧羊的工作時，我會叫牠的名字「路克，路克！」兩次，使牠離開羊群，跟著我離開羊舍。牠的反應總是在我的意料之中，我甚至可以拿我的農場和你打賭。假如我以平常叫牠所用的高音調呼喚牠，牠絕對不會理睬我，不會回頭，連耳朵也懶得動，好像沒聽到似的；但是假如我同樣叫牠兩次，而且把聲音壓得低沉（不是大聲一點），牠就會立刻轉向並跑到我身邊。「請求」與「要求」之間的微妙差異就在這裡。

參加牧羊犬趕羊競賽時，我曾經為了學習用低沉嗓音喊出「趴下」口令，練習了好幾個月，因爲我意識到每當我緊張時就會不自覺把音調拉高。我的狗跑得越快，我越緊張不安，聲音也就越來越高。當我的聲音越大、音調越高時，我的狗也衝得越快。一般來說，女人的聲音通常比男人高，所以我和其他女性飼主一樣，必須練習用輕聲、低沈的聲音來控制狗兒。因爲女人企圖大聲說話時，聲音就會變得更細更高，但是男人卻較能夠同時維持聲音的低沉及音量。我想我絕對不是唯一一位想要以聲音表現權威時，就會把聲音拉高的女性吧！相較於女性，有些男性反而需要練習以音調較高的嗓音讚美狗兒或激勵牠們。每堂馴犬課上，幾乎都至少會有一位「男人中的男人」，以低沉嗓音大喊「好乖！」時，課堂上的每一隻狗兒以及半數的人，都會當場楞一下地杵在原地不動。

其實音頻的運用規則相當簡單，在哺乳類動物之間幾乎也是共通的規則：高頻率的聲音與興奮、不成熟或恐懼有關；而低頻率的聲音則與權威、威脅或攻擊性有關[6]。我在課堂上做行爲諮詢時，經常見到飼主所犯的一致錯誤是，他們無法依情境所需改變自己聲音的高低。當他們想制止狗兒某些行爲時，卻沒有把聲音壓低。你應該要練習用低沉的聲音說：「不行！」或「等」，而不是大聲地喊；而當你要狗兒過來或稱讚牠時，則應該練習讓聲音提高。假如你想用溫柔的聲音叫小白過來，牠卻對你置之不理時，請改用低吼般的「不行！」，然後再叫牠「過來」，這時用與之前相同的

6. 參考資料中列有尤金，莫頓（Eugene Morton）發表的科學研究經典文獻。他發現攻擊性叫聲通常是低音頻而且占有較寬的音頻範圍（如低吼聲），而表現恐懼或求和時的叫聲則通常為高音頻，所占的音頻範圍也很窄（如哀叫聲）。

親切口吻。

音頻變化

除了高音或低音之外，聲音也可以做高低調節，這稱為「音頻變化」。它對於你的狗可產生極大的影響。那些接受我錄音的動物操作手，示範了一些簡單的運用規則。自那時起，我也開始在運用聲音時加入了這些規則。他們都使用音調單一且不變的聲音來安撫或使動物們減速；並使用忽高忽低、音調變化不一的聲音來刺激牠們。換句話說，用來使動物興奮的連串重複短音經常會逐漸升高音頻，但是用來制止狂奔動物的單音通常在音頻上有相當的變化。在區區一個音節內，音頻像雲霄飛車似地先升高再降低。以「握——」音為例，開始時音頻先拉高再降下來。想想這種變化有其道理。要動物立即停下來，這需要牠們花大量的力氣和注意力，而音頻變化大的聲音自然會比單一平板的長音容易吸引動物的注意。

基本規則很簡單：

一、利用重複的短音（如拍手聲、嘴出怪聲）和多次重複的字，刺激狗兒增加活動。當你要狗兒過來身旁、或動作快一點，就可以使用這些聲音。

二、想安撫狗兒或要牠慢下來時，就利用音調平板的單一長音。譬如，在獸醫院就可以這麼安撫牠。

三、想要讓快跑中的狗兒停下來，可以利用一個突然出現、音調變化大的單一短音。例如，當你需要小白注意你，不要再追那隻松鼠時，就喊出「不行！」、「嘿！」或「趴下！」。

如果你想看看聲音的「長相」，插頁中的聲譜圖，將有助你想像一下聲音看起來的「樣子」。當你心中對聲音的樣子有些概念時，將能幫助你正確使用聲音。

是不是完全照著上述的方法，就眞能阻止小白追著松鼠跑的行爲呢？不是的，除非你之前已經作了很多訓練，否則當狗兒極速奔跑把你甩在身後時，即便是世界男高音帕華洛帝（Pavarotti）再怎麼高昂渾厚的嗓音，也無法停下大多數的狗兒。要教導小白停下腳步必須有個很好的理由。然而，你的聲音仍然是個很有影響力的工具。如同所有的工具一樣，工欲善其事必先利其器，學會如何正確使用它，它才能眞正幫助你。

美妙的聲音

那天下午，我和荷西開車回去已經很晚，而且早已精疲力盡，但因為完成許多很棒的西班牙語馬匹操作手的錄音，我非常開心，也鬆了一口氣，撇開啤酒和大麻菸不提，荷西倒是提供了我很多協助。他整天很有耐性地為我尋找操作手，幫我們翻譯、搬運器材及對付脾氣暴躁的馬匹。當太陽快下山時，他提議我們暫停下來，開車到一個小湖畔去欣賞落日。我對他解釋，我必須趕回去將這些錄音歸類並作整理。當年輕健康的雄性哺乳動物遇見無意交配的雌性哺乳動物時，就會出現這樣的典型對話。荷西想盡辦法要引我到湖畔去，但是他看得出自己是徒勞無功。最後，對我這個吹毛求疵、要求高錄音品質的女子，只好絕望地說：「崔莎，請和我一塊兒到湖邊去，我將讓妳聽到非常『美妙』的聲音！」

記於一九八五年一月，美國德州

希望你對狗兒發出的聲音也很『美妙』——請讓它容易辨識，容易瞭解，並且聽者樂於回應。

4

海邊有逐「臭」之夫

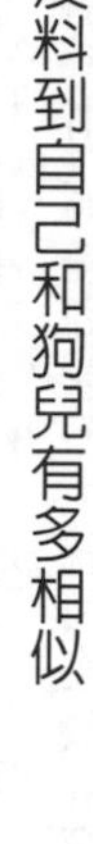

你可能沒料到自己和狗兒有多相似

艾拉是隻身材嬌小且完美無缺的貓咪。這個觸感柔軟、如絲般光滑的小東西每晚就枕在我的胸口睡覺。三年前我把牠帶入屋內飼養之前，牠就住在穀倉裡，保護穀物不受鼠類侵害，寒冬夜裡就蜷起身子睡在那些長毛羊兒的背上。有年春天剪羊毛工人驚訝地發現，一隻母羊的背上竟不是膨鬆的羊毛，而是一層壓平的毛氈，像老瑪莎這種羊的毛通常不會自動變成毛氈狀。似乎是艾拉睡覺時身上的體溫和濕氣把瑪莎的毛被壓成了一圈毛氈。我在冬天飄雪的夜晚返家時，看到貓兒蜷曲在我最喜愛的母羊背上，牠們身上披著一層飄落的雪花，彷彿五十元商店裡撒著雪花的聖誕樹，這真是一幅溫馨的景象。

然而，現在艾拉已經失蹤三天了。在牠失蹤的第三天我才出差回來，我到處呼喚牠的名字，尋找牠的下落，甚至翻遍了整個農場。當晚我在穀倉旁尋找牠，我彷彿聽到了微弱的「喵」聲，那是貓咪在叫嗎？我也不太確定，它好小聲，只叫了一聲。這可能是艾拉，也可能是樹林裡某隻準備好休息的小鳥。我回屋裡去拿手電筒之後，又花了一個小時，在穀倉那一堆堆凌亂的牧場廢棄物之間找尋牠，但仍不見其蹤影。

第二天一大清早，我又開始四處搜尋牠的下落，這次我很確定自己聽到了艾拉的聲音。牠同樣也只喵了一聲，不過這次我卻聽得非常清楚。我知道牠就在穀倉裡，而且若是不把牠找出來，牠就只有死路一條。雖然我早已經仔細再三地找過牠，也很清楚自己能在這間舊穀倉裡把牠救出來的機率非常低。

我又再找了幾分鐘，接著我坐下來，潸然淚下。我已經找了牠幾個小時，我知道受傷的貓通常會找個安全的地方躲起來，即便聽到主人的呼喚，也很少出聲回應，謹守著受傷時會藏匿自己的原始天性。我想在這個久未整理的舊穀倉中找到牠的機會幾乎是零。這個龐大的舊穀倉可不是個簡單的地方，裡面全是迷宮似的通道，因為它存放了四百梱桶狀乾草，到處是堆得與人一般高的圍欄材料、鐵絲網和發了黴的外牆木板。在那個靜寂寒冷的早晨，我只知道我永遠找不到艾拉了，我可愛的小小貓咪將在我身邊不遠的某處慢慢死去。

穀倉裡不只有我和艾拉，還有我的邊境牧羊犬彼普，牠四處嗅聞著鴿子大便和狐狸留下的足跡。彼普沒讀過有關邊境牧羊犬的書，只會對著羊猛搖尾巴，就像電影《我不笨，我有話要說》中那隻不懂暗號的小豬，就算拼了命也趕不動任何頑固的母羊。雖然彼普在趕羊上一無是處，但是牠身為一位動物行為學家的狗兒可是價值非凡。牠已經成功治療了幾百隻原本會恐懼且具攻擊性的狗。彼普最愛事物的排行榜依次為食物、網球、其他狗，第四項則是牠愛用鼻子到處聞，以氣味來認識牠周遭的世界。

當時我哭著對彼普說：「噢，彼彼（我對牠的暱稱），艾拉去哪兒去了？我找不到艾拉了。」像許多主人一樣，我只是對牠傾訴著心聲，並無意要牠加入尋找艾拉的行列。但幾分鐘後我聽到一個聲音，我抬起頭來看見彼普爬到堆疊成山的乾草堆頂端，將近三公尺高，約是穀倉高度的一半，牠把鼻子埋入兩排乾草之間，不斷以前腳挖掘並發出嗚嗚哀叫，牠從來沒有這麼做過，經過這次事件之後再也沒看牠這麼做過。牠一定是找到艾拉了！

我當時大概移開五十捆乾草才找到了艾拉。就在彼普挖掘的正下方，一隻七磅重的小貓攤在那裡，早已餓得脱水。牠的一條腿和半邊肩膀全腫脹起來，乍看之下甚至根本分不出那是身體哪個部位，看起來像死了一樣。獸醫説如果再晚個幾小時，牠可能就真的會死。艾拉被嚴重咬傷的肩膀已經生膿，牠躲在乾草堆裡的那幾天之內感染得更加嚴重，正緩緩地等死。

艾拉現在已安然無恙。牠退休後便住在房子裡，可以把身體蜷縮在人類的大腿上，那就和羊背一樣溫暖舒適。牠偶而還是會去穀倉裡探一探，但牠現在比較喜歡待在屋裡，在靠近暖氣管的地方小睡一番。上個月我拿一隻捕鼠器抓到的活老鼠給牠看，牠掉頭就走了，顯然牠對退休一事非常認真。

彼普利用鼻子救了艾拉一命。我也有一個鼻子，也很管用。我昨晚在山谷間散步時，野李花如麝香濃郁的香氣衝鼻而來，感覺就像被軟枕頭迎面輕撲一般。我喜歡聞著薰衣草的芳香入睡；出差時也會帶著尤加利樹精油，掩蓋三流旅館房間的怪味；我甚至能夠聞出地毯上的貓尿騷味——這是動物行為專家不可欠缺的能力。

然而我卻從來沒想過用鼻子去找艾拉，雖然我的鼻子沒有彼普的靈，但我曾想過用鼻子找牠嗎？沒有！我用了眼睛看，用了耳朵聽，而彼普卻用了鼻子聞。我表現了人的行為，彼普卻發揮了狗的本能。

萬能的鼻子

我們都知道狗的鼻子有多靈，在機場看過炸彈偵察犬，也聽說過尋血獵犬在林間找到走失孩童的故事，看過狗去嗅別隻狗兒的屁股，也猜測著牠們這麼做到底想知道對方什麼，但是我們卻不知道自己的鼻子有多靈。我們的嗅覺比起米格魯獵犬（我個人喜歡暱稱牠們為「長了腳的鼻子」）或許不足為道，但是氣味對人類也極其重要，只是我們大多時候似乎並不自覺。

如同作家黛安．艾克曼（Diane Ackerman）在《感官之旅》（*A Natural History of the Senses*）一書中所述，探討人類嗅覺能力的結果讓人大為吃驚：人們只要聞聞衣物的味道，就分辨得出它被男人或女人穿過，其中一些人甚至不知自己有此能力。母親們能夠正確辨識自己嬰兒的氣味，即便她們說她們只是亂猜而已。

嬰兒聞一聞空氣中的氣味就知道自己的母親是否來到了房裡。母親們也能夠從一堆穿過的T恤當中，找到自己兒女穿過的那幾件。女人甚至能夠單單從男人或女人的氣味就分辨出此人大概的年紀；她們能夠正確區分出嬰兒、兒童、青少年或成人。

人和狗兒一樣，都能分辨雄性或雌性的氣味。嬰兒時期曾罹患猩紅熱導致又盲又聾的海倫．凱勒聲稱，她從人們身上的氣味就可得知他們方才做了什麼——就算他們已經走到別的地方去了，沾附在他們身上的木頭味道或廚房的餘味依然許久不會散去。

嗅覺影響我們行為的力量是我們想像不到的。生活在一起的女子，幾乎同時來經，這全是因為她們聞到了她們並不自覺的氣味[1]；與女性保持親密關係的男子，鬍子會長得比較快；周遭男性居多的女子則會較早進入青春期。嗅覺甚至也是影響性快感的重要因素。成年後喪失嗅覺的人當中，有一半曾說他們對性趣降低了。生殖費洛蒙（這種費洛蒙即便你很認眞去聞，通常也嗅不出它的存在）的研究發現促使了人類後來在香水中添加了一種叫做alpha-androstenol的成分。這種香水不但能夠吸引異性（對人類和豬都很管用，所以到了養豬場時得特別當心）。而且，當男士觀看一些女子照片時，空氣中如果飄有這種香水的味道，他們會認爲這些女子看來較具吸引力。同時，在這種香味之下，女性也會變得較爲主動。

雖然氣味對人的行爲有深切的影響，但大多數時候我們並不會意識到自己對於氣味的反應。人類或許是最具有意志思考的動物，但是若要比誰較能意識到氣味的存在，狗兒可能遠遠凌駕我們之上。要我們描述氣味甚至是件困難的事。你可以試著向某人描述一個他從未聞過的氣味，就可以明白。《感官之旅》的作者艾克曼稱嗅覺是種「無聲的感受，無法以言語形容」。我們會使用一些特定名詞稱呼聾人與盲人，但並沒有一個普遍的名詞可以用來形容喪失嗅覺的人。然而，缺乏嗅覺的生活可能非常危險。想像一下自己若聞不到燒焦的煙味、瓦斯味或腐敗食物的臭味會如何，但我們從來不會談論到那些有嗅覺障礙的人，彷彿這類障礙並不值得我們注意似的。

甚至連許多的科學家（特別是哺乳類的研究學者）也很少注意到嗅覺的存在。英國國家廣播公司除了推出膾炙人口的科學系列節目之外，同時也出版了《人類大腦》（*The Human Brain*）一書。

書中有一章節的內容談到記憶、語言、視力、動作、恐懼及意識，但全然沒談到嗅覺。達利克．包茲（M. Deric Bownds）的《理智的生物學》（*The Biology of Mind*）是本探討理智思考及意識的好書，但它只用了一小段文字討論嗅覺，而且僅在探討記憶的章節之中順道提及。我花了幾個小時翻閱每本書的目錄，在我的靈長類及人類行為書籍中，都很少提及氣味或嗅覺。最令人意外的是研究昆蟲的科學文獻，就有極多關於費洛蒙的研究，這種藉由空氣散播的化學物質能夠驅使昆蟲產生某些行為。或許對我們來說，嗅覺這樣的原始感官可能與自己相距甚遠的物種會比較有關連吧！

儘管靈長類非常重視視覺，我們對於不同氣味仍具有許多令人驚嘆的反應。陌生母狒狒正處排卵期所發出的氣味，母棉頭獅狨若聞到了，牠會去主動誘引自己的伴侶進行交配，而已配對的成年母猴只要聞到自己母親的氣味，便足以抑制牠的排卵，即使與新伴侶獨處時亦然。根據最近一項松鼠猴的研究，發現牠們嗅覺奇佳，而且分辨某些氣味的能力遠比大鼠或狗兒更加厲害。

許多靈長類會以氣味標示領域。松鼠猴會在腳上排尿，然後把尿液由下往上塗抹全身。如此一來，不管到了何處，所到之處都能留下濃重的氣味。很多靈長類在胸口、喉嚨及手腕處（人類擦香水的位置）都有特化的氣味腺體。我所研究的棉頭獅狨和侏儒狨猴會在自己籠內的樹枝上留下氣味記號，利用氣味與關在鄰近籠舍內、牠們聽得到卻看不到的家族狨猴及他群狨猴進行溝通。基本上

1. 如果把沾染了女子腋下氣味的物品讓另一名女子每天嗅聞，大約三個月之後，她的經期就會開始和那名被嗅女子的經期週期同步。

所有的靈長類都經常利用嗅覺，但是人類卻很少認眞地看待嗅覺。

這幾年來，我有時會在好奇心驅使下，以手腳著地趴在地上，聞一聞、嗅一嗅那些我家狗兒先前一直像吸塵器般吸聞不停的地方。有時我一無所獲，但是有時會驚訝地發現某種濃重的氣味，就在離地面幾公分高的地方，和地面的氣味聞起來很不一樣。我家的狗對我這種行爲比我自己還覺得有趣。牠們嗅聞的動作和搖尾巴的次數增加了。牠們舔著彼此甚至還過來舔我，彷彿有件值得特別注意的事情發生似的，或許這確實值得注意！

當我們人類比平常更注意到氣味存在，便是一件非同小可的大事。光是撰寫這個主題，就對我「感受」這個世界的方式產生改變（我原本想說「看」〔see〕這個世界，倒被這麼受視覺主控的想法嚇了一跳，我不想使用只侷限於表達視覺的字眼，於是在腦海裡搜尋著同義字，結果找出了「觀看」〔view〕這個字。老天，這又和視覺相關！所以你「看看」——哎呀！眞是陰魂不散——生活中要時時意識嗅覺的存在，眞不是件容易的事啊！）。

我爲了撰寫此章而花了一個小時蒐集相關資料，然後便開始在屋裡到處嗅嗅聞聞，好像瘋狂的兔子，鼻子抽動、瞇著眼睛，不斷打著拍子似地發出嗅嗅吸吸的聲音，結果我發現了許多事情。第一，我的房子比我想像的髒多了。雖然空氣聞來很新鮮，很多東西聞起來卻都有塵味或黴味。但是除了這項令人情緒不佳的發現之外，我眼前是個全然不同、等待我去發現的新世界，幾乎每件物品聞起來都有它獨特的氣味。例如，每本書聞起來的味道就不同，事實上它們有些共同的現象：比較舊的平版書聞起來通常有黴味，新的精裝書則有木材的味道。有次我因天氣較涼而把某件運動上衣穿在T恤外面。這件只穿過一次的運動衣在腋下的體味最濃。我的床單聞起來有洗衣精殘留的味道，一個放了很久、乾巴巴的狗骨頭聞起來有灰塵味，而電視遙控器聞起來則有刺鼻的化學味道。

你可以試著去聞聞你家裡的任何物品，記得照著狗兒的本能去進行。首先，要短促而快速地吸氣。這樣吸入的氣味會比吸一口長氣要來得多。你的狗之所以斷斷續續地快速嗅聞自有其道理。你可以第一次先吸一口長氣聞某樣東西，然後再試試一秒之內快速嗅聞同一件東西四至六次。通常快速嗅聞可以聞到的氣味會比較多（不必太用力吸，輕輕地很快嗅聞幾次就可以了）。接著，是別猶豫，直接把鼻子湊到某個物品上頭去。儘管狗的嗅覺相當不錯，牠們對於有趣的東西絕對會奮力把鼻子湊上前去，而且從來不會遲疑，因此你也不必太過矜持。

但是假如你有嚴重的過敏就得很小心了。我可不希望你爲了這個小小實驗，氣喘發作。此外也要留意「嗅覺疲乏」（olfactory adaptation）的現象。我們都很清楚爲什麼試用香水時，一次最多只能試聞幾種味道，因爲當嗅覺的刺激到達極限時，它必須適當休息後才能再度使用。假如你已經試用了很多種香水，你的嗅覺便不再能有效分辨不同香味。因此，當你聞了幾樣東西之後，應該先讓嗅覺系統休息一會兒再繼續實驗。

我聞我家的狗脖子後面的味道時，就足以讓我非常詫異。我原本以爲牠們聞起來應該只會有點不一樣，但是牠們各自的氣味差異甚大，簡直令我大吃一驚，嚇得我就像漫畫人物般誇張地彈跳開來。彼普最近因爲在地上亂滾而剛洗過澡，所以牠聞起來仍然有洗髮精的味道；路克聞起來很刺鼻；而萊西聞起來就比較柔和，帶點水果甜味。看守羊群的大白熊犬鬱金香，比一般的看守犬更常洗澡，但又沒有家犬那麼頻繁，於是牠聞起來有一股非常強烈、帶點甘苦的獨特氣味。這味道對我來說並不難聞，但把它製成香水應該不會有人買。身上味道最少的，是那隻被彼普從乾草堆下頭嗅出來的貓兒艾拉。我幾乎聞不到牠有任何氣味。

陌生的氣味世界

我和一位朋友正籌畫一趟自行車之旅。我忙著鎖好每道門窗，並且檢查廚房流理台是否留下了任何食物。待會我開車離去時，彼普可能就會站在窗邊目送我離去。不過，牠不是因爲我的離去而不安；牠是要確定我眞的出門了，牠才能開始四處覓食。臨走前，我發現流理台上放著一條好吃又有嚼勁的麵包，便把它收進櫃子裡。我的朋友看了便說：「抱歉！我以爲把麵包包在塑膠袋裡，牠們就聞不到了，所以才沒把它收起來。」顯然我的朋友還不習慣和狗鼻子共同生活。她不知道這些靈敏的鼻子足以讓情報局丟臉丟到家，即便用鈦金屬把食物包起來也都擋不了彼普覓食的能力。假如有一天我遇到雪崩被困在雪裡，請把彼普帶來，牠一定能靠牠的鼻子找到我，除非十八公尺外的雪地底下有人掉了一塊小蛋糕——若是這樣，我就只好聽著彼普冷血地爲了找那塊蛋糕不斷挖雪，卻坐視牠的主人活活窒息而死。

狗兒具有約兩億兩千萬的嗅覺接受器，而人類可以吹噓的也不過五百萬個左右。這便是爲何有人主張狗的嗅覺比人靈敏四十四倍的原因。不過嗅覺的好壞並不是取決於鼻子神經元數量的多寡！作家史蒂芬．布迪恩斯基（Stephen Budiansky）在著作《關於狗的眞相》（*The Truth About Dogs*）書中指出：嗅覺的感受也視當時嗅聞的東西而定。狗兒能夠嗅出某些濃度需增強五十倍後人類才會注意到的氣味，而有些狗兒聞得到的氣味則必須增加數百倍的濃度後，人才能夠聞得到。每種動物對一些特定的氣味，嗅覺會特別靈敏，狗兒也不例外。

狗兒天生的構造就是個嗅覺機器。牠們的鼻孔可以上下左右移動（試試看頭不動的狀況下，你的鼻孔是否能左右移動）。之外，牠還擁有一個特化的骨質構造，叫做「鼻犁骨器官」（the vomero-nasal organ），就像魔鬼沾似地可以緊緊吸附大型氣味分子。狗兒腦中的嗅球構造（olfactory bulb）比人類的大上四倍。如果有人輕輕摸了一下玻璃片，將玻璃片置於戶外兩星期或室內四星期，狗兒仍然有辦法察覺到玻璃片上的人類氣味。對牠們來說，用嗅覺分辨出你昨天丟給牠的樹枝和院子裡一地的樹枝簡直就是微不足道的小事。牠們還分辨得出吃不同食物的雙胞胎所穿著的T恤聞起來不一樣。

全世界的人都用過狗兒尋找地雷。這是目前最好的辦法，因爲現在的地雷大多是塑膠製的，使得金屬探測器無用武之地。葛倫．強森（Glen Johnson）的好書《追蹤犬：理論與方法》（*Tracking Dog: Theory and Methods*）述及他的德國牧羊犬曾偵察到，在一條深埋濕黏土層底部、長達九十四英里長的瓦斯管上，有一百五十處漏氣點。當時，瓦斯公司曾試盡各種可用的科技方法，尋找漏氣孔卻徒勞無功，強森和他的狗就是他們最後姑且一試的辦法。

美國的康乃爾醫療中心（Cornell Medical Center）正進行著利用狗兒偵測癌症的研究。過去曾有一些癌症病患因爲飼養的狗兒出現怪異反應，好像牠們察覺到有事情不對勁似的，這些人便前來就醫。史丹利・柯倫（Stanley Coren）在《聽狗在說話》（*How to Speak Dog*）一書中，也提及有隻名爲「翠夏」的喜樂蒂牧羊犬（Shetland Sheepdog）一直很在意主人背上的一顆痣。牠一度企圖咬下那顆痣的舉動，讓牠的主人終於對那顆痣產生警覺，進而向醫生提出此事。醫生後來也確認該痣可能就是致命的皮膚癌細胞。現在你的狗看起來倍加可愛了，不是嗎？

雖然我們都知道狗鼻子很靈，但我們對牠們這麼做的目的卻一無所知。舉例來說，我們並不確定追蹤犬追蹤人類足跡時所專注的重點何在。不過人的皮膚常有肉眼看不見的皮屑剝落，所經之處會留下一道碎屑痕跡，好比移動點燃的香菸所留下的長縷細煙一樣，每走一步就會在地上留下氣味。狗兒並不需要很濃的氣味才找得到我們；一般人每走一步會在地面上留下四十億分之一公克的汗液，信不信由你，這對狗來說已經綽綽有餘了。

不過，這只是我們在行經之處留下的眾多氣味之一而已。我們走動時會踩平植被、鬆動土壤、掉落頭髮，散發刮鬍水、體香劑、衣物和鞋子的氣味分子。對狗兒來說，找到氣味並不困難，分辨原來已經存在的多種氣味才是牠的強項。天氣狀態也會影響狗兒的嗅覺。這些因素，如雨天或晴天，冷天或暖天，刮風或無風，都會改變狗兒每次利用鼻子跟蹤氣味的結果。

如果你想更瞭解你的狗如何看世界，你可爲愛犬報名參加氣味追蹤課程。我參加的那場氣味追蹤課程裡，大家與同班的新手學員很快就建立起革命情感，看著彼此笨手笨腳設計追蹤路線的樣子便發出會心一笑，談起當初自己對氣味追蹤一無所知就捧腹大笑。當我們從筆記上比較第一次規畫給狗兒練習的路線時，便發現每個人的情形都差不多，這其中仍有許多讓人自省、謙虛學習的空間。

當時我們把狗栓在鄰近的樹上或桿子上，然後再小心地往前走，留下一條氣味足跡。每一步都是小心翼翼、精心考量下的結果，原因是開始訓練追蹤犬時，布置出一條單一、清楚的氣味足跡極其重要，不可以隨便亂走，使氣味足跡交錯重疊。可以說是步步爲營、小心計畫。我們每走兩步就丟下一小塊食物，作爲狗兒用心追蹤腳步氣味的獎賞。不過，每回練習時至少都會發生一次類似以下的瑕疵。那就是，當我們這些追蹤新手小心踩完追蹤路線後，都會對自己的成就自豪地鬆了一口氣，然後便開心地以最短的距離走回狗兒身旁，這麼做等於是破壞了剛才規畫好的氣味路線，讓原本精心安排的氣味全混在一塊兒了。這又是一個鮮活的例子，顯示人類多麼缺乏對氣味的意識。

我最感興趣的氣味追蹤課程之一是：觀察「風」對狗兒的追蹤有何影響。例如，左方吹來的風就可能會把足跡氣味吹往右方去。狗兒經常左右來回追蹤，以波浪方式蛇行，以此試圖搜尋空氣中移動的氣味分子，待氣味消散嗅不到氣味時，再回到氣味源頭。不管被鎖定追蹤的氣味分子是什麼，牠們永遠會尋找濃度最高的地方。氣味如同煙霧一般，是種具有獨特物理特性的質體。像雲霧一樣，它停留在空穴之中，在空氣中飄散，也在空間中移動飄浮。這些人類看不見的氣味活動對狗來說卻是「歷歷在目」。

挪威和瑞典的科學家，對狗兒能否分辨被追蹤者的行進方向很感興趣。人類通常會讓狗兒從氣味的產生點開始追蹤，所以牠們自然從那個方向開始找。然而研究人員想知道的是：假如讓狗兒從路線中途開始找起，不指示牠往哪個方向，牠會不會往被追蹤者行進的方向去追蹤呢？牠們的確會這麼做，但必須要具備「耐人尋味」的搜尋條件才行。首先，蹤跡的氣味要斷斷續續的，如腳步留下的氣味，狗兒就會朝此人行進的方向追蹤。但如果是持續與地面接觸的蹤跡，如自行車輪胎或拖著地的麻布袋，狗兒朝來、或去兩者追蹤的機率就差不多。也許因爲持續出現的氣味相對性濃度差異較低，使狗兒無法分辨出移動的方向。某個讓狗兒分辨T恤味道的實驗也發現類似情形。將同卵雙胞胎穿過的T恤放置在距離相近的地方，狗兒無法聞出它們的差異，可能是兩種氣味混雜後，抵銷了原來氣味的差異而使狗兒難以辨別。

既然我們對狗兒追蹤氣味的資料相當不足，要解讀狗兒追蹤的行爲反應也顯得困難重重。我們需要更多關於狗兒嗅覺能力的研究資料。但就目前看來，以人類原始的嗅覺能力以及對狗兒嗅覺研究的缺乏，我們對於狗兒生活中的許多問題，也只能推敲猜測。舉例來說，家貓經常在最要好的貓朋友到過獸醫院之後，對牠進行攻擊，因爲牠可能在外頭沾染了新的氣味，而我懷疑同樣的狀況會不會也發生在狗兒身上？剛洗過澡的狗對其他狗來說是不是「很臭」？狗狗的口臭和人的口臭一不一樣？是否也會讓同伴產生排擠或疏離？或者，既然狗兒喜歡的味道常讓我們聞起來很噁心，會不會我們所謂的「狗狗口臭」對牠們來說其實是香噴噴呢？

我時常想，氣味對攻擊性犬隻的行為是否也有影響。最常見到的狗對狗的攻擊行為就是：被牽著的兩隻狗經過對方身邊時，便開始相互吠叫、或向對方撲咬。但也常出人意表的是，這些飼主帶著牠們接近對方時，牠們卻是完全一副拚命想和對方示好、玩耍的樣子。狗兒初見面時可能還沒事；兩隻狗都友善地互打招呼，但就在招呼儀式過了數秒之後，具有攻擊性的犬隻就突然發作，開始攻擊對方。如果除去某些因素，如飼主不經意給予的訊號（將牽繩拉緊、屏氣、嘴型變圓）或對方狗兒某個激動的反應，是否氣味也是產生攻擊的重要因素呢？那隻被攻擊的狗有可能聞起來很像是曾經損上這隻攻擊者的狗；或者是那隻被攻擊狗兒的荷爾蒙引發了攻擊的意圖；再不然就是那些被攻擊的狗，反正聞起來總是「惹狗厭」就對了。

我曾經將一隻膽小如鼠的小澳洲牧羊犬帶回家住。牠受創之深，以致於那年夏天我必須與牠寸步不離。牠非常害怕我當時的丈夫派崔克。牠第一次走入客廳時，一百九十六公分高的派崔克起身站起來，牠便嚇得對著派崔克邊吠邊衝跳，眼睛睜得又圓又大。牠總是無法克服對派崔克的恐懼；只要把派崔克的鑰匙靠近牠的鼻子，一聞到氣味牠就開始低咆。當然，不愉快經驗的嗅覺記憶連結，也可能出現在狗兒彼此見面時。

我曾經處理過一個狗兒個案，這隻狗會攻擊訪客，但不算頻繁，攻擊對象也很隨機。多數訪客來訪時，牠會像個好久不見的朋友在門口迎接，但有時卻搖身一變成咬人的可怕怪獸。牠已經咬人好幾次，牠的飼主也正想盡方法如何保護他們的朋友，同時也能保有這隻狗。我們花了很多心血幫牠治療，首先的課題就是：爲什麼有些訪客才會使牠發作？也許問題不在訪客本身，而是其他東西。

我們找不到牠喜愛的訪客或被牠攻擊的訪客之間有何共同點。它並不是一般常見的特性，和來者性別身高、是否蓄鬍或戴帽都無關。最後我們終於找到了答案：那就是「披薩」！原來這隻狗在只有六個月大、還處於容易受影響的年紀時，有個送披薩的男孩曾經踢過牠。如果你進到屋裡前剛吃過披薩，你的麻煩可就大了！後來我們讓牠對帶有披薩氣味的訪客和美好事物（如吃披薩）之間建立聯想，從此之後牠就沒事了。

告訴我廁所在哪裡？我找不到！

公共場合需要上洗手間時，我們的行爲都很有一致性：我們會先用眼睛去找標示「洗手間」或「女用」或「男用」的標示牌，沒找到時，我們會用聲音問：「對不起，請問洗手間怎麼走？」，但是狗兒不會用眼睛找洗手間，也不會用哀求、吠叫或嚎叫的方式問廁所在哪兒。牠們會把鼻子貼地，循著氣味找到它。那就是爲什麼你得去除屎尿在家中留下的任何味道，免得你的狗會在家裡亂大小便。會在家中亂大小便的狗兒，很難抗拒地毯上那些標明「廁所在此」的化學「告示牌」，雖然它是用氣味寫成的告示牌，它仍然頗具吸引力。

即便已經訓練好大小便習慣的狗兒也會在家中亂上，因爲狗兒對「家」的定義和飼主的定義並不相同。我們對「家」的概念是一個用牆壁圍成的區域，但多數狗兒似乎定義「家」是大家活動的地方，也就是大家氣味最強烈的地方。通常會任意大小便的小狗會選擇在後方的客房上廁所，因爲這裡沒有熟悉的家人氣味。應付這類個案，通常只要簡單去除尿液的味道，再以另一種氣味沾染在這個房間裡，便足以使狗兒再次回到到正確的地點上廁所。要領是：一旦這個房間已經除去尿味並且清理乾淨，每天花一點時間在這裡，或和狗兒坐在地毯上看點書，只要幾天，狗兒就會覺得這裡聞起來像客廳一樣，聞起來不再像廁所了。

如果你的狗每次在屋外上完廁所後，就給牠一塊零食，而且是上完後立刻給，不是等牠跑回屋裡後才給，此舉也非常有效。不過，我卻常對許多飼主不願意這麼做而感到意外。當狗兒不再是幼犬時，我們通常會認爲是成犬了就「應該」到屋外上廁所，因爲「牠們應該懂事了」。不過，假如狗兒繼續在家任意大小便，你會怎麼做？一是「大動肝火，表現出靈長類生氣時常見的威脅行爲，然後把狗嚇得屁滾尿流」，還是你會選擇「這次先算了，等下次在屋外上完廁所再給牠一塊零食」？相信我，後者的訓練效果高明多了。

狗鼻並非總是都靈光

我們不但無法分享狗狗多彩多姿的嗅覺世界，也不常意識到牠們嗅覺的極限。我們常將所有的狗都當成「超能狗」。事實上，每隻狗的鼻子並不全都一樣靈，而每隻狗的技巧和能力也有所差異。遺傳和經驗占了很重要的角色。有些犬種的嗅覺就是比其他狗靈敏。在約翰・保羅・史考特（John Paul Scott）與約翰・富勒（John L. Fuller）合著的《犬類行爲：它的遺傳依據》（*Dog Behavior: The Genetic Basis*）一書中，這些研究學者述及：將未經訓練的米格魯獵犬（Beagles）、獵狐㹴犬（Fox Terriers）和蘇格蘭獵犬（Scottish Terriers）各自放在已放入一隻老鼠的野地時，米格魯獵犬花了約一分鐘找到老鼠，獵狐㹴犬花了十五分鐘，而蘇格蘭獵犬從沒找到過。這不見得只因遺傳好，如同我們做任何事一樣，使用嗅覺的經驗也很重要。有時候遇到的是多種混雜的濃重氣味時，狗狗得要有豐富的經驗，才能從這些氣味中找出線索；但有時氣味太過稀薄，即便連狗的鼻子都很難聞得出來。

我們也遭遇同樣的情形，只不過通常是發生在聲音或眼力的使用上。我到懷俄明州的牧羊鄉間時，就遇上這種情形。所謂的「牧場道路」是指沙漠區近兩年內曾經有車輛來過（有輪胎壓痕）的區域。你可以用眼睛找到州際公路和懷俄明州的牧場道路，但除非你是趕羊長大的，否則跟著州際公路走會容易一點。

某天接近傍晚的時候，我沿著牧場道路開了二十六英里的車，等我開到盡頭時（其實是我的卡車和拖車在抵達農莊前一英里處就拋錨了，並沒有實際開到路的盡頭），我的眼睛因爲長時間辨別光禿地面上哪裡有胎痕、哪裡沒有胎痕而疲累不堪。

有的時候，狗兒也面對相同的嗅覺挑戰，只有執著且經驗老道的狗兒才有辦法突破困境。在此順道一提，追蹤犬孤注一擲的個性是牠們最寶貴的特質，這也使牠們成爲一隻好奇狗狗。當米格魯和尋血獵犬把鼻子湊近地上聞個不停時，我猜牠們可能把世事都拋諸腦後了。想像一下戴著耳機的青年陶醉在音樂中的樣子吧！你就會明白我的意思了。

還記得你小時候，是不是以爲大人總是無所不能呢？如果一個人能夠開車、能夠打開果汁瓶而且還搆得到水槽，他當然也可能會呼風喚雨囉！我認爲我們對狗兒及牠們的嗅覺也抱持相同的期待。就是因爲牠們的鼻子這麼靈，我們會以爲牠們隨時都可以聞出任何氣味。但是別忘了狗也會運用其他感官知覺，而且是不管人或狗，大腦每次都只能專注於某一種感官知覺。許多飼主剛換新髮型或穿著新外套返家時，都曾被自己的狗兒咬過，因爲牠們看到這些不熟悉的輪廓跑進家中而大感意外。這時牠們用的是眼睛而非嗅覺。牠們或許有很靈的鼻子，但是牠們不會一天到晚都打開鼻子的開關。

而且，即便狗兒想去聞，飄散空氣中的顆粒分子若沒有飄進牠們鼻子裡，仍然是沒有辦法聞得到氣味。狗兒或許能夠在堆滿咖啡豆的倉庫中找到米粒大小的古柯鹼，但是假如牠們無法實際接觸到古柯鹼散發在空氣中的分子，牠們什麼也聞不到。假如你身上的氣味分子被風吹走了，牠聞到你的能力並不會比你的鄰居好。

人犬的嗅覺偏好

以前每年都會有隻狐狸跑到穀倉後的洞穴裡生下小狐狸，但是牠今年沒來。牠沒出現，可能是因為染上疥癬而早死。去年疥癬傳染病波及威斯康辛州的狐狸、郊狼和野狼。去年夏天有三隻狐狸逐漸消瘦掉毛，最後終於又餓又髒地死在我的穀倉中，那隻狐狸很可能是其中之一。當然，那些傳播疥癬的蝨子也一併來到牧場，伺機跳到活宿主身上。鬱金香第一個中獎，因為牠當時還驕傲地從穀倉小跑步出來，嘴裡銜著一隻了無生氣的狐狸屍體。然後路克也中標；牠染病情況嚴重，皮膚上有一部分完全光禿禿，從身體後半部到牠尾巴一直延展到牠的臀部，看起來很像是漫畫裡彎下腰但褲頭太低露出半邊屁股的男子。尾巴幾乎全禿，還露兩邊光禿無毛的屁股時，實在很難予人高尚有氣質的印象。

我開始瘋狂尋找有關疥癬蝨子的研究報告和各種治療方法，直到我終於可以宣告它們被克服了才收手。愛犬得了疥癬，這對任何人而言都不是件好受的事。但是想像一下，如果牠們又是你工作的一部分時，情形又會如何。我的每隻狗兒都努力工作養家。我治療狗對狗攻擊行為個案時，牠們有無可替代的重要性，而在我的演講現場和簽書會上，大多數的焦點也集中在牠們身上。然而如今牠們和我的牧場都必須與外界隔離好幾個月。

即便如此，我對那隻消失的狐狸有種悲喜交織的感受。當然，去年夏天的經驗讓我備受警惕。只要見到狐狸出現時，我就會擔心牠是否又會帶來疥癬。但是如同自然界大部分的事物一樣，傳染病有到來、也有遠離的時候。在傳染病出現之前，我對那隻狐狸的存在感到與有榮焉。每年春天，我看著牠撫養小狐狸。牠們會一塊兒在馬路和森林徒坡間的區域中活動，只距離我的穀倉四十五公尺左右。我很喜歡牠的孩子。在奇妙的夜晚時分，牠們會在我前院草皮上戲耍，繞著粉紅和白色的牡丹花叢跳來跳去。我喜歡聽狐狸媽媽發出的咳吠聲，也喜歡看著牠一大清早一心一意帶著食物跨越公路，返家送食物給孩子吃的模樣。

不過在疥癬流行病之前，伴隨牠而來的某樣東西，便足以使牠們帶給我的樂趣大打折扣——那就是牠濃郁的狐騷味，難聞到你幾乎無法呼吸。假如牠只是自己身上有這氣味倒也罷了，但是牠每晚會費盡心思地在牧場各處留下氣味，在我的前廊上留下一坨坨小小的狐狸大便。這些大便倒不是問題，讓我困擾的是我的狗，因為牠們會十分熱情地滾在狐狸大便上頭，好像這些大便有多麼珍貴。牠們會一直磨蹭到全身的毛都沾滿了大便為止。如果你從來沒聞過滾過狐狸大便的狗，你的命比我的好一點，因為它聞起來實在太恐怖了，像臭鼬那麼臭，令人作嘔，而且它附著在狗毛時像芒刺一樣怎麼都揮之不去。

我實在不明白，我的狗滾在狐狸大便上頭時，腦子裡想些什麼東西。在牠們眼中那不只是大便而已。對所有的狗而言，味道越難聞的東西對牠們的吸引力就越大，包括死魚、軟趴趴的新鮮牛糞（水分越多越棒）以及半乾的死松鼠，有蛆的更好，這在犬類經濟學上可說是加值的贈品。要說狗兒滾在這些黏黏東西上頭時會不快活，可沒這回事，因爲牠們的眼神會開始發亮。而當牠們把肩膀放低，用背部去磨蹭一坨聞來噁心的腐爛東西時，牠們的嘴角也會咧開來，露出放鬆的微笑。在牠們對自己塗抹的程度感到滿意之後，就會頭抬得高高的，踏著自信的腳步走回家，那副搖頭擺尾的模樣好似我們人類事事順心時會表現出的神情。

很多理論企圖解釋狗兒爲何喜愛滾在難聞的東西上頭，但是它們都只是猜測而已。最眾所皆知的說法之一是，狗兒爲了要用自己的氣味在這個「資源」上做記號才會這麼做。但我對這個說法抱持些許懷疑，因爲狗兒經常做記號的方式是在資源上或它附近灑尿或拉屎（從小就在屋外吃飯的鬱金香，有時在前廊上吃著晚餐最後一口時還是會蹲下來就尿）。也許狗兒滾在身上的東西是牠稍後想吃到嘴裡的，所以牠們只在上頭滾滾，不會尿在上面，然而我看過太多的狗會喝尿，所以我很懷疑這個說法的可能性（但是我也保持開放接受的態度）。

另外一個說法是：狗兒是掠食性動物，牠們試圖用其他東西的氣味來掩蓋自己的體味。但我猜想這麼做，只會讓牠們聞起來像是曾在難聞東西上打滾過的狗或狼。況且，假如我是一隻很容易到手的獵物，聞到一隻三十六公斤重的死松鼠朝著我來時，我大概也會開始有點緊張。不過，我並不怎麼喜歡這個「氣味僞裝」理論的主要理由是，獵物本身所展現的行爲。如果你常和邊境牧羊犬一起趕羊，就會知道動物（尤其是有蹄類動物）是如何注意周遭世界了。羊、鹿和馬都是視覺很敏銳的動物，時時注意著是否有掠食動物出現，這也正是爲何牠們雙眼分別長在頭部兩側的原因。如此一來，就算牠們低頭吃草也能夠警戒注意。對有些種類的動物而言，嗅覺在偵測掠食動物上，無疑扮演很重要的功能。但是如果有隻狼漸漸逼近，即便牠聞起來像隻死兔子，牠的身影對鹿群來說，就足夠構成重大威脅。

我最喜歡的理論是我所謂的「金鍊子暴發戶」的炫耀假說。這要打從狗兒和其他犬科動物如何求生說起。狗和狼不只是掠食性動物，牠們也四處撿拾東西吃，所以牠們對食物新不新鮮沒法太挑剔，有什麼就吃什麼，而且牠們希望自己的領域裡食物充足。有人提出的說法是，狗兒之所以在死東西或臭大便裡打滾，也許是因爲牠們想對其他狗炫耀：「嘿，你看，我住的是高價區，好東西多得是。」這對我來說似乎是最合理的解釋。

不過，也有可能是其他原因。或許牠們這麼做和我們噴香水的理由是一樣的，因爲牠們喜歡這種味道。正如我們或許會爲了吸引別人而噴香水，也會爲了使自己愉快而這麼做。這麼做可能會讓狗兒自己或別隻狗都覺得聞起來很香。心理學家史坦利．柯倫博士曾在著作《聽狗在說話》書中提出了相同的理論。在其中一個章節裡，柯倫博士向大家宣告，在那些惹人厭的氣味中打滾（至少對人來說很惹人厭）的行爲等同「人們基於某種不太協調的美感而穿上花花綠綠、五顏六色的夏威夷衫」。從現在開始，每當我又得幫一隻又黏又濕而且沾得臭臭的狗兒洗澡時，我會想像牠穿著一件印有大紫花和大橘花的襯衫，再加上寬大的短袴褲和難看的襪子。這對我的心理平衡將很有幫助。

好了，狗的部分就談到此爲止吧，那我們人類呢？人類也會把外來的氣味抹在身上，只是我們用的味道和狗兒不同。我們會把鹿腹的氣味（麝香）、抹香鯨的黏稠分泌物、麝香貓肛門腺體分泌物和植物生殖器（花朵就是植物的生殖器官）研磨後放入凝霜中，再塗抹全身，那麼狗兒應該如何看待我們這個物種呢？我們喜愛這些東西的程度，不下於狗兒喜歡在死松鼠身上打滾的程度，因爲香水業可是一個年交易五十億的產業，新香水的研發是最高機密，保護的程度好比發展生化武器一般用心。這也是爲何香水和入浴精油這些聞來很香的產品，用來作爲生日和聖誕禮物是最適合好用的東西。

幾乎每個人都喜歡聞起來香香的，也喜歡聞香香的東西。我們會強烈意識到氣味的香臭，我們會注意到空氣聞起來清新甜美或又悶又臭。口臭會破壞與人的對談氣氛，帶來社交上的夢魘。有的人企盼聞到愛人或孩子的氣息，彷彿盼望維繫生命的食物一般。不管我們是否曾注意到，我們所購買的每樣東西幾乎都添加了香味，舉例來說，製造商非常清楚，顧客會認爲香香的傢俱亮光劑比未添加香味的好用多了。

我們對香味的著迷並不是現今才出現的。遠在奧運雛型未出現的年代，古希臘克里特島的運動員就會把添加香料的油膏塗抹身體；亞歷山大大帝極愛香水和燃香，古時的男子也都如此；敘利亞人、巴比倫人、羅馬人及埃及人都會將各式花朵、檀木及番紅花的香味擦抹在身上。事實上，耶穌出世時，他收到的第一件禮物就是燃香。因此，雖然大多時候我們都會忽視嗅覺，但是我們和狗一樣，都會想把那些聞起來讓自己和別人都感舒服的氣味塗抹在身上。

我們與狗的差異在於我們對「香」與「臭」的認知不同。不是只有牽繩一端的我們對動物的嗅覺偏好感到不可思議。你曾經噴上你最愛的香水或刮鬍水，再讓你的狗兒聞聞嗎？我剛剛在手腕上噴了香奈兒五號香水，它混合了茉莉花香和一些香甜的其他花朵芳香，我叫我的狗來聞聞它。路克和萊西嗅了嗅，就把頭別開（可能想吐？），然後往後退。鬱金香和彼普則堅持不理會我的手腕，直嗅我的拳頭看看裡面是否有吃的。當牠們終於確定裡面沒吃的時，便嗅了一下我的手腕，接著皺起鼻頭來。我猜想倘使牠們做得到的話，早就想把我拉到外面的水龍頭，一邊把那個噁心香水味沖洗掉，一邊還喃喃唸著狗言狗語：「別怪我幫妳洗這個澡，誰教妳要把這個噁心東西抹在身上！」

我們和狗兒被不同類別的氣味吸引是有道理的。人類早期的祖先是雜食性動物，這類動物總是尋找飽滿多汁的果實作爲食物。這個留傳下的本能使我們自然會被果味及花香味所吸引。而狗兒兼爲掠食性動物及清道夫，牠們不會被臭味沖天的腐屍驅離，反而會爲之吸引。假如你從巨觀的角度來看，某個吸引你的東西並不見得會比另一種東西更合理。想想看，大量噴灑植物的生殖器氣味或者鯨魚的黏稠分泌物氣味，不見得比在牛大便打滾來得更有腦筋。

每當我來不及阻止我的狗跳到那些又臭又討厭的髒東西上愉快打滾時，以這個角度來想，我會比較釋懷一點。但是說到氣味的強烈吸引力，或者應該說是臭味的強力驅離力，坦白說，這點看法眞是一點幫助也沒有。下次鬱金香回家時若再帶著微笑和薰死人的狐狸臭大便味的話，我想我會在牠身上淋上一桶香奈兒五號，就算是教訓牠一下吧！

5

共享愛玩的天性

為什麼狗兒和人類一輩子都像小孩般愛玩？

與狗兒玩耍時如何兼顧安全與樂趣

我早知道，在那窩大白熊幼犬當中我不應該挑中鬱金香帶牠回家。每隻幼犬被柵欄擋住而無法和其他同窩幼犬玩耍時，牠是這窩膨毛小白球當中唯一發脾氣的；其他的幼犬都靜靜地坐著，認命地看著別人痛快玩耍。但鬱金香卻又跳又叫，竭盡所能地表達，只差沒有像三流監獄電影裡的犯人一樣，奮力用兩隻前腳抓著柵欄晃動。我來此觀察這窩幼犬的目的，是為了替我自己和我的牧場挑隻合適的幼犬。由於我的第一隻大白熊犬柏彼（Bo Peep）突然因癌症過世，牠的死在牧場上留下一個大缺憾，好像缺了一片拼圖似的。而且少了這隻聲如雷動、吠叫時低沉響亮的白色大型守衛犬，我的羊群失去了保護。我也很懷念過去一起看羊群在陽光中咀嚼著牧草的時光：我躺在山上的牧地時，背貼著大地，牠那寬大柔軟的嘴就枕在我肚上。

於是我來到這裡，企圖尋找下一隻牧羊犬，但這些大白熊幼犬可讓我頭大了，到底哪隻才適合呢？柏彼對我或牧場而言，都是一隻無懈可擊的狗。牠遇到人類時貼心可人，對待羊群的態度則很高尚沉穩，也是克服殘障肢體的最佳典範。牠只有一隻後腳，而且這隻後腳相當軟弱無力。因為牠出生時雙腳的膝蓋骨異位，多年來我和獸醫一直忙著為牠開刀並作長期復健。我們復原了一條後腿，但它永遠也沒法正常使用，而另一條腿我們最後只得進行截肢了。牠能夠以三隻腳站起來走幾步，但是牠多半時候會很開心地，利用牠強壯的前肢拖著下半身四處跑。牠走路的樣子看來不太像隻狗兒，倒像隻長了膨鬆長毛的海豹。

儘管如此，柏彼報答了我們為牠復健所傾注的所有心力，牠守衛羊群和水鴨達九年之久。牠的身障一點兒也沒妨礙到工作，由於牲畜守衛犬以吠叫和留下氣味記號間接保護牲畜，所以牠並不需要整晚出外和熊搏鬥。威斯康辛州南部的獵羊殺手多半是郊狼和流浪狗，牠們通常會避開攻擊那些養了與羊體型相當的大型狗的牧場。

不過偶爾守衛犬還是得多盡些保衛的責任，柏彼便曾因此而留名守衛犬的青史。那次，有隻二十七公斤重的流浪狗從我家院子跑出來，嘴裡還咬著那隻被我暱稱為「柏特叔叔」的大帥鴨。柏彼以驚人飛快的速度邊拖邊跑，幾秒內就越過整個院子，把那隻狗兒自脖子背後銜起，直到牠鬆口放了柏特叔叔為止，然後柏彼再用鼻子推著那隻鴨子回到穀倉裡的安全之處。可是牠現在已經不在了，我的動物急需要保護，而且我需要一隻頭大如熊、眼神如海狗般的純真大狗兒來填滿我內心的空洞。

要取代一隻千載難尋的好狗兒非常困難。我想要一隻和柏彼一樣溫馴但不易驚懼的狗兒，我才能放心讓牠和孩子們相處，而且我希望牠也能沉穩安靜地對待羊群。通常護羊犬失職的原因是因為牠們太愛玩了，結果把原本應該好好守衛的羊隻給追到沒命。雖然十磅重的小羊和百磅重的狗兒都喜歡嬉戲，但是牠們不會是最好的玩伴，而且狗兒玩得比較樂。所以當我輕柔地把鬱金香翻個四腳朝天，再用掌心放在牠胸口制止牠行動時，我其實是在尋找這樣的一條狗：牠會稍微掙扎亂動一會、舔舔我的手，然後就認命地安靜下來。

不過，「認命」二字可不在鬱金香的字典裡。我其實該幫牠取名為「伊洛伊絲」，因為故事書中有個叫做伊洛伊絲的小女孩，在紐約市著名的廣場飯店（Plaza Hotel），把水倒進飯店的郵件輸送槽中而引起了天下大亂。這一系列的精彩故事使得這名字廣為人知。當鬱金香在我雙手間不斷像條魚般扭動、抗議掙扎時，牠直視著我的雙眼，但並不是那種我曾在一些幼犬眼中看過、冷酷到令人不寒而慄的眼神。牠的雙眼閃著國慶煙火般的光芒，發散出歡愉玩耍之情。牠和我深深地對望著，在那一瞬間我突然被愛襲擊了，就像懵懂無知的青少年一般，在不到一秒的時間我就讓鬱金香偷走了我的心。

噢，但我也很厲害的，我告訴牠的繁殖者說牠並不適合我。我明智地挑了隻不會吵鬧、較被動的幼犬，但這隻幼犬在我有機會帶牠回家之前便死了。繁殖者決定留下被我挑出的第二隻幼犬，於是我挑了第三隻帶回家，而仍以鬱金香過於活潑好玩沒法當隻好的護羊犬為由，拒絕了牠。

大白熊的幼犬看來都像是一個模子，但是我帶回家的這隻看來很可疑，不太像是我以為自己買下的那隻，等到我抵達家門時，我便很確定了，這個在我身旁微笑、毛茸茸、眼睛發亮的四隻腳小東西，不就是那隻愛玩得無可救藥的小朋友嗎？在打了幾通電話給繁殖者，確認牠是被不小心替換的之後，我接受了這個命中註定的結果，以彼普死時我種下的白色花朵將牠取名為「鬱金香」。

在我撰寫此事的同時，鬱金香就在屋裡，在沙發上執行保護春天羊群的任務。現年七歲的牠已是成年母狗，早就超過大部分哺乳類動物喜歡玩耍的年紀，但是當牠跟著我及其他邊境牧羊犬在山坡上戲耍時，牠的眼睛仍然會發出光輝，像隻幼犬般跳躍又打轉。幾年前有一次，我發現牠躺在山

Photo courtesy of Frans de Waal

Photo by Jim Hofstetter

Photo by Karen B. London

黑猩猩和人類常以手臂環繞對方的方式表達感情。但是對狗而言，以一隻前腳搭在對方的肩頭，通常是展示社會地位的表現。

Photo by Karen. B. London

我們人類打招呼的方式是直接走向對方，把手伸出去，並且直視對方的眼睛。

相反地，當狗兒遇到陌生的狗時，會避免眼神接觸和直接走到對方面前的動作；牠們利用嗅覺認識對方，而非視覺。

Photo by author

Photo by Katen B. London

Photo courtesy of Frans de Waal

人類並不是唯一以親吻表達熱情的動物，黑猩猩和侏儒黑猩猩也是世界級的親吻高手。

Photo by Cathy Acherman, courtesy of the Coulee Region Humane Society

很多狗兒喜歡舔舐熟識人類的臉龐，但是即便是熟識的人，許多狗兒仍然會避免直接眼神接觸，而由側面靠近對方，大多數狗兒會很感謝我們以同樣的禮貌相待，尤其是陌生人。

Photo by Cathy Acherman, courtesy of the Coulee Region Humane Society

Photo by author

從我們的臉部表情就可看出我們有多愛抱狗兒了。由於我們的靈長類特質，我們尋求所謂的「腹對腹」式接觸（亦即胸口對著胸口的互抱方式），藉以表達情感並感受彼此的關係。

Photo by Cathy Acherman, courtesy of the Coulee Region Humane Society

看看這兩頁照片上狗兒的表情，牠們看起來是否和旁邊的人類一樣開心呢？

Photo by authora

Photo by Cathy Acherman, courtesy of the Coulee Region Humane Society

這兩位善意的狗兒飼主正表現出我們大多數人想要狗兒來到身邊所出現的行為，也就是用力拉緊牽繩並且轉身面朝向狗兒，直視著狗兒的臉。這些動作每一個都很有效——有效地讓狗兒待在原地不動。

Photo by Karen. B. London

艾瑞卡正示範著鼓勵狗兒來到身邊的最佳方法——她正朝著她希望鬱金香前往的方向走，帶著微笑拍著手，好像這是個好玩的遊戲似的。

Photo by author

鬱金香正在死老鼠身上打滾。牠和許多狗一樣，最愛在難聞的臭東西上好好打個滾——越臭越濕黏的東西越棒。

我們也喜歡強烈的氣味，但是注意看一下萊西的女兒泰絲。當我讓牠聞聞我剛噴了香水的手腕時，牠把臉別開的樣子表露出牠有多厭惡這個我所喜愛的香味，正如同「死老鼠香水」令我作嘔一般。

Photo by Jim Billings

Photo courtesy of Frans de Waal

你絕對分得出來這裡誰的地位高，誰的地位低。多數社會性動物的高位者會站得高大直挺，儘量讓自己看來雄壯威武以展現地位，而低位者則會保持低姿態，把自己變小。

Photo by Cathy Acherman, courtesy of the Coulee Region Humane Society

由於我們和狗兒的體型相差懸殊，人類的打招呼方式即便懷著最高善意，在狗看來依然像是展現地位的行為。

這是鬱金香和寇迪第一次見面時的情景，鬱金香正緩慢走向寇迪，而寇迪為了討好鬱金香，正盡可能地設法讓自己變小變矮。

寇迪對另一隻地位比牠低的彼普就沒有出現躺下來的反應，這次輪到彼普儘量把自己變小。

當寇迪做出邀玩動作後趴下時，彼普把頭壓低，企圖把自己變得比寇迪更小更矮。

Photo by author

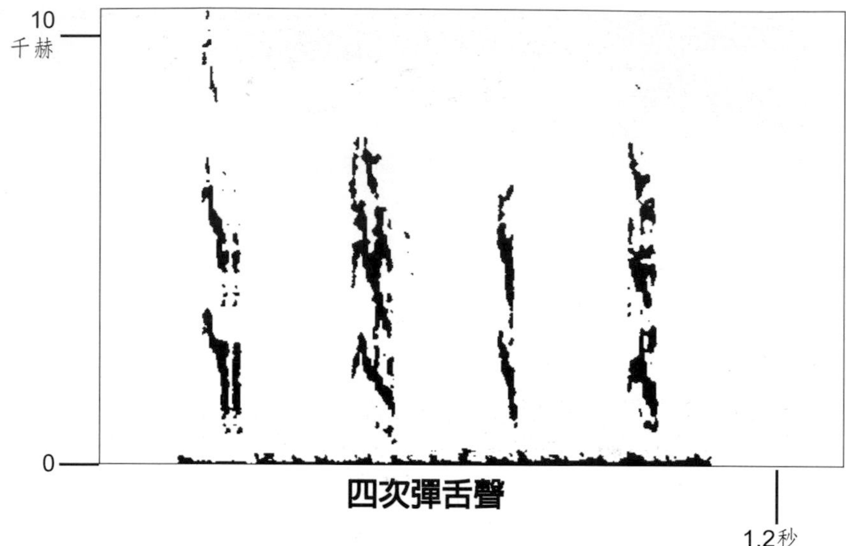

在這兩頁上的圖形是所謂的頻譜圖（sonograms），也就是聲音的形狀，縱軸是音頻軸，單位是千赫，橫軸是時間軸，上圖呈現出一名馬匹操作手為了讓馬加速而彈舌四次的聲頻譜。

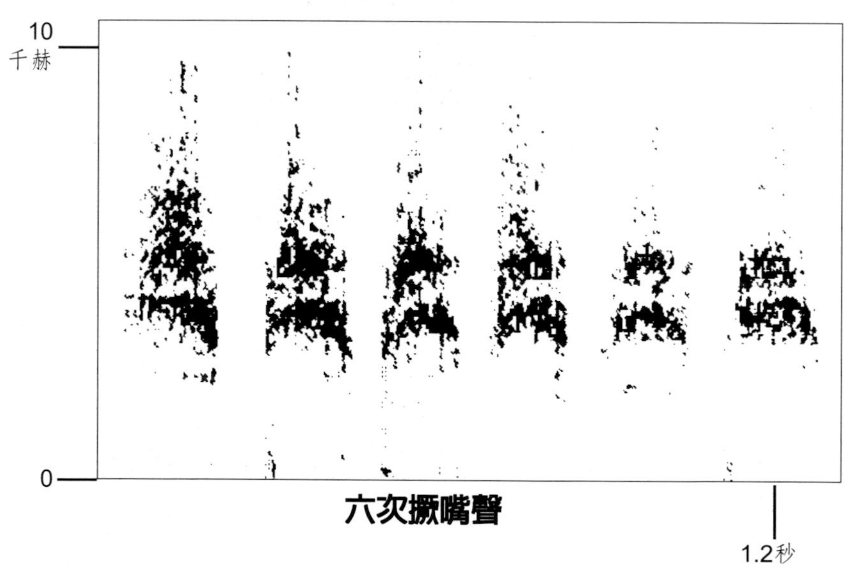

此圖為同一名馬匹操作手為了使馬小跑步稍快一點，而發出的六次撅嘴聲。當這些專業操作手想使動物的速度加快時，他們重複發出短音的速度就會越快，橫跨不同音頻的範圍就會越廣泛，而且音量也加強。

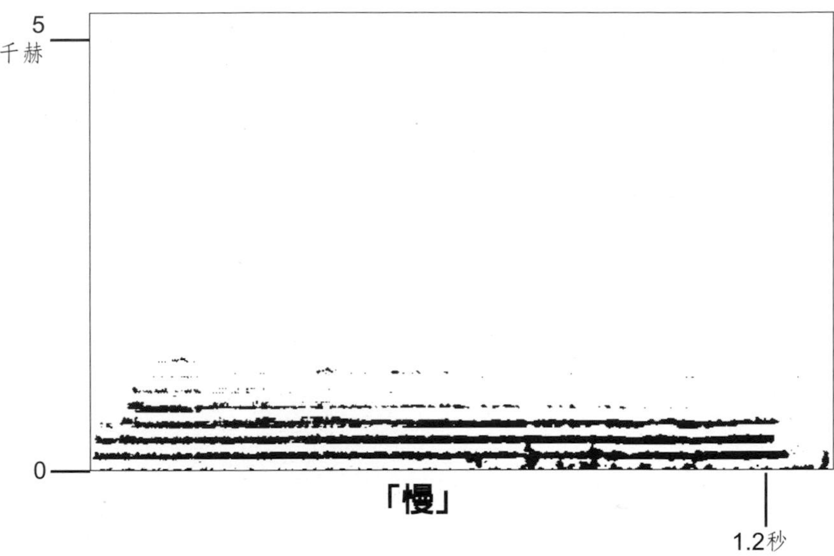

這種單音調的拉長音是專業操作手用來安撫動物，或讓牠們速度放慢時，所用的聲音，你也可以維持單一音調地輕聲說「等——等」或「好乖———乖」，達到同樣的效果。

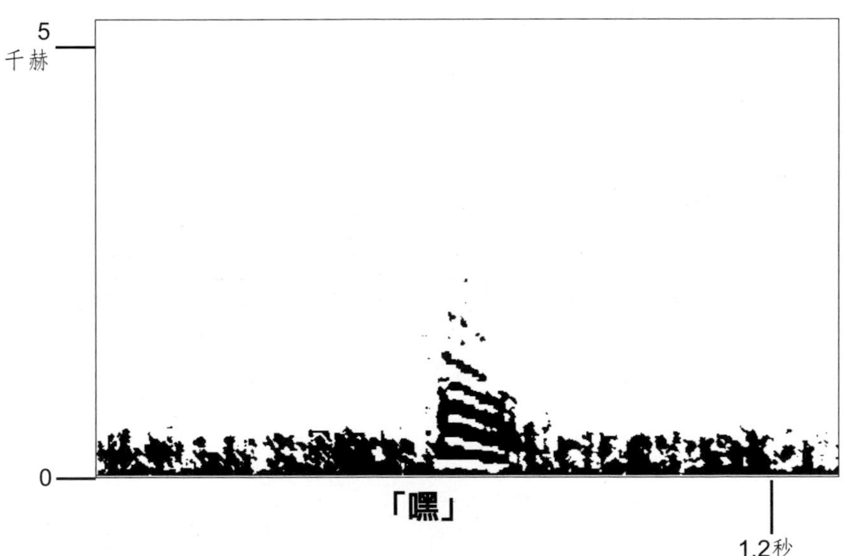

這種短促的單音是全世界專業動物操作手希望立刻阻止急馳動物所用的聲音。如果你想阻止狗兒從矮桌上咬走你的晚餐時，你可以輕聲發出「嘿！」、「不行！」或「啊！」引起牠注意而中斷牠的動作（記得接下來你要告訴牠你希望牠做的事是什麼）。

「酷手」路克

萊西

彼普和牠生下的一窩幼犬

All photos by author

路克、萊西和彼普在花園前合照

鬱金香和牠所管牧的羊群

鬱金香躺在牠最喜歡的羊群守護台——沙發

路克正驅趕著羊群，利用阻擋牠們其他去路的方式逼使牠們朝我的方向移動。

萊西第一次遇到這麼龐大的羊群。牠習於趕牧的羊群每次約只有三十隻左右，但這裡有一百五十隻以上的羊隻。你看得出來牠有點怕，因為雖然牠的後半身向前傾，牠的肩膀和前腳卻沒有往前。羊群看得出來狗兒身體傾向有何細微的改變，你的狗也同樣能夠輕易看出你的身體姿勢有何輕微改變。

All photos by author

寒冬中那隻被彼普救回一命的貓艾拉，蜷曲在羊隻溫暖柔軟的背上。

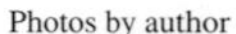

Photos by author

路克永遠都蓄勢待發地想玩球。

坡上一塊凹地中，離羊群很遠，當我呼喚時牠沒站起來，這一點兒也不像平常的牠，當我走近點時，我發現牠的白色大腳之間躺著一隻一週大的羊寶寶，我的心中充滿了感激之情，因為我的守衛犬正保護著一隻我以為肯定是生了病的小羊，可惜我稍後理解到這全是我的幻想。

當這隻健康無恙的小羊企圖站起來回到母親身邊時，鬱金香看著牠走了一兩公尺後，眼睛開始閃爍著光芒，接著像追著足球似地追到小羊身旁，輕輕地用牠巨大的寬嘴擋住小羊，把牠壓到草裡，再躺在小羊身旁。鬱金香才不是在保護小羊，而是用牠把玩網球的方式在玩小羊！所以儘管鬱金香已經長大了，每年春天牠總是因跟小羊玩而怠忽職守，直至小羊稍長，才會重拾守衛犬的職責。鬱金香也會和我玩，或是玩一些比玩小羊更合適的狗狗玩具。牠剛剛才走過來，把牠溫暖巨大的嘴吻擱到我大腿上，牠依舊擄獲著我的心，是喔，牠會永遠都深得我心的。

永保赤子之心

狗兒和人類都不是正常的哺乳動物。大多數哺乳動物在幼獸期經常玩耍，然後會逐漸變得越來越少動，而這並不是因爲年紀較大的動物忙著求生和尋找食物。我會供給成年羊隻食物、水和蔽護所，但牠們並不會像小羊一樣玩耍。而我鄰居養的紅白小羊則會繞著牠們優雅但被動的母親轉圈圈賽跑。當然，成年牛隻在午後的陽光中偶而也會戲耍一下，因爲牠們唯一的威脅可能來自會在午夜偷襲初生小牛的郊狼。但是成牛幾乎很少玩耍，牠們只會吃，只會反芻咀嚼，有時躺下來歇歇腳，牠們和大多數動物的成年個體一樣，都不太會去玩耍。

除了人類和狗兒之外，某些物種的成年個體也會表現高度的玩耍行爲。假如你想盡情大笑一番，請看看河獺從泥灘上滑下的錄影帶，或者看看紐西蘭啄羊鸚鵡（kea parrots）以拆車爲樂的樣子。有一回我看著一群停在路燈桿上的渡鴉，牠們不可思議地一隻接著一隻，把桿頂的積雪踢下來，使它掉到下方的人行道上，每隻都站在不同路燈桿上，每個間隔約十公尺，每當某名男子經過路燈旁，渡鴉就把雪踢下來砸在他頭上，當路人被掉在頭上的雪驚嚇而抬起頭看一看時，所有渡鴉就會爆發出此起彼落的刺耳呱噪聲，我實在沒辦法解釋牠們到底在做什麼，但是我最好的解釋應該是「玩遊戲」。但是渡鴉、河獺、人類和狗兒等動物絕非是典型，大多數的成年動物就是不太會玩耍。

但是狗兒就不一樣了。我那幾隻「中年」邊境牧羊犬的人生目標，就是等待我即將拿起球來的訊號，七歲大的鬱金香也會一塊兒玩，但牠比較喜歡自己玩球，彷彿幼犬似地，不斷瘋狂地丟球再去追球。或許鬱金香這種愛玩的精力是個特例，但是大多數的成犬仍然熱愛玩遊戲，直到牠們年紀很大了亦然。而我也加入牠們的遊戲，和牠們一樣玩遊戲玩得很開心。以我五十三歲的年紀，早就不是小孩子了，但是我還是喜歡玩，我的朋友也一樣，可以說全世界的人類和狗兒都一樣。

人類這個物種對「玩」非常著迷；我們要不是自己參與，就是看著別人在玩。我們把每個新發明都當成是新玩具。看看電腦這個機器，當初設計它的目的是爲了進行高階資料的處理，爲了處理一個世上最無聊的工作，而今卻衍生出無限商機的電腦產業。「誰死時玩具最多就贏了！」這句話聽來很好笑，但它強調了一個有關人類的基本事實：就算成年了，年紀大了，我們仍然會念念不忘玩耍這件事。

當然，隨著年齡增長，我們不會像孩提時期玩得那麼多。幾乎所有哺乳動物在幼年期都經常玩，所以玩耍行爲比其他活動更能定義幼年行爲。小羊會在原地上下彈跳，跳到最高點還會側扭一下。看著一群小羊此起彼落在原地彈跳，有如觀看爆米花爆開的情景一般。美洲角羚的幼羚假裝在打架時會用角互相碰撞；貓科動物（包括幼貓和幼虎）會用腳掌擊拍任何搆得到的東西，像是樹葉、蝴蝶或揉過的紙團；實驗室的幼鼠會互相追逐、跳到對方身上，表現出看起來很像是在搔對方癢的行爲；兩至三歲的黑猩猩整天只會吃和玩，有時牠們會在樹間盪來盪去，或自個兒繞圈圈轉著玩，但通常牠們會一起玩，互相追逐、跳到對方身上、打來打去鬧著玩或摔角。

大多數動物隨著年紀的增長，玩耍的頻率會隨之下降，直到完全消失，但是人類和狗兒即使成年之後依舊保有「彼得潘」般愛玩的天性。即使成狼及成年黑猩猩依然會出現玩耍的行爲，但是牠們愛玩的程度絕比不上成狗和人類。這種成年後依然喜愛玩耍的特性使得多數科學家認爲，若把狗兒或人類與血緣接近的物種作比較，就像是「幼年版」和「成年版」的差別。「成體幼態」（Paedomorphism）即謂：原本動物成熟後應逐漸消失的幼體特徵，在某些性成熟的動物身上仍繼續保留，牠們正常發展的時間受到嚴重延誤，就某種程度來說，牠們並沒有長大。幾乎每種動物（無論它是多簡單的動物）在發展早期的特徵都與日後成熟的特徵不太相同。

有時這些幼態特徵表現於外觀上，例如有些昆蟲的幼體與成蟲的長相便截然不同，像我們都很熟悉的毛毛蟲蛻變成蝴蝶的狀況。而「幼年化」昆蟲則不會變態成祖先原有的成蟲外觀，當牠們變為成蟲時，看起來仍與幼蟲有相同的外表。不過，某些幼態特徵則屬於行為特徵，通常身體構造、生理和行為之間會產生相互關連，而有些動物幼年時不但看來形似其祖先「幼態化」後的後代，有時連行為也很相似，甚至連成年後亦同。「成體幼態」是個很有趣的演化現象，我恐怕無法在這麼短的討論中詳盡介紹，但用來解釋人類和狗兒行為時，這個現象的重點在於：發展過程所產生的變異致使成體哺乳動物即便年紀漸長，依然如同大多數幼體動物一般，維持了喜愛玩耍的特性。

發展過程所產生的變異透露了很多訊息。我們瞭解到狗和狼雖為同一個物種，但是牠們卻有極大的不同。蘇俄科學家迪米崔．貝立夫（Dmitry Belyaev）對於動物被馴養的過程中，動物的攻擊性逐漸減低的現象很感興趣。他從蘇俄毛皮牧場借了一批狐狸，挑選出最溫馴的狐狸作配種。由於這批狐狸有多數對人類存有不好的觸摸經驗，所以爾後在配種時，他盡可能挑出那些較不會逃跑或咬人的狐狸來配對，還有那些實驗者伸出手時，最喜歡自願來舔手的狐狸。配種到第十代時，狐狸後代中就出現了百方之十八貝立夫所謂「馴化特優」的狐狸。牠們渴望與陌生人接觸，並且會像幼犬一樣對著實驗者嗚嗚哀叫，也會舔他們的臉；到了第二十代，百分之三十五的狐狸渴望被人撫摸，而且不會像多數成年狐狸一樣企圖逃走或咬人。

這個研究之所以有趣，以及它在科學上擁有的重要地位，是因為當研究人員只選擇一項特徵

（個性溫順）配種時，後代狐狸的其他行為、構造和生理都發生了改變。這些狐狸一直到成年之後依然維持年幼犬科動物耳朵下垂的情形；成年的「馴化特優」狐狸甚至在年紀漸長之後，仍繼續表現幼狐的行為，與正常的狐狸族群相比，牠們比較不會害怕陌生事物，對陌生人會表現順服姿態，如幼犬般把腳掌舉起嗚嗚嗚叫，並且猛力搖晃尾巴迎接對方。令人驚奇的是：牠們的皮毛上也出現了白色斑塊，這是許多馴養動物都會出現的表徵[1]。

此外，這些狐狸出現上下顎過長、或過短的問題（如同家犬出現的問題一樣），尾巴彎彎的，不像狼或狐狸一樣尾巴挺直，毛質捲曲或呈波浪狀。腎上腺分泌量降低及血清素（serotonin）含量高，這兩項生理變化與動物感受緊迫的程度有關。當動物面對陌生事物時，若是緊迫程度較低而且也較能接受改變，牠們體內會分泌低量腎上腺皮質素和較高量的血清素。探討狗兒演化的《狗兒》（*Dogs*）一書中，作者雷蒙與洛納．考賓格（Raymond and Lorna Coppinger）認為，這全與動物的「驚逃距離」（flight distance）有關，也就是陌生事物逼近到什麼程度，動物才開始產生警覺的最短距離。成年動物會比幼獸更習於保持警醒，因此觀看兒童和幼犬最大的樂趣，便是看他們對周遭世界的危險毫無所知的天真模樣。能夠暫時拋去成人時時警覺的負擔是個輕鬆的體驗，也許這便是玩

1. 野生牛隻、野馬和野狗通常很少出現白色斑毛，遠遠看起來幾乎是深棕色或黑色，但牠們被馴化後的親戚諸如荷蘭豪斯登乳牛（holstein cows）、黑白花斑馬（pinto horses）和激飛獵犬則通常出現斑雜花色，如同貝立夫馴化狐狸時無意間培養出的皮毛顏色一樣。

要對我們身心有益的理由吧！

貝立夫的狐狸會出現那些特徵，主要原因就是「成體幼態」，也就是成體仍保有幼體特徵的現象。這在家犬身上也看得到這個現象。大體上，成犬的行爲較接近幼狼，而非成狼。以狗兒馴養爲例，因人爲配種而出現幼年特徵，可歸因於兩個不同的解釋。傳統的說法是：家犬乃由野狼經人擇繁殖演化而來，繁殖過程中，人類選擇以最溫順的野狼配種；另一個說法是，溫順個性經由天擇過程逐漸發展出來，而這些驚逃距離較短的狗兒開始聚集在人類落腳處附近，在人類垃圾中翻找食物[2]。我本身喜歡天擇這個說法，雖然我會主張在馴養過程中兩種過程可能同時發生，然而對於牽繩另一端的我們而言，重要的是去瞭解，不管原因爲何，即便是成年狗兒仍保有一些幼年犬科動物的特徵，包括相當愛玩的個性。

而我們人類呢，一直到年紀很大也如頑童般愛玩。我們會陪著自己的狗兒一起玩到雙方都累得攤在沙發上爬不起來爲止。這種傾向使得有人提出一種說法，認爲人類是種『成體幼態』的靈長類。這倒不是個第一次提出的假說，早於一八八四年，名爲約翰．菲斯克（John Fiske）的男子即提過這個說法，至今它依然是個極合理的假說。除了我們愛玩的本性之外，還有很多特質顯示我們人類所永保的赤子之心在演化上有其重要的角色，如定義人類特質之一的創造力，就是最好的明證——我們會去嘗試新鮮事物，並且會企圖以新方式與環境互動，通常在年輕動物身上都可以發現這些特質。

大體來說，人類的幼年個體和多數哺乳類的幼獸，都比成年個體更快能夠接受改變與新嘗試。近來在一項知名的實驗中，研究人員給了一群日本獮猴一些牠們從未見過的地瓜。最先開始嘗試這種陌生食物的是幼猴而非成猴，不過後來有些年輕成猴也跟著做，有隻勇於嘗試、名爲「Imo」（地瓜）的兩歲母猴學會了到海裡把地瓜上的沙洗掉。

日後，牠還發明了一個技巧，從沙中捧起一把小麥再丟到海裡，沙子會往下沉而麥粒會浮起來，浮起來的麥粒既乾淨又新鮮，還添加了鹹味，正好可以撿起來吃，也不會因爲有沙粒咬起來沙沙的不舒服，後來整群獮猴都出現了相同的行爲。例外的只有那些年紀太小的幼猴，因爲動作協調度未完全成熟而無法這麼做；還有就是一些年紀較長的成猴，牠們看來似乎對孩子們的新技巧完全不感興趣。

雖然人類年輕時比較容易接受新的事物，也比較有變通性，不過若廣泛比較所有物種來看，成年人類比起其他物種的成年個體有著更驚人的變通性。你可以說人類這個物種之所以如此成功，有部分原因是因爲我們具備能以新方式和環境互動的能力，而我們愛玩的個性與這種變通性相輔相成，這也是定義人犬關係的特徵之一。我們和狗兒都熱愛尋求與彼此玩耍的新方法，尤其遇到那些奇怪的、圓圓的、叫做球的東西更是如此。

---

2. 有關家犬演化這個有趣的話題，參考資料中有更多資訊。

玩球囉！

某晚，出生在穀倉後方洞穴的兩隻年幼紅狐跑到我的前院，這兩個小東西因在院子裡玩起了跳籬笆的遊戲而引起我的注意。小母狐在籬笆右方或跳或躲，而小公狐則在籬笆另一邊將身體壓低，等到姐姐出現時再向前撲過去。有時小公狐會耐不住性子不想等了，直接就向上跳過籬笆，落在牠的小玩伴身上，這時跳籬笆遊戲就會暫時轉變為摔角運動，但是牠們很快就會再回到「捉鬼」的遊戲。牠們這樣子玩了數分鐘之久，我屏住氣息，一動也不敢動地站在窗邊觀看。

我突然注意到距離牠們遊戲範圍約五公尺處有一顆網球，我清楚地記得當時曾暗自猜想，不知牠們遇上那顆球時會怎麼辦，我以為即使牠們注意到了也不太會因此而分心，因為牠們從來沒有把球拿來玩耍的經驗，而且牠們也忙著玩別的遊戲。正當我忖思著：「要是牠們其中一隻銜起球來，不是挺有意思的嗎？」，說時遲那時快，其中一隻幼狐真的這麼做了，牠毫不猶豫地將球銜了起來，把頭低下來歪一邊作預備姿勢，再將球甩到空中，沿著高出地面五公尺高的拋物線飛出去，當球落地時，牠跳過去將它拾起，然後再度把它甩出去，接著轉身朝牠的玩伴跑去。如同牠們突然的到來，牠們也像突然有事似地跑出了院子，沿著馬路的一端離去。

我陶醉在剛才的情境當中，除了觀看狐狸戲耍的純樂趣之外，後來我才頓悟到球對動物的強烈吸引力。動物對這些被稱爲球的圓形物體所共同擁有的熱愛，眞的很驚人。我認識一隻名爲麥克斯的黃金獵犬，牠簡直無時無刻都把黃色網球含在嘴裡，甚至還知道一些爲了找到更多球而在所不惜的狗兒。我朋友黛比的米色拉布拉多犬「凱蒂」對球也是爲之瘋狂，牠到哪裡都會去找球玩，而且到哪裡都找得到球，就連到了洛磯山脈野生動物保留區也一樣。儘管黛比已經故意把球留在車上，希望至少有一次機會可以和狗正常散步，而不是得連續丟球玩上幾個小時。我的邊境牧羊犬路克通常表現得溫文儒雅，我將牠比擬爲電影《亂世佳人》（*Gone with the Wind*）裡的衛希禮，但牠過去常無情地欺負牠的表妹彼普。假如彼普剛好先咬了顆球，路克就會急速衝到牠身旁，邊跑邊把球從彼普口中搶走。至於人類自己，當你打開電視，一定隨時可以找到十幾種世界各地利用這些奇怪圓狀物從事的運動比賽。

我必須承認我並不怎麼瞭解這些球賽，算是威斯康辛州的異類了，因爲在這個州裡有關橄欖球、高爾夫球、棒球、籃球、足球和網球等運動的大小事，幾乎就是每天報紙的頭條。我讀國小時，學校規定大家必須練習軟式棒球，我常常站在右外野，小聲喃喃唸著：「請別把球打過來給我！請別把球打過來給我！」但是大家偏會這麼做，因爲他們都知道當飛快的堅硬「飛彈」朝著我的頭飛過來時我會落跑。令我感到安慰的是我並不孤獨，相當多的狗兒並不知道書上寫著「狗兒應該很愛球」，當牠們看到有球經過時，不是不加理會就是走開。我的邊境牧羊犬蜜斯特（Mist）連對移動中的球也不會轉過臉去看；相反地，牠會像趕羊般追起我那些愛撿球的邊境牧羊犬。蜜斯特就在牠們的外圍繞著大圈子跑，當牠們停下來時蜜斯特也停住，當牠們等著我丟球的時候，蜜斯特會認眞地以盯梢姿態對待牠們。人類或狗兒之中像我這種運動細胞遲鈍的特例之外，絕大部分的人類和狗兒都有辦法丟、踢、撞擊、追趕或撿起任何會滾的東西。

大部分的人類和狗兒都具有玩球般的「物件把玩」行爲，但在其他動物中它並不是個常見的行爲。即便是幼年個體，這種自個兒玩、與手足玩或把玩其他事物的行爲，僅出現於一些鳥類（尤其是鸚鵡或烏鴉、渡鴉等鴉科動物）和某些哺乳類（多數靈長類和食肉目動物、山羊、紅鹿、瓶鼻海豚和水獺等的鼬鼠科動物），但卻從未在昆蟲、魚類或兩棲類身上發現過[3]。相當合理的是，具有物件把玩行爲的物種，大多是那些食物種類不特定、而且必須使用多種操作技巧才能取得食物的動物。靈長類便是如此，牠們幾乎都會把玩物件。而野生動物中則以黑猩猩爲操作物件的個中翹楚。牠們會利用精心製作的樹枝伸入蟻窩中釣白蟻，也會仔細選擇敲開堅果的工具[4]，也會將特定種類的樹葉製成海綿，放入積水凹洞中吸水出來喝。難怪牠們的孩子在長大過程中會拿著樹枝、葉子和任何牠們能夠找得到的有趣玩意兒把玩。圈養紅毛猩猩也以操作物件的能力著名，牠們對開鎖尤其厲害。

在所有靈長類（無論是人類與否）生命的第一年，把玩物件的玩耍行爲幾乎都相同。在滿一歲之前，多數人類或其他靈長類與環境物件互動的方式是先探索：嗅嗅看、摸摸看，尤其我們會把任何可以到嘴的東西拿來吃，但是只有猿類（黑猩猩、倭黑猩猩、金剛大猩猩和紅毛猩猩）和一個種類的猴子（僧帽猴）曾被人看過會在玩耍時丟擲物件——抱歉！應該說只有猿類、僧帽猴和人類，因爲人類的小孩就是亂丟東西的專家，而且經常碰巧在客人來訪前會把東西全扔在地上。人類小孩一直到八、九個月大時，才會開始有意識地鬆手放開東西或丟擲東西，做過父母的人都知道，你這時就得隨時閃遠一些。

人類和狗兒喜歡把玩球類等物件的傾向，可追溯靈長類及犬科動物的自然發展史。不過「先天」（遺傳基因）永遠提供了「後天」（環境）發展的基礎，我們的成長過程將會影響我們玩耍的方式（無論把玩物件與否）。一隻來自缺乏刺激、近乎虐待環境中的狗兒通常不懂如何玩玩具。我接過一個令人心痛的案例，主要工作是評估一群自小被短鏈栓在黑暗穀倉長大的狗兒。如果你看到這些狗兒，你會很心碎。牠們在北威斯康辛州福克斯谷人道協會待了一年（在法律問題解決前牠們無法被領養）。在經過一整年的復健治療後，牠們仍然非常害怕陌生人；當我走入房間時，有些狗兒驚懼得拉出大便來。牠們除了對陌生人存有極強烈的恐懼外，最明顯的行爲就是對玩具毫無興趣；牠們不會玩球，不會啃咬牛皮骨，當有東西出現在籠子時，牠們會隨便嗅它一下，然後就完全不理會它。

對玩具缺乏把玩的興趣，在成長環境貧瘠的狗兒身上幾乎是普遍的現象。這和我的狗兒蜜斯特對球沒興趣的情形不同。蜜斯特只不過是隻本性不喜追拾的狗，牠和那些永久心靈受損的受虐狗不

---

3. 科學家葛登．柏葛得的研究報告發現圈養烏龜會玩棒球，致使大家對爬蟲類可能會把玩物件的有趣現象開始產生研究的興趣。
4. 只有特定區域的黑猩猩才發展出這個技巧，而且研究發現，人類要成功運用這個技巧極其困難。

一樣；牠可以啃著玩具玩得不亦樂乎，而且也有一些牠喜愛的玩具。狗兒若是在完全缺乏刺激的環境下長大，如幼犬繁殖場裡的狗兒，通常牠們長大後也是一隻不會把玩任何東西的成犬，不會玩球、不會咬牛皮骨，也不會玩飛盤。也許如同狗兒有社會化的「黃金期」，狗兒也有學習把玩物件的「黃金期」。牠們在這段期間，特別容易學習到如何玩及該拿什麼來玩。

環境對玩耍行為的影響並不只出現在狗兒身上，小孩子把玩物件的基本方式雖然大致相同，但是小孩把玩物件的時間長短和複雜度，必須視提供了多少嘗試機會給他們。狩獵及採集者社會中的婦女沒有方便的托兒所可托育幼兒，但依舊必須進行許多需要用到雙手或集中專注力的工作。不得已之下，大部分小孩都被綁在母親背上或胸前度過他們的年幼歲月。把小孩綁在身上，不但讓母親可以完成工作，而且也保護孩子的安全，貼著母親長大的小孩能夠把玩環境中物件的機會很有限，他們日後把玩物件的頻率和複雜度也較低。不過倒有個很可愛的例外是，南非喀拉哈里沙漠的「!Kung族」小孩；他們雖然也被整天綁在母親身上，但是他們可以把玩配戴在母親身上變化多端的美麗項鍊和配飾。

我對於成長環境貧瘠的兒童在進行治療之後有何成效瞭解不多，但是我知道那些在生命頭幾年被關在籠中、或被一直栓著的狗兒有時仍能夠學會利用物件玩耍。這可能得花一兩年以上的時間，但是如果你使用中空玩具並在裡面塞食物，狗兒可能會先對玩具裡頭的食物有興趣，然後逐漸視這些玩具為有趣的東西。這個作法對一些早期環境良好，但對球就是不抱興趣的狗兒也很有用。如果你一心想和愛犬一起玩球，但牠對球沒有興趣，你可以把網球挖空，在裡面塞滿食物，有時候這麼做可以造就出一隻和主人一樣對球痴狂的狗兒。

捉鬼遊戲

我們不只和狗兒一樣都熱愛玩球，我們喜歡玩的遊戲也差不多。狗兒和小孩都喜歡以各種方式玩「捉鬼遊戲」。我的一些個案飼主對自己的狗不會撿球回來很傷心，但是狗兒爲什麼要把球撿回來給你，而不玩一個更好玩且刺激的遊戲「來追我（和球）啊！」呢？狗兒愛死這個遊戲了，牠們似乎很得意自己不但「贏」得了這個東西還讓別人拿不到，尤其當別人也想要那顆球時牠會更得意。牠們是捉鬼遊戲的箇中好手，跑到你剛好沒法抓到牠們的地方，但是又不會遠得讓你放棄玩這個遊戲。牠們並非要折磨你，儘管你可能會覺得牠們在找你麻煩，其實牠們只是在和你玩一個會和其他狗兒玩的遊戲，而且牠們只是想和你同樂而已。

因爲我們的人類天性，忍不住就會配合牠們玩這個遊戲，由於我們對球也有一份無可救藥的執著，我們哪能忍受將球丟出去竟然拿不回來的事實，況且要是我們自己沒牠們那麼愛玩球的話，我們幹嘛先把球拿出來呢？黑猩猩也會玩捉鬼遊戲。珍．古德博士描述過年幼的黑猩猩會手拿著玩具，逗弄似地慢慢走到其他黑猩猩身旁，假如別的黑猩猩伸手要來拿玩具，牠就會很快跑走，邊跑邊回頭看。不管是黑猩猩或狗兒，假如沒人要搶你手上的東西，那就一點兒也不好玩了。

有些狗兒得了便宜還賣乖，對路克來說，單單只是含著球跑走還不夠，牠還會往其他狗兒面前跑去，彷彿要博取大家注意似的，把球咬得高高的，彷彿獲獎的奧運選手帶著國旗繞場一周。如果說這些肢體語言當中沒有一點戲謔嘲弄的成分，我這份和狗兒的工作就白幹了，乾脆去研究果蠅就好！

只要你知道方法，其實要訓練狗把球撿回來並不是件難事。首先你必須理解一點：當你想教牠們玩遊戲時，牠們只不過是想教你用牠們的玩法玩而已。誰會先成功訓練對方，端看你的表現。請記住：狗兒是天生的訓練師，但人類不是。所以當你開始教一隻新狗玩拾回遊戲時，你最好得小心謹慎遵循幾個規則，這樣你的狗就比較容易把球撿回來給你。第一，先不要把球丟到太遠的地方，多數人一開始就把球丟得太遠，所以狗兒不會專心在那顆球上。第二，最好別一開始就不斷丟球，只丟個兩、三次就夠了。十歲的「酷手」路克現在對球近乎痴狂，但當一歲大的牠來到我家時，牠對球毫無興趣，幾個月之後牠會去追球，並且會銜著球走回來一點兒距離，但牠只能連著做個三、四次，之後就會喪失興趣，轉移注意到別的事物上去了。所以我會丟個兩、三次，趕在牠喪失興趣之前就停下來不玩，直到牠慢慢對玩球的興致越來越持久。現在，只有在牠喘不過氣來、或者我擔心牠玩得太過火時，才會停止玩球。

一旦狗兒咬住你丟出去的球，這時要馬上朝著遠離球的方向跑，一邊拍手一邊發出聲音吸引牠跟著你跑。如果你朝著牠的方向跑，可能會引起一場追逐遊戲，因爲你明明看著球在狗的嘴巴裡，又朝著牠的方向追過去，你叫一隻好狗兒該如何因應呢？牠當然會一直跑走，當你朝著牠追過去時就等於踏出「捉鬼遊戲」的第一步。假使你能克制住自己的本能反應，不照著牠的遊戲方式走，就能夠反過來訓練牠，讓狗來追你。這個遊戲規則是人犬共通的：捉鬼的人必須去追鬼，而你可以決定誰該去追誰。

往身體背對狗的方向走幾步，一邊拍手、嘴巴出聲，這樣牠就會過來追你，現在輪到你當鬼囉！如果你的運氣很好，牠會趕上你並且把球放下，但你別抱太大希望。通常牠比較可能會超前你幾步，把球丟在距離你一、兩公尺的地方；或者牠聽到你叫牠，就會馬上放掉那顆球，嘴巴空空地跑來找你。另外一個常見的情形是，牠會咬著球追你，然後中途停下來、轉身走掉，希望你會因此來追牠。你的任務是耐心地「塑造」牠的行爲；當牠每次練習的成果，越來越接近你所期望的最終目標時，就應該獎勵牠。假如牠第一次朝著你向前走了三步，把球丟在距離三公尺遠的地方，沒關係，慢慢地走向那顆球（請以側身接近，以免牠又飛快跑走），撿起球來再丟一次。你也可以在牠放下第一顆球時，丟出第二顆球，下次當牠接近時，你得試著主動跑開，讓牠跟上來而且比第一次靠得更近一點，慢慢地再期望牠每次會越跟越近，到最後會跟到你身旁來。

假如牠在跑來找你之前就把球給放下，請試著小聲一點叫牠，或者等牠咬好球再叫牠。如果這麼做也沒用，走到球那裡，把球在牠面前搖晃讓牠重新對球產生興趣，然後再把球丟到半公尺遠。另外，要是牠咬著球過來，但即將靠近時又轉身走掉的話，只要以其人（狗）之道還治其身。下次在牠有機會轉身走掉之前，你自己轉身往另一個方向跑走，比牠跑得更快，讓牠更難趕上。

但是如果你的狗兒咬著球跑到你面前，牠卻不願意把球還給你怎麼辦？請不要扳開狗兒的嘴取球，也不可以板著臉生起氣來，只要稍微想一下，當小孩拿著新寶貝在門口迎接你時，他們不是也捨不得放手給你嗎？你不會因爲三歲小孩不肯給玩具就對他生氣，而是會耐心地教他自動把玩具給你。大多數狗兒也和小孩一樣，你要讓牠們知道「雖然牠們把球給你，但牠們絕不會是輸家」，能這麼教牠們的就只有你了。還有什麼方法可以讓狗兒知道把球還給你是件好事呢？首先，你必須在牠每次把球給你時，你就得「立刻」還給牠，我再次強調是「立刻」，而不是等你緊握著球對牠說「好乖、好乖！」兩秒過後才還給牠，老天爺，牠那時候怎麼會想要你的稱讚或撫摸呢？牠想要的是那顆球，快還給牠吧！

所以當狗兒鬆口時，就立刻把球還給牠或把球丟出去，只要飼主們做好這件事，就算是把「拾回遊戲」學會一半了。另一半則是要飼主學習朝著遠離狗的方向跑開，而不是朝牠接近，這樣才能鼓勵狗兒完成拾回動作。再次提醒您一點：無論黑猩猩或狗兒，只要是那顆球沒人要的話，牠拿著也沒意思。如果小狗一直咬著球逗著你不鬆口，你就把身體背對牠、兩手交叉胸前、目視他方，完全不要理會他。以前每當路克這樣戲弄我，我就立刻轉身走回屋內，效果眞是好得不得了。我曾碰過無數個案，飼主們總是抱怨他家的狗不把球還給人，但當你假裝不理牠時，牠們通常會用鼻頭推著球來碰你的腳後跟。切記，一旦拿到球就得「立刻」丟出去。（還有提醒自己不要表現出：「哈哈哈，我拿到球了！」的態度。）

遊戲潛藏的危險性

除了球之外，人類和狗兒也共享另一種遊戲，但這個遊戲可能會為人狗帶來問題。我們都喜歡玩靈長類學家所謂的「粗魯摔角」（rough-and-tumble）遊戲，也就是打架遊戲，顧名思義我們容易理解它的意思。我們很容易在腦海中描繪一幅小狗或小孩玩摔角扭成一片的景象。雖然人類和狗兒都有這種行為，但它較常出現於雄性靈長類動物。牠們不但比雌性動物愛玩打架，而且牠們玩起來也比較粗魯激烈。大多數雌性靈長類動物會避免和雄性靈長類動物玩打架遊戲，牠們不似雄性那麼經常打著玩，就算會也只和雌性同伴玩。人類和其他靈長類的打架遊戲，通常由同年紀、同性別以及體型、力氣相當的個體一起進行。

狗狗就不是如此，公狗和母狗似乎都同樣喜歡撲來滾去小鬧一番。研究動物遊戲行為的知名學者馬克·貝克夫博士（Marc Bekoff）發現，北美灰狼（timber wolves）、郊狼及食蟹狐（crab-eating foxes）的打架遊戲沒有性別差異，以我自己較沒那麼科學的觀察來看，在我繁殖出的狗、我家的成犬和我個案狗當中，我幾乎沒發現打架遊戲的頻率或強度有任何明顯的性別差異，我也沒見過或聽說過任何人提出公狗比母狗愛玩打架遊戲的看法[5]。

我們人類玩打架遊戲的對象雖然是狗兒而非黑猩猩，但是我們的方式並不像狗兒，反而比較像

5. 不過，我也沒看過任何家犬遊戲與性別差異的詳細研究與探討。與野生犬科動物的行為研究相較，研究家犬行為的文獻少得驚人。

是靈長類近親那樣打鬧著玩。我們和大多數靈長類一樣，不同性別動物所採取的遊戲方式大不相同。以人類來說，摔角遊戲多半是男性的遊戲，假如來到我這裡的飼主是一對夫婦或情侶，若是其中有一人喜歡和狗兒玩摔角，我可以打賭這人一定是男性。十三年執業期間，我看過約四百個個案，但我大約只能舉出兩個例外，那就是愛玩摔角的飼主竟是女性而非男性！每隻狗都喜歡玩摔角，但喜歡和狗兒玩摔角的人對這件事的喜愛程度，似乎比狗更加難以自拔，因此當我建議飼主必須停止和狗玩摔角遊戲時，我並不希望以輕率的態度去勸說。那些快樂親切的男士每回聽到我的建議之後總是沉下臉來，我簡直是剝奪了他生命中唯一的嗜好，我很不喜歡這樣的工作，我怎麼可以破壞他們的樂趣呢？我彷彿像個崔莎修女掃興地說：「不行，不行，不行，小男生們，不准在屋裡玩了！」唉！

但是我對有些案主還是必須這麼建議，因爲我看過太多由於和狗兒玩打架遊戲而導致的不幸事件。我知道數十萬或甚至數百萬的人和狗一輩子這麼玩都沒出過問題，可是就是會有一隻一直以來和人相處融洽的狗，有天突然玩摔角卻玩出了一場惡夢。有個悲劇故事的飼主在我們的訪談中說：「至少牠沒咬在他的臉上，而是咬住脖後面。」當黃金獵犬和這個十歲小男孩激烈地玩摔角遊戲時，片刻之間，狗兒從玩興轉爲認眞打架的情緒，當飼主發現時，牠發出低吼，把小男孩壓在地上，牙齒深深咬住他脖子後方直到飼主將牠拉開爲止⋯⋯。我聽到整件事情發生的經過，不由得背脊感到一陣寒意，因爲這種咬法可能會咬死小孩，可喜的是，小男孩現在幸運存活了下來。我腦海中依稀浮現飼主當時的表情，當我們討論是否得將他最好的狗朋友安樂死時，他脆弱的眼神充滿無助，淚水自兩頰緩緩滑下（他後來決定將狗兒安樂死，雖然這麼做他心都碎了，但他不能冒險讓這個事件重演）。

幸好大多數的問題都沒有這麼嚴重或富戲劇性，多數我見到的個案都是類似茱莉的情形。每晚她家的牧羊犬和拉布拉多混種犬，會和一百公斤的爸爸——鮑伯——開心地玩摔角，但牠整天都會不停去咬五十公斤的媽媽——茱莉。當我見到茱莉時，她的手臂上都是抓傷和瘀血，看起來好像有家暴似的，鮑伯和他們的狗都覺得這樣很好玩，我和茱莉並不苟同，雖然打架遊戲通常並不會有問題，但我很難不去強調這一點；假如你希望永遠不會有問題、或者你的狗兒已經出現咬人的狀況時，請你三思一下和牠玩耍的方式。

在你思考這件事的同時，也請你記得野生動物只會和體型及力氣相當的對手玩打架遊戲。也許一百公斤的鮑伯和四十公斤的拉布拉多犬旗鼓相當（鮑伯體型較大，但狗兒動作較快），但是一隻四十公斤重的狗兒，肌肉結實，又長了一口利齒，無論一百公斤的人速度有多快、有多勇敢，狗兒的勝算都比較大，如果將來鮑伯和茱莉的小孩有二十公斤重，他和這隻混種犬的條件會更不平衡。爲什麼雙方體型、年紀和體力彼此相近有這麼重要呢？因爲即便兩方條件相當，其中一方仍有可能會受傷。就算你和最好的朋友玩摔角，也可能其中一人會扭傷膝蓋，搞不好還得開刀修復膝蓋韌帶呢！

此外，人和狗玩摔角遊戲所造成的「失誤」是不一樣的。我們會用「腳掌」捉住對方，而狗兒會用嘴巴咬你。玩打架遊戲時，人類小孩和其他動物最大的差異就是：人類小孩玩耍時不會用嘴去咬對方，但是狗兒會這麼做[6]。研究玩耍行爲的學者發現，人類玩摔角時，通常只想取得優勢地位；而狗兒玩打架遊戲時，卻會想在抑制力道之下咬來咬去。有些人的手或許很有力氣，但並不像狗兒的嘴巴具有利齒這般形同利刀的裝置。我們用手，牠們用嘴巴。這些嘴巴的功能足以撕裂鹿或麋鹿的厚皮。想想看，假如你不用拉鏈拉開皮包，卻用自己的牙齒打開皮包會有多麼困難，但你的狗只要片刻就可以辦到。只要你的狗在剎那間發生一點閃失，你小孩的手臂或臉頰可能就開花了。不過這樣的失誤並不常見。狗兒和人與較弱、較年幼的對手玩時，都會自動「降低能力」，而且人和狗兒調整力道的能力也相當不錯，即便在狗兒興奮瘋狂時，牠們能嫻熟地控制上下顎的力道，但是任誰都無法避免失誤偶而會發生的可能性，而且也的確會發生，它所可能造成的嚴重後果會讓你覺得冒險玩打架遊戲實在划不來。

另一個打架遊戲常見的問題就是：狗兒和上學的小朋友一樣，經常玩到一半就生氣了。在我的經驗看來，這是最容易發生問題的狀況。我們如何要求狗兒不能生氣？人類算是較能理性控制行爲和情緒的動物，但在某些情況下我們都可能會生氣。小孩在下課時間打鬧玩耍的結果可能會有人哭，或因爲這樣而引起攻擊行爲，這便是爲何下課時老師必須在教室外看守小朋友的原因。玩耍會使人情緒激動（這常是喜愛刺激的人喜歡玩耍的原因之一），但是激動的情緒可能會使自制力減低。這並不只在小孩身上發生，看看精彩球賽的賽中和賽後常會發生什麼事：甚至有人在球賽結束後連自己支持的球隊贏了，仍然有人上街去暴動，打破窗戶、放火燒車。有人說：「我去看人打架，他們開始打起了冰上曲棍球。」這句話好笑的地方在於它陳述了相當多事實。我唯一看過的一場職業冰上曲棍球比賽時，整場比賽都不停閃躲四處飛出的可樂杯和用力揮舞的拳頭，它們全來自坐在周圍已經失控的球迷。因此，狗兒也一樣有情緒激動的時候，但牠們不會對著裁判鬼叫，而且丟東西的能力也不太好，牠們只剩下牙齒可以用，我們應該慶幸牠們沒有組織球隊參加比賽。

有時候，問題並非來自情緒激動或生氣，而是因爲狗兒認爲應該給予對方適當的教訓。舉例來說，路克有一次在與牠兩歲大的女兒萊西玩翻滾、互撲、假裝互咬的遊戲，玩得正瘋時，教訓了牠女兒一下，我不確定萊西做了什麼事使路克不高興，但是牠當時發出一聲低吼，在抑制力道下咬住了萊西的吻部。事情發生之快我還來不及反應就結束了，因爲它在不到一秒的時間之內發生，看起來不像是因爲情緒激動，路克看起來很冷靜，一副就事論事的樣子。雖然狗在玩耍時會有角色互換的情形，但我猜想牠們仍有一套遊戲規則，年輕狗兒遊戲犯規時就會被糾正。野生動物玩打架遊戲時，經常會因爲其中一方變得粗魯而結束。年幼的萊西玩耍時本來就容易會越玩越過頭，我猜想路克只是要提醒牠，不管玩得多激烈，萊西都必須學會控制自己的情緒；或者萊西在玩時不小心像眞咬似地咬得太用力了，路克要讓牠知道牠犯規了。狗兒在糾正對方行爲時，會在力道控制下飛快地

6. 即便在「認真」的打架遊戲，如拳擊比賽中，咬人也算是犯規動作。前美國重量級拳王麥克・泰森（Mike Tyson）在比賽中咬了對手艾凡德・何利菲德（Evander Holyfield）之後體認到了這一點。

咬住對方的吻部（這也許是小孩經常被狗咬都是咬到臉的原因，而且小孩臉部的高度剛好和狗兒高度相當也是原因之一）。像路克這樣充分社會化且仁慈的狗用嘴巴時會特別小心，不會在教訓晚輩時太過用力而傷到牠們。但是五歲小孩的臉部皮膚不比狗兒的吻部皮膚，讓幼犬警醒的嘴咬力道，對小孩的臉頰就有點太用力、足以破皮了。

充滿樂趣、天眞無邪的玩耍是最理想的，它對人或狗兒都是個身心健康的運動。心理學家和精神諮詢專家都建議在生活中應多納入一些充滿童心的遊戲，這是個很棒的建議。玩耍對於身心靈都很有幫助，它教導我們（無論是狗兒或人類）如何與他人合作，學習興奮時應該如何控制自己，以及當自己很想要那個玩具時也願意和他人分享。所以請別誤會我的意思，以為我不主張你和家裡的狗兒玩耍，我每天都和我的狗一起玩，丟球給牠們撿，而我也剛幫自己買了一大盒的蠟筆。

如果遊戲好玩卻有些幼稚，並不代表它就該被輕易忽視，因為你該怎麼和狗兒玩，具有非常深遠的意義。與狗兒同樂最安全的方法是一起玩「拾回遊戲」、「動動腦」（如「藏東西」；當你忙著煮晚餐時，這是個讓幼犬忙碌的好方法）和「認知遊戲」（如「去拿你的小兔兔！」）和教牠一些輕鬆好玩的把戲。把打架遊戲留給那些同一物種而且旗鼓相同的對手去玩吧！如此一來你和狗兒每次玩耍都將在歡樂中結束，不會有眼淚和心碎的結局。

昨晚一隻年輕剛毛獵腸狗艾德格來我家作客，不到二十秒，牠靠著鼻子在沙發下發現一顆遺失的網球，牠一邊扒著一邊嗚嗚吠叫，死命地要拿到那顆表面長著細毛的金黃色球體，我們給牠小骨頭、啃咬玩具、繩結玩具、互動橡膠玩具，還有一些老天才記得的其他東西，都沒有用，牠就是要那顆球。稍晚，我收看地方電視台的新聞報導，播報高爾夫球、棒球和籃球消息的新聞，與報導世界和平、饑荒及傳染病問題的新聞占了同樣長的時間，無怪乎我們這麼愛我們的狗兒，因為只有牠們最瞭解我們對球的熱愛。

6

狗狗的朋友

人類和狗兒的社交天性

凱文，這團膨鬆的白色小毛球，蜷曲在我的案主瑪莉大腿上。瑪莉把牠從寵物店買回來時，牠差不多有七個月大。凱文六週大之前，就一直待在幼犬繁殖場，一出生即和同窩兄弟姐妹關在一個小小的鐵絲籠，直到被送到寵物店之前從未出過籠子，接著牠又在另一個籠子裡待了五個月，這個籠子每天都有人清理。為了防止病菌感染，牠和人之間隔了一層玻璃，除了和寵物店工作人員接觸之外，凱文從來沒有和其他人互動過，而且除了一同被送來寵物店的兄弟姐妹之外，牠從沒有見過別的小狗，偶而會有一位愛狗的店員會在打烊之後放牠出來玩，但並不頻繁。當時瑪莉來到店裡時，其他同窩小狗都被買走了，只剩凱文獨自蜷曲著身子，一坨白絨絨的毛中看得見兩顆棕色大眼。

瑪莉一見到牠就認定牠了，剛離婚的瑪莉孤單又疲憊，凱文超級可愛又亟需被拯救的模樣深深打動了她的心。瑪莉正需要拯救某個東西，因為她正需要拯救自己，她希望有個東西可以讓她抱著、讓她拍撫，而凱文也需要有人把牠救出孤單可悲的環境，你可能會以為這簡直是天作之合，結果它卻成了一場夢魘。

我總是會詢問每位飼主，他們來找我最想解決的是哪個問題，但是這對瑪莉卻是個大難題，她不知從何說起。她這隻可愛的小狗已經三歲了，依然會在自己的籠裡、床上和屋裡隨處亂大小便。當瑪莉每天辛苦工作返家後，就必須幫凱文洗澡，把籠子內外刷洗乾淨，因為全都沾滿了大小便。但這只是其中的一個困擾而已。凱文很怕陌生人，每當有客人來訪時，凱文總是叫個不停，隨著年紀的增長，吠叫也變得越來越具危險性。上個月牠咬了鄰居的腳踝，雖然並不嚴重，但上個星期牠又再咬了一次，這次就見血了。

凱文的行為嚴重破壞了瑪莉的社交生活，越來越少人來家裡玩，使得瑪莉更加依賴凱文，但是她現在又開始想念起她的人類朋友。更糟的是，凱文也開始攻擊主人。當她開門迎接幾位她僅存的訪客時，她會先抱起凱文，但是上次她這樣做時，凱文卻作勢要咬她。凱文睡在瑪莉床上，當瑪莉不小心翻身壓到牠時，牠就開始對她低咆。有次她熟睡時，凱文竟然咬了她的腳一口。

起初凱文很怕別的狗，嚴重到瑪莉無法讓牠參加服從訓練。原本凱文害怕時會縮成一團，但最近變得會一邊叫一邊衝出去，帶凱文在住家附近散步就成了一大惡夢，於是她必須讓凱文遠離人、也遠離狗。儘管瑪莉感到又累又沮喪，她依然很愛牠，而凱文無庸置疑地也愛著她，這情同手足的感情是分不開的。當她下班回到家，凱文會帶著無比歡樂的心情迎接她，不管瑪莉走到哪兒、凱文就跟到哪兒，雙方也很享受在沙發上擁抱的感覺。在我的辦公室裡，凱文注意著她的每個動作，瑪莉的手也從沒有離開過牠身上。

當我試圖與凱文互動時，牠明顯表示對我沒興趣。當我對牠說話時，原本很快樂地躺在瑪莉大腿上的牠，身體突然變得僵硬，屏住呼吸。牠不接受我給的零食，甚至當我把特別好吃的零食丟在地上，讓牠不必接近我也吃得到時，牠也不吃。當瑪莉把牠放在地毯上，凱文感到很驚慌，不斷喘著氣，直到瑪莉再度讓牠爬上大腿為止。瑪莉已經束手無策只得尋求協助，她非常愛凱文，但無法再繼續過這種生活。她問我該做什麼才能改變牠，我便問她想花多久時間來處理這個問題。

首先，我告訴她一個好消息：有很多方法可以幫她改善這樣的生活，而且她馬上就可以開始做。但是也有個壞消息：凱文在發展初期因環境不良所導致的問題，將無法完全根除。狗兒和人都是高度社會性的動物，因此幼犬時期必須要有社交互動與接觸，才能使牠們正常發展。凱文頂多能夠試著與陌生人相處時可以自在一些，但絕對無法和正常環境下成長的狗兒一樣，能夠完全地適應環境。

對於凱文任意大小便的問題，我很謹慎地提出解決之道。要訓練從小就在睡覺地方大小便的成犬，改成在固定地點如廁實在非常困難；能否成功改變牠，完全要取決於牠對瑪莉的行為表現，但是瑪莉不能再像對待「嬰兒」那樣對待凱文，必須把牠當「成年的男子」看待。瑪莉好比與一個二十五歲的兒子同住，只因為可愛牠就能獲得注意、食物和免費按摩。要改變牠對這些應得權利的期望，瑪莉並不需對牠很兇或不再愛牠。她只需體認一點：雖然牠可愛的小臉令人疼惜，但是凱文已經不是個嗷嗷待哺的嬰兒，不需要她時時呵護才能存活。

六個月後，瑪莉的努力開始出現成效，凱文已經懂得把訪客和好吃的零食連結在一起，不會再對他們又叫又咬。雖然還是不喜歡訪客摸牠，但再也不會把來者看成不速之客。凱文依然很愛瑪莉，也開始學起社交禮儀。雖然教牠和其他狗兒和平相處還需要下很多功夫，但牠生氣時不再亂使性子，現在也能在家附近乖乖散步，看到狗兒經過也不會再吠叫咆哮。凱文可能無法完全學會定點大小便，但是牠有明顯的進步。白天放出籠外，瑪莉再也不需要每天回家還要幫臭死人的狗兒洗澡

[1]。現在每當瑪莉出門，凱文會到後面房間的狗狗便盆上廁所，這雖不是個很理想的方法，但這對瑪莉和這隻她深愛的小小狗已經很夠了。凱文只是無數隻幼犬時代心靈遭受創傷的繁殖犬之一。這些幼犬繁殖業者彷彿視牠為一箱汽水似的，把牠製造出來再賣到市場去。

社交關係的建立

這個故事最令人惋惜的部分是，凱文的多數問題都是可預防的。狗和人類一樣，在心理發展的某個特定階段，必須學習與周遭的世界互動，例如：社會化的「關鍵期」（critical period）。許多狗兒行爲研究報告發現，幼犬若是在五至十二週期間缺乏與人類接觸，日後將永遠無法對人類有正常的反應。現在它改稱爲「敏感期」（sensitive period），因爲它似乎不如大家所預期的，有那麼確切的開始或結束時間。這一段達數星期久的生命初期，對成犬的行爲有著深遠的影響，處於這個年紀的幼犬（和幼狼）特別容易學習到社交同伴認同的能力。

由於這一點極其重要，美國印地安那州「野狼公園」（Wolf Park）教育研究機構的作法是，在幼狼出生八至十天，機構人員會從母狼身邊將牠們帶走，完全由人類撫育，直到牠們日後回歸狼群爲止。假如在這段重要發展時期沒有和人類互動，成狼絕不會接受人類進入牠們的窩穴當中。在犬

1. 第八章述及了一些我建議瑪莉用來改善凱文行為的方法，而且特別針對牠對瑪莉所表現的行為作改善，假如要詳述每一項瑪莉所採行的方法，恐怕得另外寫一本書（請見〈參考資料〉中列出的資料參考來源）。

科動物一生中，沒有任何時期的重要性超越這段敏感時期。一旦失去這個學習契機，便無法在日後「彌補」。假使你對成狼花費同樣的時間，提供同樣的人狼接觸方式，效果大打折扣，這在狗兒身上亦然。所以成犬行爲受到早期發展的影響是相當深遠的。一旦狗兒長大了，將無法使時光倒流。如同凱文的例子一樣，也許能靠後天努力獲得相當大的改善，但是頂多也只是亡羊補牢罷了。

如果發展初期最重要的幾個月缺乏社會化，有些狗兒面對陌生人會產生恐懼，尤其是那些遺傳性格就傾向於怕人的狗兒。甚至在幼犬只有四、五個星期大，尚由繁殖者照料時，牠們就應該接觸人類，而且應該是「很多」人類。牠們必須體認所有人類無論高矮胖瘦、男女老少都是這個世界正常會出現的現象。在牠們到達新飼主家後，不但需要與新的家庭成員互動，也需要和訪客互動，一旦沒有安全的顧慮，牠們就應該被帶出門去見見街坊鄰居。我不能確切說明幼犬到底多大年紀就應該帶出門，每位飼主必須自己作決定，因爲你必須瞭解這其中有些風險。例如，在幼犬還沒有打完所有預防針（大約在十五至十六週大）之前，應該儘量減少牠與犬小病毒（parvovirus）等病原接觸的機會，但是社會化最重要的第一期在十二至十三週左右之間，所以這時帶出門可能會有病毒感染的風險。

然而，如果在社會化敏感期結束前，一直將幼犬與外界隔離，則有將來發生行爲偏差的風險。你必須自己衡量如何在二者之間作平衡，這兩種風險造成的衝突令人很遺憾，不過許多飼主自有解決之道。例如，他們會讓幼犬在家中就可以見到不同的陌生人，或者帶牠們到安全無虞的陌生地方

（例如鄰居家籬笆圍起來的後院），一直這麼做，直到幼犬打完第二劑預防針爲止，此時通常牠們約有九、十星期大了；在幼犬打完所有預防針之前，盡可能避免帶牠們到一些容易傳遞疾病的場所（如狗兒公園），同時一邊讓牠們繼續充分學習，因爲飼主家裡以外的人類和狗兒都是牠們大社交圈中的一份子。

共襄盛舉

幼犬社會化並不表示過了十三週就可以停手不做。研究顯示，敏感期結束的時間並非固定的某一天就結束了，而且幼犬的發展和小孩一樣，每一隻的速度都不同。此外，狗兒的社交發展期還有其他重要的階段，這對一個社交關係複雜的物種來說並不令人意外，因爲想達到社交圓滑的地步需要有相當多的經驗。狗兒似乎在青春期早期會有一段很重要的社交發展期，這期間通常大約在六至十一個月大之間，所以切記，愛犬的社會化教育，至少要持續進行到牠滿一歲爲止。

我的邊境牧羊犬彼普就是個最佳範例。由於牠的飼主是一位行爲應用專家兼訓練師，所以彼普的幼犬生活就好比社交花蝴蝶一樣。當牠七個月大時，就已在馴犬課及朋友家認識各式各樣的人和狗。牠八個月大時，某天有位陌生男子接近牠，牠卻躲到我的腳後方，好似牠從來沒遇過陌生男子。我知道有些個案狗在這個時期，有特別小心謹愼的傾向，所以我在它形成問題之前就立刻採取了行動。我盡可能請每位接近彼普的男士，在距離牠五公尺之前就先丟球給牠（最近我在研討會上解釋這個過程時，我說：「有三個月的時間，每次彼普遇見一位男士之前，『球』（ball）就會先出場。」（譯註：英文字「球」乃雙關語，亦可指「男人的睪丸」）要是我刻意安排的笑話有這種大意失言那麼好笑就好了。牠現在非常喜歡男子，以爲每個牠遇到的男人都是來和牠玩丟球遊戲的！

我見過太多狗兒在幼犬期原來很有自信，但進入青春期之後就變得什麼都怕，例子多到我後來把這種趨向稱爲「青春期觸發之懼怕反應」（juvenile-onset shyness），這樣方便我有一個名稱可以提出來談。活動力漸佳的年輕犬科動物在初期會有一段「懼怕階段」，這是爲了讓牠們接觸環境時可以保命而發展出來的謹愼措施。但我所看到狗兒懼怕的行爲卻不是正常出現的，這些幼犬期有相當自信的狗兒，到了某個重要發展關鍵期，突然就變成了畏縮焦慮的青春期狗兒[2]。有一些狗兒的懼怕反應可能日後會轉變爲恐懼攻擊，所以每隻狗至少在一歲前，都應該不斷地進行大量社會化。

你的幼犬需要與人社會化，同樣也需要與狗社會化。家裡即便有其他隻狗相伴，或有鄰居的狗每天和新幼犬玩耍，但這仍然是不夠的。對於人類和狗兒這種社會性強烈的動物來說，他們對「熟悉」和「陌生」的認知很鮮明。狗兒必須學習到，正常生活中遇到陌生人或陌生狗是經常會發生的事。我身爲一名應用行爲學家，直到我開始瞭解狗兒區分世界爲「熟悉」和「陌生」的方式之後，我對牠們的行爲才有了更深一層的認識。以可憐的小凱文爲例，在牠被瑪莉帶回家之前，也就是約一歲以前，牠完全沒有和同窩小狗以外的狗兒打交道，然後就從牠原來安靜的公寓處所，被抱進了一個小房間，裡頭有十二隻等著學習服從、又鬧又叫的狗兒，牠嚇得半死，等牠年紀大一點，牠便開始出現威脅的表現，告訴別的狗兒離牠遠一點。

早在我開始教授馴犬課程之前，我爲了博士論文忙著研究狗兒行爲，但當時我並不知道「熟悉」和「陌生」對狗有多重要。那時候我剛養了一隻邊境牧羊犬幼犬——蜜斯特。由於研究所的課業太重，我沒有帶牠去上幼犬社會化課程，也沒有帶牠去其他地方看看各種友善、陌生的狗兒。牠遇過極多的人類，而且在我養過的狗兒當中，我也最放心牠與幼童互動。不過，我終日研究狗的時間就長達十二至十四小時，我以爲我家牧場的其他五隻狗，便足以給牠充分的狗對狗社會化經驗。當時這五隻狗分別是我的第一隻大白熊犬柏彼和四隻邊境牧羊犬——一群讓人印象深刻的狗兒。蜜斯特與牠們住在一塊兒，玩在一塊兒，睡在同一個屋裡，但是在牠生命中的第一年內，極少遇到不熟悉的狗兒，等牠年紀稍長之後，牠對不認識的狗兒會表現出攻擊性。

但牠的行爲並非單純只是早期環境導致的問題。事實上，狗兒和人類的行爲，通常是基因和環境複雜相互影響的結果，而蜜斯特的天性剛好使得這個問題更加嚴重。我和許多飼主一樣，我找到了一些大幅改善牠行爲的方法；只要我能控制牠和別隻狗兒初次見面的場面，就能夠放心牠和那隻狗相處。可是那時要是我早知道更多一些我現在才知道的事情，就不必這麼辛苦了。狗兒和人類一樣，都需要大量接觸陌生人和陌生狗，才能學習到如何輕鬆自如面對外界。狗兒必須練就「看來奇

2. 有幾年的時間我曾從事與問題青少年相關的研究工作，我發現人類青少年大約在相同年紀也有變得害羞或特別敏感的傾向。

怪的陌生人並不奇怪」的工夫，否則牠們到頭來很可能會作出威脅狀，好比獨居山林的隱士躲在小木屋內，拿著獵槍對準窗外來者作威脅一般。

天生是社交動物

人類也同樣需要社交互動才能正常發展。如果人類嬰孩像實驗室的靈長類一樣被隔離獨居，缺乏來自成人撫育時的親密肢體接觸及社交互動，隨著年紀的增長，他們會開始出現環抱自己、前後搖晃的行為。假如他們能夠成年，他們多數人在往後人生中將永遠無法關心別人，或者建立任何有意義的感情關係。

但是當人類正常長大時，我們是動物界中最不愛隱世獨居的物種，永遠尋求同伴和社交互動。也許有些人傾向於喜歡獨處，或者對於接觸太多人或接太多電話會感到很厭煩，但是我們極少希望長期過著獨居的生活。是啊！監獄裡最重的刑罰就是關個人禁閉，而當小孩不乖時我們暫時將他們禁足在房裡，讓他們自我冷靜一番。但是這並不是最新發明的作法，舊時英國小孩不乖的懲罰就是「沒人理」，意謂禁止他們有任何社交互動。全世界都有以眾人迴避社交接觸，作為懲處不當行為的作法。在一些文化裡，假使某人犯下社會不容的大罪，連同此人的所有親戚在內，都會遭受無人理睬的懲罰。

美國原住民夏安族（Cheyenne）的文化中便是如此，曾經有位族人因違反社會規範，而使他整個家族慘遭社會遺棄。雖然此家族過去曾冒著性命危險作戰，也殺死許多敵人，族中長老仍不願表揚或獎勵他們所表現的英勇行為。由於社會眾人拒絕與他們來往，他們基本上是不存在的一群人。沒人承認他們的存在便被視為是最嚴重的處罰，比死刑或酷刑更加嚴厲。

以強制性獨處作為極刑是個絕佳的例子，顯示我們人類多麼重視社交互動的關係。假如社交並不重要，剝奪社交權就不會那麼有效。這種對社交的依賴，並不是所有動物共有的特性，許多動物（如北美棕熊和老虎）成年後只獨自生活，而其他更多物種（如有些魚類和蝴蝶）則多半在群體中生活。不過，生活在群體之中，並不代表牠們之間有許多社交互動，以蝴蝶為例，牠們會聚集在重要的資源附近，像是聚集在石子車道坑洞裡的礦物質之上，不過牠們只是因為需要類似的東西而聚集，並不是被彼此所吸引。

靈長類動物的成員物種儘管差異甚大，牠們卻都一致具有高度社會性。靈長類的社交關係通常很複雜。有些社交關係則視不同對象，而顯示不同的親疏程度或者強烈程度。公黑猩猩是極愛結群聯盟的動物。任何公黑猩猩想獲取或維持崇高地位，都必須要有其他公黑猩猩的聯合支持。靈長目學者狄瓦爾將他探討黑猩猩聯盟行為的著作取名為《黑猩猩政治說》（*Chimpanzee Politics*），是有其道理的。

尋求地位的公黑猩猩會玩弄複雜的手段；牠會討好那些握有權力的黑猩猩，在此同時，也會不斷評估另一群黑猩猩接手變天的可能性。有些黑猩猩會盡可能做好牆頭草的角色，牠們在掌權者的恩惠下過活，但是隨時準備好在條件對自己最有利的情況下，轉移效忠的對象。假如黑猩猩被選為美國眾議員的話，牠對使用的語言和抽象概念可能遇上麻煩，但是牠對權力爭鬥的瞭解程度可不在其他人之下[3]。

有個假說認爲多數靈長類的前額發育得相當成熟，是因爲我們需要大腦來處理複雜的社交關係。假如沒有充足的腦力支援，你將沒法記得同群中數十個不同個體到底誰是誰（如果食物充足，一族群的數量可能多達數百個以上），而且你也沒法記得他們彼此之間不斷改變的微妙關係。我們的社交互動並不是隨隨便便就發生了；當身爲靈長類的我們與彼此互動時，所有的人類文化（包括獵人和採集者的社會或現代都會）都採取某種固定的模式，而這種固定社交模式對我們和狗兒建立關係的方式有重大的影響。我們靈長類的社交行爲與狗兒的天生行爲產生衝突時，我們有時會爲自己（和我們的狗兒）帶來一大堆問題。本章接下來將主要說明幾個這類衝突帶來的問題以及如何迴避。諷刺的是，即便人犬社交行爲之中有共通的一些部分，它們卻也可能帶來麻煩。

社交親密度

如第一章所述，我們和狗兒迎接自己社交圈成員時，使用的視覺訊號或許各自不同，但在某些方面我們和狗兒並沒有那麼不同。我們都很注意個體距離，也都認爲肢體親密度必須配合社交親密度。記得幾年前美國電視節目《誰想嫁給千萬富豪》（*Who Wants to Marry a Multimillionaire?*）裡，那位富豪如何迎接他新選出的妻子嗎？他筆直走到這名與他素未謀面的女子面前，以雙手托住她的頭，直接就把舌頭伸入她的嘴裡，甚至當我在描寫這段文字時，我還因為它太令人作嘔而忍不住把頭撇開來。是的，任何會讓自己處於這種情境的女人，我當然不認為她會有什麼判斷力，但是如果那時她咬了他一口的話，我會第一個衝去警察局保她出來，因為這名男子的舉止不當之至，已近似侵犯。

狗兒對此也沒什麼不同：我們和狗兒時時刻刻都會注意什麼樣的親密度才合宜。身為一位成年人，假如大家都認為，你應該允許任何陌生人抓起你的頭讓他把臉湊過來，你會有什麼感想？當然，我們人類喜歡肢體接觸的程度因人而異。有些人樂於擁抱陌生人，但有些人卻很少擁抱自己的子女。狗兒的反應也各不相同。樂天典型的拉布拉多犬，認為所有人類都和牠一樣喜歡以身體磨來蹭去，而自尊心強的秋田犬，會以在你腳邊打坐展現牠對你的感情。

所以，當你看見街上有隻可愛的狗兒經過時，請你千萬記得靈長類和犬類動物之間的異同之處。從牠眼裡看來，或許你正像是宴會上那種不斷得寸進尺的人，不一會兒功夫就站在靠你太近的地方，讓你只想趕快逃離。想像一下假如你被牽繩拴住，無法當場跑走時作何感想？

3. 美國《新聞週刊》（*Newsweek*）曾報導前美國國務卿紐特・金瑞契（Newt Gingrich）表示過，他將以《黑猩猩政治說》一書作為模式，藉以獲取對眾議院的控制權。

情緒不太穩定時

理毛行爲是人類和許多靈長類近親都會出現的行爲。多數物種的理毛行爲，會由某個體細心撥分另一個體的毛髮，再移除塵泥及寄生蟲。但是清潔並不是理毛唯一的功能。理毛行爲對大多數靈長類的社交關係扮演很重要的角色；它可以用來建立關係，也可以用來舒緩群體中的緊張情勢，這也許是大多數靈長類花上非常多時間爲彼此理毛的原因。粗短尾猴（stump-tailed macaques）清醒時所進行的活動，有百分之十九是在理毛。靈長類中脾氣最差的恆河獼猴只花百分之九的時間理毛，不過牠們整天的時間大多花在尋找食物，所以理毛其實已經占掉不少時間了。雌狒狒花最長時間進行的活動就是幫雄狒狒理毛。黑猩猩和倭黑猩猩對理毛都很認眞投入，每次都花上一小時仔細撥開同伴全身的毛髮進行整理，而那些接受理毛的黑猩猩好比我們享受高級的按摩服務時一樣，總是表現出非常歡愉放鬆的樣子。

並不是所有動物被碰觸後都會產生放鬆的反應。對許多物種而言，「社會性」的意思代表個體間的距離很接近，以及個體之間存在某種社交上的互動，不過這些互動並不一定包含整天經常被其他個體碰觸的情形。然而，無論在生命中的哪個時期，與我們血緣最近的動物近親，都會花上相當多時間彼此碰觸，而且當牠們被碰觸時會產生愉悅放鬆或遊戲好玩的聯想感受。野生黑猩猩和倭黑猩猩從不厭倦碰觸，互相碰觸的時間比多數動物還長；黑猩猩和倭黑猩猩的幼兒幾乎時時和母親保持肢體接觸，隨著牠們的成長，會和同伴打來鬧去，玩上幾個小時，其中包括極多肢體接觸的機會，等牠們稍大便減少玩耍時間，牠們花在理毛的時間就會增加。

當靈長類感到驚懼害怕，而且怕得很厲害時，連成年個體甚至也會像芒刺一般，緊緊地彼此依附擠靠在一塊兒，不僅我們人類有此現象，其他靈長類也一樣。要找到人們驚恐畫面的照片是件令人相當難過的事，因爲這些照片上無論是天災或是戰爭的受害者，全都胸貼著胸緊緊地環抱彼此，這些影像簡直是黑猩猩恐懼或心力交瘁時彼此緊抱互擁的翻版。不過大多數動物害怕時並不會跳到同伴身旁互擁，牠們只會拚命逃。馬或羊受驚時會想逃走，而非靠在一塊兒。鳥和貓受驚時通常不想有人拍撫，牠們只想靜靜地躲藏起來，甚至不想被自己的配偶打擾。

基本上，我們人類和其他靈長類一樣，都喜歡摸摸碰碰對方。如此重視肢體接觸的特性，是從古至今傳承下來的遺傳特質，無論對家人或甚至對遇到困難的陌生人，無論是高興或傷心的時刻，這種想去碰觸他人的需求深植在我們行爲當中。觸覺很可能是我們最重要的感官感受，因爲要克服喪失視力、聽覺或嗅覺的障礙雖然很困難，許多人依舊繼續活出了精彩充實的人生。然而你若失去了觸覺，你和這個世界便立刻斷了連結。這對我們多數人來說，實在無可想像，或許這解釋了爲何有時候我們的手就是離不開狗兒身上。

即便一切順心，沒有任何壓力或需求，許多人依然喜歡拍拍摸摸自己的愛犬，喜愛的程度不亞於養狗的其他樂趣，然而這並不是個可容忽視的小小需求。靜靜拍撫狗兒，能夠顯著改變自己身體的生理狀態，降低心跳及血壓，使身體釋放出「內源鴉片製劑」（endogenous opiates）。這種體內化學物質可使我們感到安定，舒緩我們的情緒，對維護身體健康扮演很重要的角色。很走運的是，我們的狗兒多半很喜歡被拍撫，大部分社會化良好的正常狗兒最喜歡有人幫牠們搔肚皮、按摩頭及抓抓屁股。許多狗兒極愛這種理毛行爲，甚至願意賣力做事作爲交換，不時牠還會用腳抓抓你或叫個兩下提醒人類別停手。

不過，有的人並不喜歡整個晚上都抱著膩在一塊兒，同樣有些狗兒也不喜歡太多的肢體接觸，牠們寧願躺在主人身旁的地毯上，也不要緊靠在他們身邊。有時候，狗兒和飼主眞是配錯對。有些飼主愛抱抱，但狗兒不愛；有些則是相反的情形。這些情形有時會演變成嚴重的問題，例如，當狗兒長年以來試圖向飼主表達「別再用腳撥牠」卻溝通無效時，終於忍無可忍而造成傷害。另外，有些狗兒雖然喜歡被人拍撫，但是當牠們很累、想休息時則不然，所以早上摸牠時牠也許很高興，但晚上摸牠時牠可能就會生起氣來了[4]。不過，當狗兒渴望被人撫摸接觸，卻跟了一位不太喜歡這麼做的飼主時是件很悲哀的事，好比一對各自身體需求截然不同的夫妻，雙方將永遠都無法獲得滿足。

雖然我們靈長類很喜歡作肢體接觸，但是即便如此，我們也有對理毛行爲或碰觸感到不合宜或不愉快的時候。當四下無人時，有朋友熱情親吻你的前額是一件事。但是假如你正與賣車業務員討價還價時，他還這麼做的話就另當別論了。我認爲狗兒也是如此，最常見到拍撫時機不當的狀況大概就是，當狗兒完成一個高難度的招回動作之後，飼主以拍頭作爲獎勵。舉例而言，有隻公的德國短毛指示犬「史拜克」在和另外三隻公狗一塊兒玩時，主人叫牠過來，史拜克正處在興頭上，與一群競爭性強、年紀和性別相仿的玩伴盡情玩耍，可是牠是隻受過良好訓練的乖狗兒，所以牠衝到女主人面前去看看她有什麼事，結果她告訴牠：「噢，好乖！」，同時一邊以我們人類慣常無禮的方式，往前把臉湊到牠面前，然後再在牠腦袋上拍個幾下。假如史拜克遇到這種對待時的反應和我看過的數千隻狗兒反應一樣，牠應該會表現出各種不耐的行爲，只差沒喊出近似「好噁！」或「噢，老媽，別鬧了！」之類的狗言狗語。史拜克這時只想去玩，而且牠和別隻狗之間正有點兒較勁的意味。牠當時也可能根本不想被人拍撫。牠的主人告訴我：「噢，可是牠最愛有人拍拍牠了！」，我也喜歡被按摩啊，但是當我打球時可不喜歡被按摩啊！

我爲了說明這個要點，在此處利用了一個將狗心理擬人化的例子，不過以人類觀點想像狗兒思維的風險是，你可能誤解了狗兒的行爲。如果狗兒在客廳大便的行爲，飼主以爲是狗的「生氣」表現，抗議飼主整天把牠獨自留在家中，他所忘記的是，大便這東西對狗兒而言有多麼有趣，狗兒花很多時間觀察大便、嗅聞這東西，有時還會把它吃下肚。北美納瓦霍族印地安人（Navajo）對狗兒的稱呼聽起來有點像「斯里—香」（thlee shaw），意思就是「吃馬糞的動物」。假如狗兒對你很生氣卻還給你這麼棒的禮物，這在道理上說不通。有些人認爲他們的狗爲了惡意刁難他們，才故意在地毯上大便，所以他們對著狗兒大喊大罵，搞不好還把牠的鼻子壓在大便上磨蹭，或者更糟的是會開

4. 有時候，狗兒不愛被碰觸的情形，可能代表牠的身體出現了需要就醫的狀況。所以假如你的狗兒無法忍受拍撫的話，請先確認牠在生理上是否有問題。

始體罰牠。受過這種對待的狗兒當飼主返家時，會因爲恐懼而畏首畏尾，而且更可能會因爲緊張或恐懼而在屋內地毯上大便，因爲誰知道那個氣急敗壞的主人下次回來又會對牠做些什麼。

所以，以我們的想法想像狗兒的心理，有時候可能會產生問題，但是有時卻可能有所幫助。以被人拍撫爲例，我認爲這時運用這種想像便很有助益，因爲它可以解釋爲何主人以拍頭作爲招回「獎勵」時，有些狗兒就比較不容易被成功招回來。對許多狗兒而言，在這種情況下被拍頭是種處罰，而不是獎勵。你應該來看看我們馴犬課上那些狗兒被招來後的表情，當飼主拍撫著牠們的頭時，牠們把臉別開，嘴角下拉，好像人類剛聞到臭雞蛋味道時的表情，牠們當時並不想要主人摸牠們的頭。在招回之前，狗兒原來和同伴玩得好好的，現在只想繼續玩，對這些愛玩好動型的狗兒來說，主人最能令牠們高興的作法就是提供更多玩耍的機會，當牠們被招來時也許你可以丟顆球給牠，而不是開始對牠馬殺雞起來。

有時只是簡單說聲「OK!」就讓牠們回去找同伴玩，反而是個使狗兒很高興自己回到主人身邊的好法子，這麼做似乎會讓狗兒嘖嘖稱奇：「我還可以再去玩嗎？哇，主人你眞是太好了！」，現在史拜克一定會很高興自己跑回來了，而且下次主人叫牠回來時，牠也比較可能會再這麼做，對於這種好動的狗兒，按摩就先免了，等到你們窩在一塊兒看電視時再做。當然，假如你的狗兒是那種最愛讚美和喜歡有人搔牠胸口類型的，當牠放棄玩耍跑來找你時，拍撫和讚美才會有用。但請記得你的狗兒就和你一樣，在不同情況下所需要的東西是不同的，到了遊戲場上牠也許並不會想和你抱在一塊兒。另外一個應該避免拍撫狗兒的情形是，當狗兒情緒極度興奮或激動的時候。狗兒和人類的情緒都有某種底限，當激動程度超過這個底限時，我們對觸摸的反應就會改變。諸如狗兒上獸醫院或你自己去看醫生時，情緒都會稍微不安，這都在情緒底限之下，此時觸摸會帶來安撫情緒的效果。遇上這類情形時，「理毛」行爲也能助人和狗兒安定下來。

當我們想安撫別人時，自然而然就會把手放在對方身上，這麼做的目的並不完全只是爲了對方。對許多人來說，見到別人情緒不佳，便足以影響我們自己的情緒。珍·古德博士的觀察證實了這個現象。當她觀察的黑猩猩遇到群情激動的情況時，牠們試圖緩和其他黑猩猩的情緒並不單純只是一種利他行爲，牠們也爲了自己才這麼做。她認爲，黑猩猩和人類一樣，看到別人情緒激動時，自己也會受到影響，所以理毛這種看來對化解緊張局勢極其重要的行爲，也許對理毛者和被理毛者都有所幫助。

黑猩猩打架之後，幾乎總是接著出現多次密集的理毛行爲。靈長目學家狄瓦爾甚至注意到，當他研究的黑猩猩被關在狹小室內場地，使得群體緊張氣氛比關在戶外場地高時，牠們會表現出高度的理毛行爲。由於在如此狹小的空間裡，動物無法逃離，緊張的社交關係可能會導致嚴重的後果，所以牠們以增加彼此理毛、互相安撫的時間作爲補償。想安撫別人時，會把手放在對方身上似乎是件非常自然的事。或許我們也一樣，之所以會伸手去摸摸狗兒，除了想安撫牠們之外，也有避免讓牠們的不安影響我們自己的作用。

但是觸摸不一定都會產生安定情緒的效果，它對於氣惱激動至極的狗兒就不管用。我看過多位飼主企圖以拍撫方式安撫氣惱激動的愛犬而被咬，通常這些飼主會告訴我，他們非常確定狗兒不是故意咬他們的，當狗兒感覺自己被碰觸時，牠們一定以爲這是來自其他狗兒的攻擊。我有時候這麼懷疑並沒錯，但有時我也相當確定情況並非如此。當人類情緒激動起來而且感到挫折時，可能會六親不認，拒絕朋友善意的關懷，把他們推開來，有時推的力道還眞不小，這種「轉移性」的攻擊行爲，在許多物種身上都很常見，從鳥類到囓齒動物都有，狗兒有這種行爲，也就不足爲奇了。

然而，如果你的狗兒並沒有那麼激動，你的碰觸將可能有助牠安定下來，重要的是你碰觸牠的方法。焦慮不安的飼主通常會一直快速輕拍狗兒的頭和脖子，你可以在自己身上試試這麼拍，看看它有多少安撫的效果（效果通常很不佳）。當你想影響狗兒行爲時，你的說話口氣不可帶有自身情緒，這非常重要。當你想安撫狗兒時，同樣重要的是，即便你自己很緊張，你必須學習以動作緩慢、輕柔的撫摸方式按摩牠。我在獸醫院候診時，就只做這件事，免得我可能會忍不住跑去輕輕拉住某人的手，阻止他繼續在自己狗兒頭上反覆拍打。這樣子拍拍又打打，拍得越急，狗兒也會越激動。當狗兒越不安，飼主就更不安。單單看著他們這樣子，等到叫號輪到我時，我早也緊張起來了。

不過，雖然陷入這種越來越糟的情緒惡性循環很容易，要扭轉這個情形也不困難。一旦你開始意識到自己的行爲，要刻意使自己動作慢下來就很容易。對我來說，最有助放鬆的方式就是花點時間集中注意力在自己的呼吸上，作長吸、長吐式的深呼吸，讓自己的呼吸平穩下來對緩和狗兒才有幫助，你和狗兒都會感覺很舒服，甚至對獸醫院裡其他候診的飼主和寵物也可能達到放鬆的效果。

關於拍撫狗兒的最後一點：並不是每隻狗兒都喜歡被當成鼓來拍，如同有些男子喜歡有人打他手臂一拳般，有些狗兒很喜歡用力粗魯的拍撫方式，但是有些狗兒則比較喜歡溫柔一點的撫摸。人類這種社會性動物會依對象不同調整我們碰觸對方的方式，沒有多少成年男子迎接老婆的方式是去打她手臂一拳，但是他們在酒吧裡遇到好朋友時就會這麼做。狗兒對撫摸方式的喜好似乎沒有性別差異，但是牠們喜歡被撫摸的方式和人類的一樣千奇百怪，有些喜好甚至與犬種相關。在野外長大的強悍拾獵犬在尋找傷鳥或獵物時，得爬涉荊棘和冰塊漂浮的水域，所以牠們通常很喜歡有人在屁股拍個幾下。視覺獵犬則是培育用來橫越沙漠的犬種，牠們對碰觸的敏感度有如童話故事中的豌豆公主，厚床墊下有顆豌豆就睡不好。每隻狗兒的喜好都各不相同，如果你能仔細觀察狗兒的反應，牠會讓你知道怎麼做讓牠感覺很好、怎麼做卻讓牠反感。

重點是，請你小心選擇你碰觸狗兒的方式與時機。即便你的狗兒「很愛被人摸」也不代表你每次摸牠，牠都當成是期待已久的寶貴禮物。當你覺得自己有特別需要而且也開始比平時更常撫摸狗兒時，請設身處地爲牠想想，有些狗兒會很喜歡你這麼做，但有些狗卻覺得無福消受，甚至還有一些狗兒會開始藉此利用你（下章會提及），變得越來越愛「指使」你。況且，即便牠是隻狗不是小孩子，牠也不見得會喜歡你用力拍擊牠的前胸和腦袋的作法。

哇，你看，有隻小小狗兒耶！

人類對幼犬絲毫沒有招架的能力，我們每次看到牠們就像七月的奶油被溶化了。你若帶著幼犬出門，周遭就會圍滿笑容滿面、非得拍拍牠不可的人們。他們會對你輕聲細語又傻笑，彷彿你剛生了個小嬰兒似的，前一分鐘他們還忙得不屑理你，現在卻突然變得和善可人。當然，幼犬不是唯一會讓我們這麼喜愛的小東西，任何哺乳類動物的幼獸，包括小貓和幼象都讓我們沒有抵抗力。

這個現象來自於天性，因為人類這種社會性動物必須完全仰賴成人才能存活。如果缺乏父母長期密切的呵護，出生時脆弱無助，根本沒有機會獨自在世上存活，父母照料期特別漫長的現象是靈長類動物的特徵之一，也是不同於許多其他動物的地方。你看看幼馬、幼羊及幼羚，牠們在出生後幾小時就能夠在母親身旁跟著跑，但是許多聰明且高度社會性的動物如靈長類、大象、狼和家犬等，出生時需求很多但也脆弱無助，不僅出世後立即需要父母的照料，之後仍會有一段漫長的時間需要父母的看顧。從這個特徵看來，我們靈長類和狗兒還滿相似的。

雖然幼犬出生時和嬰兒一樣無助，狗兒成長的速度卻比人類快多了[5]。幼犬三週大就會開始搖搖擺擺學走（雖然牠們通常會倒著走），到了一歲大，狗兒在生理上或許尚未完全成熟，但是牠的力氣和速度已經足以做點認真的事情了。一歲大的狗兒在玩球和飛盤等犬類運動上，表現得很優異（但是太過頭時可能會對牠們有害），而且一歲大牧羊犬的速度也足以趕上跑得最快的羊隻。然而一歲大的小孩才剛開始學步，想跑和跳還有得等。狗兒和羊比起來是發育得比較慢，但是我們人類若和狗兒相比，我們的發展反而宛如牛步。

這個緩慢的發展有其目的，生存於靈長類的複雜社會需要學習很多事物與經驗，黑猩猩、倭黑猩猩、金剛大猩猩或人類，都需花上數十年的時間。在這個慢速發展的過程中，兒童或許必須依賴成人，但是他們並不缺乏力量，他們的武器就是一整套能夠使成人招架不住的視覺訊號。兩歲孩童大大的眼睛、可愛的臉龐甚至可以使「鐵漢變柔情」，人類小孩的長相並沒有被設計為成年人的縮小翻版，他們的身體特徵能夠引發成人想對他們關愛呵護的慾望，好比光能吸引飛蛾一般。

從全身比例來看，兒童的頭部、眼睛、前額、手掌和腳掌都比成人所占的比例大，而且他們的雙眼距離也較遠，這些嬰孩外觀比例的特徵會引發某種深植我們腦中的聯結。當我們看到嬰兒的照片時，我們都會說：「噢！」，心中充滿著疼惜關愛的溫馨感受。這種全世界皆同的普遍反應被心理學家稱為「噢！現象」（aw phenomenon），你可以在螢幕上放張可愛小朋友的投影片，觀眾中就會此起彼落地出現「噢！」的聲音，這種反應並不愚蠢，而且也不應被忽視，因為它具有生物學上的重要性。假使成人對這些訊號不加理會，那麼他們將不會成為成功的父母，做不成成功父母，也無法把自己的許多基因遺傳給後代。於是在天擇之下產生了我們這個見到嬰兒或嬰兒般特徵就全身酥軟無力的物種，畢竟，兩歲小孩若不是看起來那麼惹人愛，有多少人活得過三歲呢？任何幼獸如同

5. 牠們出生時還又聾又盲，而且這情形會持續到數個星期大為止。

年幼猿類（無論是人類或黑猩猩）一樣，非常需要父母大量的照料。牠最好備有一些有效的招數，因爲在未來漫長的數年發展期間，牠得利用這些招數，使長時間做牛做馬的父母繼續不斷付出。

任何頭和腳比例過大的哺乳類動物，通常也會引發人們想照顧呵護牠的慾望，而幼犬、幼貓和幼熊都會引發多數人的這種反應，因爲牠們都具有一些能夠觸動心房的嬰孩特徵。當我們看到這類特殊視覺訊號時，似乎無法克制地想要照顧牠們，甚至這類訊號出現在老鼠身上也很管用。一九二〇年代晚期，迪士尼的米老鼠首次出現時，看起來比較像是隻成鼠，而不是今日大眼睛、大頭、大手「可愛」小老鼠的模樣。演化生物學家史蒂芬．古爾德（Stephen Jay Gould）發表過一篇文章，提及我們受幼年化特徵所吸引的事實，它包含了歷年來米老鼠長相變化的比較數據，顯示當卡通人物長相越來越稚氣時，它的人氣便越水漲船高。

其他物種的動物同樣也受到幼年化特徵的操控，或許最爲人所熟知的例子就是金剛大猩猩「可可」。牠收養了一隻小海曼島貓，名叫「歐寶」（All Ball），幼貓一直到死於意外前都由可可照料。儘管可可體型龐大，牠會溫柔抱著幼貓走動，視同己出地爲牠理毛。當歐寶死時，牠顯然感到萬念俱灰；起初牠變得無精打采，接著開始哀嚎，發出金剛猩猩表達悲痛的叫聲。並非只有靈長類才會對幼年化特徵有所反應，有些鳴禽看到水面上魚兒張開的嘴巴會誤以爲是嗷嗷待哺的幼鳥而受騙，因爲張嘴行爲是一種可以引發親鳥撫育行爲的雛鳥特徵，對鳥來說同樣具有「大頭大眼睛」的作用，所以這些可憐的親鳥沒去餵自己的幼鳥，反而來到水面把食物塞進魚的嘴裡。

我們人類對幼犬的反應和看到小孩時一樣，因爲牠們也有比例超大的頭部、前額、腳掌和「手」、大眼睛和可笑的大腳掌，於是忍不住將數百萬隻的狗兒引領到鋪有地毯的客廳、或有溫暖舖墊的狗兒專用床上。這些特徵在人類家中引入狗兒的過程裡，扮演著相當重要的角色，使得人們常常一時忍不住，就把眼睛水汪汪的小幼犬帶回家養。不過，幼年化特徵對我們的吸引力也有負面的影響。太多人因爲這些特徵產生行動，在他們根本不想養狗的情況下，把狗兒帶回家養。這些人因爲看到幼犬而產生想照顧牠的慾望，但是狗兒的幼犬期只維持幾個月而已，等到牠五個月大時，幼犬便開始轉變爲身材修長的青春期狗兒，開始表達自己的意見，且經常不理會長者說的話。

在美國人道協會和收容所裡，每隻幼犬都能夠找到新主人，但若要爲遭人棄養、擠滿收容所籠舍的青春期狗兒找到新家就非常困難了。當狗兒失去了牠們的「可愛外表」時，牠們也失去了能夠吸引人撫養牠們的籌碼，可嘆的是，牠們在這個年紀正如同人類的青少年一樣，需要有人投入大量時間與精力呵護牠們，但是這些時間、心力的投資對成人來說，不見得能獲得如過去照顧幼犬般同等的成就感。無論是兩隻腳的青少年或是四隻腳的青春期狗兒，在這段很難相處而且長相已不太可愛的青春期裡，想照顧他們（牠們）的人必須要能夠任勞任怨、忍受這一切才辦得到。

幼犬繁殖場所上演的悲劇

我們對於可愛事物有所反應所導致最悲慘的後果之一，就是在不知情之下壯大了幼犬繁殖場。

幼犬繁殖場是「製造」狗兒的工廠。這種繁殖場在令人作嘔的骯髒環境下飼養種公、種母，猶如生產線作業般大量「製造」出幼犬。幼犬繁殖場無所不在，不過在美國南部和中西部最為興盛，它們是美國社會裡最不為人知的祕密之一，導致無可計數的動物遭受苦難。我到過的最後一個幼犬繁殖場，他們把每窩幼犬放在懸掛在牆上的小鐵絲籠中飼養，理論上大小便應該會穿過籠底的洞掉下去，不過大部分的排泄物並沒有掉下去，依然積在籠底，所以無事可做的幼犬只好在大小便中玩耍（如果你想訓練牠們良好的大小便習慣，只有求天幫忙了！）。

在幼犬被送到寵物店之前，狗媽媽和幼犬會一起被關上整整七個星期的時間。七個星期不讓狗兒離開一個狹小籠子就已經夠虐待了，更何況連給予狗媽媽幾分鐘遠離幼犬的時間都沒有，這簡直就是惡意虐待！這個幼犬繁殖場養了三百隻以上的成犬而飼養員只有一位，完全沒有人嘗試與任何一隻狗兒互動，於是他們也幾乎沒有能力評估每隻繁殖出來的狗兒性情如何。這家幼犬繁殖場的主人告訴我：「這裡的每隻狗兒當然都很溫馴啊，連飼養員的小孩進到籠舍裡都沒有關係！」

可是，單單由狗兒在空曠籠舍的表現，你不一定能預測當牠加入一個忙碌的典型家庭時又會如何。在那家繁殖場裡，我看到了各種不同性情的狗兒，有很恐懼害羞的狗兒，也有粗魯無禮、得寸進尺的狗兒。每當我們經過某個籠子時，同籠的某群狗兒就會攻擊另一群狗兒。這些被攻擊的狗兒，近似於每天和一群幫派份子關在一塊兒，逃也逃不掉。很多狗兒也有重度肢體異常的問題，例如上下顎過長或過短的情形。這些很嚴重的問題是由基因造成的，所以任何有職業道德的繁殖者都不會繁殖牠們。在這家繁殖場裡，有數十隻狗兒身上全是一坨坨糾纏打結的毛球，而皮膚每處幾乎都有毛被拔起光禿禿的樣子。對我來說最沮喪的一點是這家繁殖場（順帶一提，它的生意依然很好）還不是最糟的一家，我曾經在偶然的機會裡發現了另一家幼犬繁殖場，這家使用的是永久性設置的籠子，由三層籠子堆疊起來，上一層狗兒的屎尿就往下掉到下方的籠子裡，下層的狗兒就生活在堆積踩壓之後會達三十或六十公分高的屎尿堆之中，牠們的身上長滿了鮮紅的爛瘡；骯髒不堪的水盆裡，同樣也都是排泄物，還附加了顏色鮮艷的綠藻浮垢。[6]

這些狗兒集中營藏在民眾看不到的地方，提供數以百萬的幼犬給寵物店和「中間業者」[7]販賣，而一無所知的愛狗人士只要看了這些躲在角落的可愛小毛球一眼，就會忍不住帶牠們回家了，甚至連知道內情的人也會忍不住想拯救這些可憐的小東西。畢竟，牠就在眼前，睜著大眼又需要人照顧。但假如沒人帶牠回家的話，牠會有何下場呢？等到幼犬看起來不再有幼犬模樣，牠就大幅貶值了[8]，寵物店不可能把牠收起來等秋天大減價時再拿出來賣，這對寵物店不只是個問題，對幼犬更可能是攸關性命的大劫難。何況只要在這些寵物店裡待過一週以上，就足以損及幼犬的發展，因

6. 由於種種因素，要使幼犬繁殖場關門大吉比意料中困難。假如愛狗人士想阻止他們繼續經營，目前最有效的好方法就是絕對不再購買繁殖場的幼犬。下一節中，我將提供一些如何避免買到這些幼犬的建議。

7. 這些中間業者為大型商業化繁殖場仲介小狗兒買賣，他們通常會佯裝成家裡「剛好」有窩幼犬的愛狗兒人士。

8. 我曾問過寵物店他們如何處理沒賣出去的貓狗，他們回答我這些貓狗終究會找到家。我身為同業認為這不太可能。

爲寵物店所謂的「幼犬」（其實已經進入青春期了）將學會在自己睡覺的地方大小便，而且通常不管怎麼訓練都很難再習得良好的大小便習慣。其他的狗兒有些還極度缺乏社會化。在最好的情況下，牠們只是獨自過著悲慘的日子；但在最壞的情況下牠們很可能會具有危險性。只要你買下那隻可愛的小幼犬，你就是支持這些幼犬繁殖場，等同你允許他們繼續利用那些被囚禁凌虐的可憐種狗，製造出身心都不健全的狗兒。

想養幼犬的負責任作法

如果你不想養狗，就不要買隻幼犬回家。或許你買的是隻幼犬，但是短短三個月後，牠將長成體型瘦長的青春期狗兒，需要打預防針、訓練、社會化、運動、玩玩具和梳理，牠的需求還不止這些，你得長年照顧到牠的所有需求，花上大量的時間和金錢，而且其中百分之九十八是花費在一隻已經不是幼犬的狗兒身上。狗兒的壽命可達十至二十年，但當你的青春期狗兒跑去垃圾堆翻找東西吃之後，逼得你必須刷洗牆上牠因吃壞肚子而拉稀的噴屎時，短暫三個月惹人愛的幼犬期將成爲你遙遠模糊的回憶。我說這些話並不是說服你別養幼犬，只是要提醒你現實的考量非常重要。假使你已經審慎思考過養狗的問題，務必提醒自己：買隻「幼犬」實際上應該是買隻「即將變成狗的動物」。

第二點，假如你確定想養幼犬，請到適當的地方尋找幼犬。負責任的作法是向具有職業道德的繁殖者、人道協會（動物收容所）或犬隻救援機構取得幼犬。我所謂「具有職業道德的繁殖者」，並不是指那些參加狗秀並且在寵物雜誌上大打廣告的業者，我指的繁殖者是那種會致力繁殖身心健全狗兒，並且會爲他們所創造出來的生命認眞尋找好飼主的人。我認爲具有職業道德的繁殖者應該對幼犬的一輩子負責，就是這樣，沒有二話！

兩年前我接回了一隻某個牧場九年前向我買的一隻狗，那位飼主因要搬離牧場而不想繼續飼養牠，而由於當初買賣時我很堅持當他們不再要牠時務必把牠還給我，所以他們便把牠還給了我，我很感激他們這麼做，儘管我並不應該再多養一隻狗兒，不過爲了我所繁殖出來的狗兒，其他的都可以擺在第二順位。任何有職業道德的繁殖者，只要想到自己繁殖的幼犬，可能有一天會淪落到收容所裡，就感到驚駭不已。這些狗兒有生之年，他們都會不惜代價、竭盡所能地追蹤牠們的下落。假如你正考慮向某人購買幼犬，但他並不願意將來無條件讓你送回這隻狗的話（或者你不希望將狗兒還給這樣的人時），請你說聲謝謝，然後到別處找你的下一隻幼犬。

表現負責的其他作法是，到人道協會或救援機構去領養小狗。有無數的狗兒都需要再一次的機會，聯絡收容所或救援組織就可以找得到牠們。雖然這些地方的幼犬不比青春期狗兒和成犬的數量多，但是牠們和其他幼犬一樣都需要一個家。我常聽到人們說：「噢，我連收容所的門都走不進去！看到那種情形我會很傷心！」，但是有很多收容所都是很好、很快樂的地方，他們會評估狗兒的性情，許多義工會帶狗兒去運動、玩耍及作訓練，而且他們需要你的協助才能創造快樂的結局。如果你很想表達關愛並且想體驗當父母的滋味，你也可以利用這股力量協助他們，因為這些狗兒救援組織很需要幫忙，他們不但需要為狗兒找到新家，也需要為牠們找尋中途之家。通常這些狗兒救援組織會以特定犬種作區分，它的組織成員為了替有需要的特定犬種找到好人家，通常會耗費驚人的時間、精力和金錢，而且他們通常建有這些被收留狗兒的詳細資料，你可以依家中環境和家庭狀況，認養一隻看來合適且投緣的狗兒。

無論你決定怎麼做，千萬別被寵物店、中間業者或那些每年恰巧有好多幼犬出生的「不殺生收容所」所引誘，也小心報紙上賣狗廣告的長篇故事，例如它說：「善心人士們，這些是我姐家母狗生下的小狗，她太忙了，所以我幫她把小狗帶到愛荷華州找新家。」實際的情形通常是，那個「姐姐」是幼犬繁殖場老闆，手下有一群中間業者向不知情的民眾推銷幼犬。

當你注視著這輩子所看過最可愛的小狗狗時，要想做出理性的決定的確很困難。幼年化特徵對我們影響之大，光是注視著牠們，便足以改變體內荷爾蒙的平衡，這對你的行為影響甚鉅的荷爾蒙威力可不容小覷。當你看著可愛幼犬時，請想一想那些會不由自主餵魚、卻不理自己幼鳥的親鳥，並且問問自己，到底是什麼原因使你想買下眼前這隻眼睛水汪汪的小狗狗，是「噢！現象」，還是希望長期養隻狗的理性決定？在我確定我是否喜歡幼犬的爸爸媽媽之前，我絕不會去看牠們生的小狗，因為一旦我和一群甜蜜惹人憐、肚皮如絲絨般柔軟的小狗狗相處之後，我就會完全被征服。

有一回我去看一窩大白熊幼犬，牠們的繁殖者請我先在外面等一下，因為狗媽媽「有一點兒會護著幼犬」，所以她要先把狗媽媽帶開，可是假如狗媽媽並不喜歡陌生人接近牠的幼犬，那麼牠的基因便不是我想要的基因，所以我謝謝她就開車離開了。這位繁殖優秀羊群護衛犬的繁殖者，無法相信我竟連進去看個幼犬都不要，但是我知道，一旦我去看了幼犬，到頭來就會受荷爾蒙的操控，把一隻我不該帶的幼犬帶回家。

雖然我給了以上的建議，但如果你在販賣幼犬的寵物店（或其他地方）裡忍不住想買一隻回家不可時，請你詢問店員，幼犬從哪裡來，並且堅持前往那個地方去看看。我所認識的每家寵物店店員都會向你保證，他們絕不會從幼犬繁殖場進狗兒來賣。但是你或許也曾經注意到了，許多看來很好的店家裡，有很多狀似親切和善的店員，他們會告訴你一些不見得是眞相的事情。

也請你堅持親自去看看幼犬的父母和牠們的飼主，要求看看狗媽媽撫育幼犬時所居住的場所，親自與照顧這些狗兒的獸醫談一談。假如都沒有問題，你便可以買下幼犬。假如有任何不對勁，請你向這家寵物店投訴、通報人道協會、聯絡你的地方民意代表；至少，你最低限度能做到的就是「別買下牠們」。也請你試著從地獄裡救出牠們可憐的父母，雖然牠們已不再是可愛的幼犬，牠們同樣需要你的幫忙。

可愛到不行

我們被嬰孩化特徵吸引所帶來的另一個問題就是，目前有股培育出稚氣臉龐的新育犬趨勢。年幼哺乳動物的特徵除了某些肢體不對稱的比例外，牠們都有張「很平面」的臉。幼犬初生時有張很平面的小臉蛋，有點像小小貨櫃車頭，五官全壓平在同一平面上，隨著牠們的成長，牠們的嘴吻部會慢慢變長突出，讓牠們抓得到獵物，也能夠吃肉，但是現今的許多犬種則是我們人類為了創造出泰迪熊狗狗所努力之下的成果（其中許多犬種驚人地「新」，約一百年之前才出現）。牠們有著大眼睛、大前額，以及有如幼熊般的平短嘴吻，然而儘管我們覺得平臉很可愛，它對狗兒並不見得是件好事。

鬥牛犬或哈巴狗可愛的扁鼻平臉，是因為臉部骨骼異常變短，稱為「短頭畸型」（brachycephaly），這是一種在人類身上視為重度殘障的病狀。這個突變有礙某些維繫生命的重要功能，例如會影響呼吸及腦部溫度調節。或許有些人會覺得這種長相很惹人疼愛，但是它有礙狗兒的健康，像鬥牛犬這樣的狗兒根本不能正常呼吸、喘氣。曾經在半夜聽過牠們打呼、或曾試圖和牠們一起慢跑的飼主，一定都可以為此作證。因為牠們嘴吻縮短的結果，我們造就了一個無法發揮功能的鼻腔，和一個幾乎無法容下所有牙齒的嘴顎。

我的用意不是想特別挑出某個犬種作批評[9]，因為我們對於幼年特徵的偏好，並不是唯一對狗兒有害的偏好。人類也很喜歡異於平常的事物，我們比較喜歡那些看來特炫、特大或特小的動物。舉例來說，印地安人偏好雜色斑紋馬，而非單色馬。同一時期的歐洲育犬家則對犬隻的尺寸作了驚人而重大的影響。假如狗兒在無人為干預之下自由配種，牠們的大小約在十一至十六公斤之間，但是許多新培育出的犬種則有小至半公斤、大至九十公斤的情形。

或許，我們積極創造體型大小極端不同犬種的動力，源自於我們的好奇與永保赤子之心的傾向。如同多數小孩子，我們爲「新鮮感」及戲劇性所著迷，而對於年紀較長的動物才會表現出的穩定特徵，較不感興趣。這種對特殊事物表現好奇、被吸引的情形，可能在很多方面都對我們有所幫助。人類之所以如此成功，就是因爲具有征服新環境的能力。保有孩童般的好奇心，給各種生活層面都帶來進展，包括發現新的食物來源、救人一命的高難度手術及養育出健康快樂孩子的最佳方式。不過，我們這種對新奇特殊事物的興趣，卻不一定會改善狗兒的生活。例如，培育出體型龐大但壽命只有九、十年的犬種，體型袖珍到生小狗時非得進行重大手術不可的犬種，或者由於身體缺陷而呼吸困難的犬種。某些人士很容易因爲這些行爲來指責繁殖者和育犬俱樂部，但是怪罪他們並不會產生任何有意義的幫助。與其審判這些愛犬人士，不如先瞭解我們爲何會這麼做，然後再仔細思考接下來該如何努力，如此一來才是眞的幫了狗的忙。

培育出超大、超小或扁臉犬種的人並非不愛牠們，這和愛不愛完全沒有關係。我經常遇到許多家中有狗、進行繁殖或帶狗參賽的人士，他們養的犬種各式各樣都有，相信我，他們都很愛他們的狗，但是所有行爲的美意在某些狀況下就可能帶來問題。培育出毛色令人驚豔或臉蛋小巧可愛的犬

9. 我並非不喜歡這些短頭畸型犬種的行為特質。我所喜歡的哈巴狗和鬥牛犬不計其數，而且我知道牠們的飼主也都非常愛牠們，但是盡可能以客觀態度檢視我們對家犬造成的影響是很重要的，儘管這麼做有點令人心痛。

種對我們來說誘惑力很大，但是育種出來的極端構造可能對狗兒一點也不好，「中庸之道」對繁殖者也是個很好的建議。我想起有句話：「美德過度便是惡。」（Our vices are the excesses of our virtues.），狗兒之所以有牠們的長相是有道理的，我們操控牠們的構造或長相，若是得當便是件善行，一旦做得過度便是一種傷害。唉，我知道這個課題很弔詭，但是數百年來在對待家犬上，始終扮演著上帝的我們，必須體認到，其實我們所做的事並沒有超乎我們的智慧判斷。畢竟，我們也衷心希望當狗狗們「最好的朋友」，不是嗎？

7

好狗不與人爭

社會位階與人犬行為的關係

切薩匹克灣拾獵犬（Chesapeake Bay Retrievers）的公狗通常體格魁梧，渾身肌肉，是非常喜歡人使力拍擊側胸部的狗兒。飼育這種狗的目的是要牠們能夠在美國切薩匹克灣（Chesapeake Bay）的寒酷氣候下為獵鴨人破冰前進。牠們以強悍耐操、個性獨立又帶點頑固的特質著稱。雖然我儘量避免對特定犬種抱持刻板印象，它會使我看不到狗兒的真實性情，但是這隻叫做「切斯特」的狗兒進入我辦公室時，牠看起來彷彿是漫畫中刻畫的典型切薩匹克灣拾獵犬，擁有狗兒或人類分泌大量雄性荷爾蒙後所出現的表徵（想想典型俊男的方型下巴和美女的瓜子臉有何不同吧！）。牠有巨大渾厚的頭部，看起來彷佛舉重選手般肌肉結實、魁梧雄偉，像一頭小公牛般孔武有力。

我坐直身體、吸口氣，然後詢問問題所在，牠的飼主約翰娓娓訴說獸醫的診斷是「統治性攻擊行為」（dominance aggression），因為切斯特似乎不怎麼樂意接受約翰對牠的指正，當約翰在屋裡對牠說「不可以！」時，牠會跑到臥室的床上，等著約翰來找牠，瞪著他看，然後抬起腳來尿在枕頭上。

和約翰對談數分鐘後，我開始了例行評估並和狗兒進行互動，看看是否能從牠身上得知什麼訊息。其中我所在意的一項評估是：當我碰觸狗兒時，牠會不會冷酷地瞪著我看，冷酷的眼神是高地位優勢狗兒警告對方的視覺表現，如果將它解讀為「走開！不然你將見識到我的威脅可不是唬人用的。」，可說相當貼切。假使有隻像切斯特這麼龐大的狗兒突然靜止不動，冷眼直視著你，即使你沒有博士學位也該知道你的麻煩大了！這種直視的眼神雖然讓人不寒而慄，但卻是個很有用的視覺訊號，有助解釋狗兒為何當時表現出某種行為。於是我試著碰觸切斯特，看牠是否會出現這種眼神。

無論是公狗或母狗、追求優勢地位或是個性順從的狗兒，似乎都不太喜歡人類碰觸牠們的腳。這與我們截然不同，人類喜歡手牽著手，也喜歡手部按摩及修剪指甲。有些公狗尤其不喜歡有人碰牠的後腳，但我們往往可以從狗的後腳得知很多訊息。有些狗兒的反應是去舔你的手；有些狗兒會焦慮地一動也不敢動，嘴角向後拉，露出害怕的神情；而有些狗兒則全身緊蹦僵硬、用牠冷酷的雙眼直瞪著你。不過除非你是位專業馴犬師、或曾養過特殊的問題狗兒，否則你可能從來不會見過這種眼神，因為大多數狗兒從來不會以這種眼神注視你。我曾在教導一隻野狼混種的狗兒學習「當牠的『寶物』被人撿起時不必擔心它被拿走」時，見過這種眼神。當時牠原本啃著根骨頭，我把一塊肉丟到那根骨頭約五步距離處，當牠去吃那塊肉時我便把骨頭撿起，然後再遞還給牠，然而在不到半秒的時間內，牠把我手上的骨頭咬走又隨即把它吐掉，同時回敬我一個憤怒的眼神，接著衝上前，又猛又深地咬了我另一隻手。

通常這種眼神是很當真的警告訊號，允許你有時間作出回應。你約只有四分之一秒的時間可以避免受傷；只要我有所回應，這隻狗就可以放棄擺出威脅的姿態，這樣也就沒有危險性了。當然我不會笨到去把狗兒逼到牠非得做出反擊的處境。當我悄悄地抓起狗兒後腳時，我會用眼角瞄牠臉部的反應；當牠嘴裡咬著骨頭時，我會測試地接近牠，以觀察牠的表情是否有所改變；或者當牠試圖掙脫時，我會將牠的前腳輕輕握住不放，看牠有何反應。這些測試可以讓我更加瞭解這隻狗兒，例如，牠對於稍微令牠不快的事情有何反應、當我開始想取走牠的寶物時又有何反應。其中一種可能出現的反應就是變得一動不動，眼神冷酷，這種眼神通常與純粹的「進攻性的攻擊行為」有所關連，而非「出於恐懼的防衛性攻擊」、亦非「順服行為」或「被動無助狀態」。我曾在那些絕不肯讓步或明顯擺出攻擊態度的狗兒身上看過這種眼神，也曾看它出現在幾隻我認為是「有統治性攻擊傾向」的狗兒身上，例如前述的野狼混種犬，牠的眼神如同說著：「你敢再這麼做就死定了！」，而且為了讓我明白這一點，牠還用力地咬了我一口以示教訓。

因此當我用手沿著切斯特的後腿往下方撫摸，再把牠的後腳掌拿起來握住，原本我已做好心理準備，眼前這隻表現和善的大憨狗，應該會瞬時變身成為統治性攻擊行為的狗兒[1]，然而切斯特的眼神一點兒也沒改變，仍是一副溫柔又靈活的樣子，奮力搖擺著肩膀以後的後半部身體，嘴巴放鬆地張開著，牠舔著我的臉時尾巴壓低、胡亂擺動。我叫牠趴下來，牠也聽話照著做了。牠大力地搖動尾巴，連整個身體也跟著大大地左右晃動著。我輕輕地讓牠翻過身作四腳朝天狀，牠濕黏的大舌頭拚命地亂舔我的雙手。然後我讓牠起來，給牠一根塞入起司的骨頭，再伸手過去作勢要取走骨頭，牠抬起頭舔舔我的手，然後又回去啃骨頭，接著我伸手到牠面前拿走骨頭，牠只是站在那裡，咧著嘴笑看我這麼做。

切斯特的體格或許像個職業摔角手，但依據牠那天在我辦公室裡的表現，並不像是具有統治性格的狗兒。可是牠看來也不是很自在，飼主約翰告訴我，他可以隨時拍撫切斯特、幫牠梳毛、從牠尾巴上拔出芒刺、拿走牠的玩具或食盆、或是把牠推下床，都不曾有過問題。切斯特也很喜愛訪客，牠會讓小孩子玩牠的玩具、讓他們用力亂抱或坐牠身上。切斯特唯一讓約翰頭痛的問題，其實只發生在約翰說不可以的時候。

這一切都不太合乎常理，於是我重頭來過，再次詢問約翰問題的發展過程。他向我解釋，曾有人警告過他這個犬種可能會很頑固、自我意識很強，而且「你必須立刻取得比牠們強勢的地位」。在切斯特七週大、剛來到這個新家、第一次在屋裡大小便時，約翰認為他必須擺出飼主的姿態，好好地糾正牠，他吼著：「不可以！」並衝向切斯特，用繁殖者教他的方法，以雙手抓著牠脖子兩側，開始用力前後甩動切斯特；接下來幾天，這個情形又發生了好幾次，每發生一次，約翰吼出「不可以！」的聲音就越大聲，甩動牠的力道也越激烈，對付這種天生強悍的獵犬不需要太客氣，即便牠只是隻幼犬也一樣。結果隔一天，當約翰吼出「不可以！」並伸手要去抓切斯特時，牠便尿了出來，這是低位狗兒被嚇壞時經常出現的行為。當約翰看見切斯特耳朵貼平、蜷縮到一旁、並尿了出來時，他才明白自己糾正得太過頭了，於是當場不再譴責切斯特了。往後幾天，同樣的狀況仍重複出現了好幾次（約翰吼說「不可以！」、朝著切斯特衝過去時，牠的身體縮成一團，又驚尿出來）。

你應該能夠猜出之後會怎麼樣了吧？切斯特學到：「假如約翰喊不可以時，牠尿了出來，約翰就會停止猛烈地責難牠。」爾後牠又學會把「尿出來的行為」和「好玩的捉鬼遊戲」結合在一起，

1. 以這個項目測試某些狗兒時可能會非常危險；除了有經驗的訓練師或動物行為應用專家之外，我奉勸大家切勿輕易嘗試。

並且加入床上玩跳及抬腿灑尿的戲碼。牠從床上看著約翰的眼神可能不具威脅性，我敢打賭牠只是在觀察約翰，看他下一步會怎麼做。我猜牠可能和很多青少年一樣，喜歡看大人感到挫折氣惱的樣子，而牠也找到了能讓約翰發作的最佳控制鈕。切斯特在這裡算不上是個無助的受害者，牠會利用學習到的事情來戲弄擾怒約翰，但是這絕對不是統治性攻擊行為，畢竟在此並沒有攻擊的行為，切斯特從來就沒有對約翰發出吼叫，更別說企圖去攻擊他。然而切斯特的行為卻有了轉變，因為約翰把糾正詞從「不可以！」改為「錯了！」，讓切斯特學到：「如果聽到『錯了！』這個詞時，立刻停止原本正在進行的事，結局通常不錯。」牠愛死這個新遊戲了，而我最後一次聽到他們的消息是：約翰已經很久不必因為切斯特而換床單了。

什麼是統治行為？

切斯特的行爲和統治性攻擊行爲不太相干。當一隻聰明狗兒學會如何因應飼主不當的攻擊性糾正行爲時，自然會有這樣的反應。這個案例幸好沒有導致任何問題，因爲牠的飼主並未按照錯誤的診斷及好友的爛建議行事，而是用智慧判斷去尋求專業協助。然而這類對統治性攻擊行爲的誤判，以及那些「你必須比你的狗兒強勢」的謬論，卻往往導致許多問題，有時候還會產生令人遺憾的後果。

我永遠無法忘懷曾在錄影帶中看過的一隻黃金獵犬寶寶，牠叫「史古特」，眼睛大大的，當時只有六星期大，只要看牠一眼——金黃色的絨毛，嬰兒般大頭，肥大的腳掌——任誰就會想要帶牠回家抱著不放。但一切爲時已晚——史古特已經死了，牠在四個月大時，因爲統治性攻擊行爲而被安樂死。牠的飼主本著善意聽信訓練師的可怕建議，造成了這樣的結果。史古特和大多數拾獵犬一樣，都對物件很執著；牠從到達新家的第一天起就很喜愛玩具，牠會銜著任何可以放進嘴裡的東西，驕傲地在家裡走來走去。飼主很有責任心，帶牠去上幼犬班，並詢問訓練師，如果史古特從洗衣間中偷走襪子、或從桌上咬走遙控器（狗兒最愛做的事之一）、或從鞋櫃裡咬出鞋子時，該怎麼做才好？那位訓練師說：「你一定得學狼的作法！去找牠，抓牠脖子的兩側，把臉湊到牠面前，大聲吼叫『不可以！』，你必須立刻讓牠知道你比牠強勢，你的地位比牠高，牠偷了東西絕對跑不掉。」

我從錄影帶上看到，牠的飼主聽從訓練師的建議，試圖採用這樣的作法。療程初期，史古特看起來十分迷惑害怕，牠嘴裡緊緊銜著一個兒童玩具，當牠的飼主（她看來也同樣痛苦）抓起牠的脖子用力搖晃，同時重複喊著「不可以！」時，牠害怕得縮成一團，但牠並沒有放掉那個玩具（我認爲牠根本沒想到要放掉）。史古特只知道飼主正在攻擊牠，牠全身肌肉緊蹦、雙眼緊閉，試圖擺出求饒的姿態，期盼飼主儘快離開。然而玩具並沒有從史古特嚇得僵住的嘴裡掉出來，因此牠的飼主自然吼得更大聲。此時她把臉湊得更近，約在史古特眼前不到十公分處，再次抓著牠的頭搖晃。隨著錄影帶的進展，當史古特的飼主把臉湊到牠面前數公分近，兩手抓著牠的頭搖晃時，史古特開始對她發出吼叫。到最後只要飼主靠近牠任何的「寶貝」時，即使當時不是在牠嘴裡，牠也會開始吼叫著向飼主衝過去。

錄影帶的最後一幕非常駭人，是史古特眼睛瞪得圓大、怒吼著，並朝無助的飼主衝過去，因爲當時飼主正要伸手接近離史古特腳邊一兩公尺處的玩具。然而想到史古特的死，仍讓人感到厭惡至極。史古特雖然不是個完美無缺的小天使，牠對物品的占有慾非常強烈。我絕不放心讓牠和年幼的孩童共處一室，但是我曾與一名後期才參與這個個案的獸醫技師（vet tech）談過，她說這隻幼犬從來沒有在其他情況下怒吼過，牠非常喜愛家中的小男孩，而且在服從訓練班上表現得傑出耀眼。許多狗兒對於嚴厲的懲罰和威脅的確不會出現攻擊性反應，但是史古特的飼主獲得的建議，反而使牠的占物行為越發嚴重，結果害牠丟了性命。

這個個案最讓人心痛的地方是：狗兒雖有占物慾，但若其他時候都很溫順，經過治療仍會有很高的成功率，而且大多數三個月大的幼犬都能學會輕輕地把牠們口中的東西遞給你。如果狗兒學習到：當你的手朝著牠們或朝著牠們的「寶貝」接近時，就會獲得好獎勵，牠們很快都能學會和你做交換。利用『正向加強』而非暴力的方式訓練幾個月之後，幾乎每隻狗兒都會在輕聲要求下放開口中的東西，即使你手中沒有零食亦然。有一次，一隻五個月大的邊境牧羊犬幼犬，把一具腐臭的兔子屍體交給我後，我又把屍體還給牠幾分鐘作爲獎勵，旁觀的人都感到驚訝，但是那隻幼犬卻因我這麼做而感到既驚又喜，自此之後我便得到了牠完全的信任。

我希望類似史古特和切斯特的遭遇只是少數，但是事實並非如此。長久以來，人們所得到的忠告就是「你必須比狗兒強勢」，就如人們被教導「不打不成器」的觀念一樣，而且通常強勢的意思是指表現出攻擊性。甚至連新精舍僧侶群（Monks of New Skete）所著的《如何成爲愛犬最好的朋友》（*How to Be Your Dog's Best Friend*）一書中，也建議狗兒飼主學狼一樣施行「老大摔角法」（alpha rollovers）——意思是要飼主把狗兒摔倒在地、四腳朝天，藉以確定牠們認同飼主的領導地位。這本書曾啓發了我與至少百萬以上的讀者，但後來這本書的主要作者賈伯・艾文斯（Job Michael Evans）卻表示，對於自己在書中提出的這個建議深感後悔。

社會化良好的正常狗兒並不會將別隻狗壓制在地，而是由低位順服的狗兒主動作出倒臥在地、肚皮朝天的姿勢，它是動物之間傳遞訊號的行爲，代表求和、緩和對方情緒的意思，而不是摔角之後的結果。強迫狗兒「服從」、或對著牠們的臉大吼大叫，很容易引起自衛性攻擊行爲。在這種情況下，狗兒咬人或發出可能會咬人的警告性威脅，都很合理，因爲以狗兒的社交禮節來看，你的行爲已經太過分了。另外像是成狼也絕對不會因爲幼狼嘴裡咬著某樣東西就攻擊牠，牠也許會以低咆方式警告幼狼別去觸碰某件躺在牠們之間的東西，但是一旦幼狼把它咬到嘴裡，成狼就會讓給牠。成狼對幼狼的容忍度極其驚人，包括允許幼狼偷拿牠們的玩具、咬牠們的尾巴，以及永無休止的騷擾行爲。

然而狼的許多行爲對人類來說是不值得效法的。例如，吃掉新生幼狼的胎盤、或殺死來訪的他群狼隻。所以如果只因狼有這種行爲，就推薦我們人類也應照著做，似乎不太合理。此外，狗和狼的行爲並不完全相同，這樣就產生四個理由，說明你不該在狗兒身上使用「老大摔角法」：一、狗並不是狼的複製品，二、狼本身並不用壓制方式來教訓其他狼，三、這會引起自衛反應，有時甚至會引起攻擊行爲，四、將會促使狗兒對你更不信任。

然而，建議大家採取威脅方式取得強勢地位的忠告，普遍得令人不可思議。全世界的飼主和訓練師都曾採納過這個忠告，獸醫、警犬訓練師和你的街坊鄰居，可能也都曾這麼做。我認爲應該好好思考一下，爲什麼從來沒打過小孩的人們，會輕易聽信這些「專家」所給的建議，即使直覺上認爲不對，但爲了取得強勢地位，依然會對狗兒拳腳相向呢？我想這個現象可能根源於一個普世認知（雖然這個假說相當粗略）——社會位階對人類和狗兒都很重要，而且我們大家都很明白這一點。

無論是誰，儘管他的社交技巧差勁至極，只要他走進一個滿是陌生人的房間，便很快能夠指出哪個人的地位最高，因爲這人會被眾星拱月，成爲眾人的目光焦點，大家可能會想去爲他遞上食物和飲料、爲他開門，以獲得他的注意。你也可以注意觀察，是誰去碰觸了誰——當某人的地位越高，我們其他人就越不可能在未經同意下去碰觸他。你也可以想像一下，如果你遇到某位皇親貴族將有何反應？你會跑上前去擁抱此人的可能性有多少？還記得這則新聞嗎：英國伊莉莎白女王到訪美國時，有名紐澤西州的婦女張開雙臂，給女王來了個熱情的美式擁抱。這舉動讓英國人驚訝不已，但假如英國女王當時想作擁抱的話，她會主動伸出手去，那麼也就不會有人提起這事了[2]。

人們可以利用很多不同的方式取得地位，但不管他們如何取得地位，或者過程是否公正，擁有高地位的人，能做許多其他人無法去做的事情。狼是深具階級意識的物種，世界頂尖狼群研究學者之一艾力克·西曼博士在著作《世界之狼》中就曾這麼詮釋：「動物間統治地位的強勢關係，可從牠們相遇時所能顯現出多少的社交自由度一窺而知。」在人類社會和其他動物社會中掌權的個體，雖也同樣受到社會的規範，但是他們所受到的約束，卻比其他個體少很多。我最近看到明尼蘇達州州長傑西·范度拉（Jesse Ventura，現已卸任）在電視上炫耀，說自己開車時想超速就超速，有一次時速還高達一百四十五英里，而且從不認爲自己會收到超速罰單，他很有把握身爲州長的社會地位賦予他常人享受不到的自由。無論你是否反對他駕車超速（還有大肆炫耀這件事），我們都明白這位州長所擁有的地位比我們其他人高，通常似乎也是如此（這讓我想起動物行爲學會會議上，德高望重的科學家可以隨意穿著、說些研究生絕對不敢開的玩笑話）。

社會位階在狗兒的互動中顯然是很重要的，牠們也不斷提醒著我們這一點。如同黑猩猩每次見面便會宣告地位一樣，狗兒每次相遇時，牠們也會利用類似的姿勢溝通彼此的地位。你若注意觀察兩隻狗兒相遇時尾巴擺動的方式，就能清楚知道每隻狗兒把自己和別人放在哪個位置，看看是誰把尾巴基部舉高、誰把尾巴放低（重點是看尾巴基部，而非看尾巴末稍）。有些時候，你會看到差異極大的情形：一隻狗兒的尾巴豎得像旗桿般高，另一隻狗兒則卑微地把尾巴夾在腿間、藏在肚皮下方。有時候尾巴動作的差異可能比較微小一些，但整個肢體語言卻充滿暗示：身體比對方往前傾、

2. 嗯，也許還是有人會提，因為英國女王一向以冷淡、不太理人的態度著名，不過如此一來話題焦點就不會是說她違背一般社交禮儀了。

站得較直也挺得較高、耳朵朝前而非向後的狗兒，地位較高；如果兩隻狗兒看起來就像彼此的鏡中倒影，都把尾巴豎高、身體挺直僵立，表示牠們正在溝通著彼此都想獲得比對方更高地位的想法，你最好趕快讓牠們轉移注意力、想些對方以外的事情，因爲當兩個好爭地位者碰頭對上時，場面通常不會太好看。

狗兒對地位的注重也顯示在噴尿的順序上，通常是高位的狗兒會尿在其他狗兒的尿跡之上。我家每晚都會上演這一幕：在我們上樓睡覺前，我會把所有狗兒帶出去上最後一次廁所，每當我們開始這項例行公事時，地位最低的彼普會第一個去尿，萊西和鬱金香會等牠尿完後，依序在牠尿過的地方尿尿。在狼群中你也可以看到這樣的情形，地位高的狼會在地位低的狼尿過之處灑尿作記號。如果你有一群狗兒（尤其是同性別的狗群），注意觀察一下牠們輪流小便的順序、以及誰會去哪隻狗尿過的地方小便是否有固定的模式。最近我家狗兒尿尿的順序有了改變。去年冬天，我必須在晚間十點的酷寒之中，等待四隻狗到處嗅聞花栗鼠行蹤。這實在令人感到不耐，爲了加快牠們的速度，我便開始在牠們尿完時給予零食（效果絕佳！），現在牠們不太去注意誰先尿，反而比較注意何時可以吃零食。不過我仍沒見過彼普尿在萊西留下的尿跡上，而且我相信路克絕對會等到萊西尿完，會在那上頭補上一泡。

地位的高低在玩耍時也很顯著，雖然玩耍時很多地位的差異都會被忽略（這在我們自己的物種亦同），但並不代表它們不重要。鬱金香就會從彼普面前把球咬走，即使彼普其實應該可以先拿到那顆球，牠依然會讓給鬱金香。我從來沒養過比彼普更愛玩球的狗兒，但是皇后鬱金香比彼普享有更多的社交自由度，這代表當鬱金香想要那顆球時，牠就能夠得到它；有時牠並不想要球，因爲如同其他皇后一樣，牠才有權決定什麼東西在何時對牠來說是重要的。

人類或狗兒都適合採取位階式的社會系統，因爲這兩個物種都需設法解決群體生活中的衝突與紛爭，潛在的衝突點包括：誰先走出門外、誰有權得到最佳的睡覺地點、或者誰可以和誰交配？我們人類都知道，解決衝突的方法之一就是打架，但若每天衝突不斷，打架就未必是最好的解決方法，因爲它要花上很多力氣，而且也很危險。假使有一個社會位階系統，能夠清楚劃分群體成員各自的地位，那麼每當衝突發生時，個體之間便不必以打架來解決問題。顯然位階系統是個解決群體生活衝突的好方法，所以世界各地的社會性動物才會普遍存在這種社會系統。系統中個體的地位是可以改變的，而且在平等主義社會中它是高度流動的，但是每個個體的無形地位，則如同牠們的實際形體一樣，永遠眞實地存在著。

對於地位的正確認識

其實我想避免談論有關社會地位的話題，因爲它在馴犬界已經引起激烈的情緒與爭議，單單只是提起這個話題，我便冒著可能遭受別人嚴厲炮轟、懲罰程度可比電擊項圈的風險。馴犬界一直不去研究社會地位的完整概念，卻只將焦點放在「統治行爲」（dominance）上，更對狗兒不利的是：

人們常把「統治行爲」與「攻擊行爲」劃上等號。它們是截然不同的兩回事，但是大家卻習於將兩者混淆，以致於當某些圈子裡的人談論「統治行爲」這件事時，其實他們所指的並不完全是這件事。有些博士級行爲專家、獸醫行爲專家和訓練師甚至根本不贊成使用「統治行爲」一詞。在某次專業會議中，這個詞一再被過度濫用，我和獸醫行爲專家威因．亨少任（Wayne Hunthausen）開始笑稱它爲「某個過去被稱爲『統治行爲』的概念」，還給它一個很像美國八〇年代流行歌手王子的專屬肖像。我可以深切同理那些反對使用這個詞的人，因爲這個名詞已被誤用得太廣泛，實在讓人很想把它從用語中除去。

人類和狗兒的祖先，都生活於組織周密的社會系統之中，這已是不爭的事實。所以對人犬關係最有幫助的作法，應該是盡可能去瞭解這兩個物種建立社會系統的方式，然後再運用這些知識，來決定如何調整我們在狗兒面前的行爲。

爲了讓大家認識這個複雜的主題，不妨先來看看其他動物群體成員間建立關係的方式。有一個不錯的例子就是與我們血緣最近的近親——黑猩猩和倭黑猩猩。在黑猩猩的社會裡，大多把社交心力花在建立地位上，尤其是公黑猩猩。黑猩猩的社會是由雄性主導，地位高的公黑猩猩可以享有比母黑猩猩更大的社交自由度；地位最高的公黑猩猩也可以得到最好的食物，在母黑猩猩最易受孕時與牠們交配[3]，並得到最多的注意及理毛服務。當牠們行走時，別隻黑猩猩都會讓路，低地位的黑猩猩更會以順服的姿態對牠們表示歡迎，那種卑微順服的樣子，我們一眼就認得出來。牠們可能會伸出一隻手來，鞠躬到貼地，卑微地低頭並屈膝，或者呈露出自己的生殖器給對方看。

公黑猩猩地位的建立方式特別有趣，因爲它所憑藉的是公黑猩猩間的結盟關係。如果沒有其他公黑猩猩聯合支持，任何一隻公黑猩猩都無法獨力得勢掌權。不過由公黑猩猩所主導的權力轉移當中，母黑猩猩也有著一些影響力。靈長目學家狄瓦爾在《黑猩猩政治說》一書中，曾描述一隻剛掌權的公黑猩猩，因其領袖地位尚未完全被群體接受，而遭受到其他公黑猩猩騷擾。這群公黑猩猩開始攻擊這隻新領袖（黑猩猩巨大的牙齒能夠將對方咬成重傷），使牠逃向樹頂，不斷恐懼地尖叫，並露出黑猩猩害怕時的露齒微笑，此時一隻年紀最長、地位也最高的母黑猩猩爬到樹上，親吻了牠，並護送牠爬下來，坐在牠身旁，以表示牠接受了新領袖。

後來這位新領袖終於收服了整個黑猩猩群，不過那是因爲牠有一群積極擁護牠的公黑猩猩陣線爲牠撐腰，以及那隻年長的母黑猩猩多次的介入與協助。在黑猩猩族群裡，年長母黑猩猩在調停公黑猩猩間的衝突上扮演極其重要的角色，在許多情況下，年長母黑猩猩會促使兩隻敵對的公黑猩猩開始談和。牠會先親吻其中一隻並爲其理毛，接著用手將這隻公黑猩猩牽到另一隻的身旁坐下，牠自己則坐在中間，直到雙方氣氛不再緊張時，牠才會起身離去，好讓雙方直接互動。母黑猩猩這種

3. 這項特權差異並沒有如科學家過去所想的那麼簡單。近期研究顯示，由母黑猩猩和特別安靜的低地位公黑猩猩「偷情」交配所產生下一代的數量，其實多得驚人。我們發現很多這類的配對會躲在石頭後悄悄地交配，而且這些低地位公黑猩猩還會在高地位公黑猩猩朝牠們的方向看過去時，遮住自己膨起的陰莖。

擁護特定公黑猩猩、以及促進敵對公黑猩猩談和的角色，在黑猩猩社會中很常見（這角色聽來頗為熟悉，不是嗎？）。

倭黑猩猩也同樣投注很多精力在社交地位上，但是牠們與黑猩猩卻有兩大相異之處。其一，通常黑猩猩進行權力鬥爭所使用的威脅招式是不斷搖動樹枝、大喊大叫、用力擊打東西，而且有時會打架打得非常嚴重。大文豪莎士比亞應該會愛死黑猩猩社會的戲劇性，但花花公子的情色頻道應該會比較偏好倭黑猩猩。電視自然奇觀節目對倭黑猩猩的介紹就較黑猩猩少，部分原因在於倭黑猩猩的生活被認為並不適合在美國主要電視網晚間的黃金時段播出，因為倭黑猩猩多以「性」來解決衝突[4]，這也是牠們與黑猩猩的相異點之一。牠們是個「除了性還是性，無時無刻不是性」的物種，隨時都會發生彼此交媾的行為，無拘無束地好比我們與人握手一樣（不過牠們也和我們一樣會避免亂倫）。牠們有異性交媾、同性交媾、面對面交媾、口交，或者以性交換蘋果吃。倭黑猩猩甚至把「只要作愛，不要作戰」這句口號身體力行，利用性來紓解群體的緊張氣氛及衝突，而非利用威脅和攻擊（輕鬆地想一想，每每在我對人類這個物種感到讚嘆不已時，不禁讓人聯想著，我們是否同時表現了黑猩猩和倭黑猩猩的極端特質：遇到威脅時容易出現攻擊性，卻又對性很沉迷）。第二個相異點則是：雖然倭黑猩猩像黑猩猩一樣，都非常瞭解社會位階的概念，但牠們主要的社會階級是存在於母倭黑猩猩之間，而非公倭黑猩猩。

不只靈長類[5]具有重視社會位階的特性，許多物種為了競爭內部資源也都會有這種特性。小蜂、土狼、甚至我的小羊群，都有個明顯的領袖和位階制度[6]。我的哈莉特是隻睿智的老母羊，牠簡直就是電影《我不笨，我有話要說》中那隻老母羊的翻版。牠會決定整群羊在何時移動、往何方向移動。牛群也一樣有位階。很多新手農夫都領教過試圖強迫牛「不按順序」進入穀倉的後果，因爲牛群會自己決定誰該先進去，但聰明的農夫會明白牛群社會規範的重要性，他會放手讓牠們自己去決定。牛隻和羊隻都非常注意彼此間的關係，所以即便是第一次見面的牧羊犬，也能夠在幾秒間就找出誰是領袖。經驗老道的邊境牧羊犬繞著羊群外圍的大圈子跑時，牠每隔幾秒就會抬頭看看這群羊。邊境牧羊犬的操作手（包括我在內）相信，牠們這麼做是爲了要觀察羊群對走向的反應，並且找出誰才是領袖。那隻領袖羊才是牧羊犬進行驅趕所須針對的對象，因爲牠才有權決定羊群何時移動、該朝哪兒去。

4. 倭黑猩猩之所以很少出現在電視上還有其他原因：因為牠們是居住在偏遠地區的瀕臨絕種動物，所以想在野外取得牠們的影片困難至極；加上當地內戰、攻擊事件不斷，使得研究人員和攝影師更難研究或拍攝到這些令人驚嘆的動物。

5. 我並不想過度簡化這一點：靈長類的社會系統各有極大差異，有些物種，例如恆河獼猴，就具有嚴格區分、近乎暴君統治的位階系統，而其他如毛蜘蛛猴（muriquis）和狨猴等物種，則有相當平等的社會。

6. 有蹄類動物通常由地位高的雌性動物擔任領袖，其中一隻強勢的雄性動物則負責維護這個群體，並且「保衛」這個位階不被其他雄性動物奪走。牠倒不一定是為了怕成員受害，雖然當危險出現時牠也很可能會保護大家，不過牠絕對是為了自己在群體中的利益而戰。地位高的公種馬能夠迫使母馬領袖留在馬群裡而遠離其他公種馬，但是牠也會聽從母馬領袖來決定往哪兒去吃草。

有些牧羊犬會把所有注意力放在那隻領袖羊身上，專心到牠們會直接走入羊群而對其他羊隻視而不見。我的八歲邊境牧羊犬萊西，有時太過專注應付羊群的領頭母羊，也會因此而忘記工作，以致於讓其他的羊隻離群走散了，結果牠只趕來一頭羊而非三十頭羊，讓我得提醒牠：我需要牠趕的是整群羊。於是牠會停下來，環顧一下，看著身後的羊群，稍微考慮了一下，然後繼續回去找那隻領頭母羊。我不知道牠腦子裡想些什麼，但我猜牠很有可能是在想說：「好啦，好啦，我知道啦，但是這才是『關鍵人物』啊！」

這個「關鍵人物」的概念也深植於我們人類的直覺認知中，因為無論我們是否意識到社交地位這件事，我們都注意到它的存在。

食物決定你的行為

近來馴犬界對於『地位』和『位階制度』對狗兒行為所產生的影響有所混淆不清。有些人主張狼群社會般的位階制度和狗兒毫不相關，因為家犬的祖先很有可能是在人類村落撿拾垃圾維生的狗兒，牠們並不像狼一樣成群生活。想像一下遠古狗兒像鴿子或老鼠般在人類垃圾中覓食，這樣的畫面或許並不浪漫，但這是個很棒的論述，而且應該要受到重視[7]。在全世界的早期人類聚落外圍幾乎都曾發現過這種村落狗兒，牠們的體型比狼小（重約十四至十六公斤），不像狼那麼害怕新奇事物，而且最重要的是：牠們未必具有如狼群般密切的群體生活。根據稀有的觀察資料顯示，村落狗兒不是獨自生活，就是形成組織鬆散的小型群聚。由於狼群主要是以獵殺麋鹿和白尾鹿之類的大型獵物爲生，牠們必須依賴合作密切的群體系統，以協調全群的打獵行動，並且消弭爲了爭奪戰利品的紛爭，每隻狼在狼群中都具有屬於自己的社會位階。

有些馴犬師主張地位和位階制度對我們的寵物狗並不重要，因爲撿拾垃圾的村落狗兒與狼群分別有著不同的社會關係與結構。然而我們都知道自己的狗兒有何行爲，因此這種說法似乎與我們的直覺背道而馳，而且它也缺乏對「行爲與環境互動關係」的認識。雖然科學家研究家犬社會結構的文獻出奇地少[8]，但我們已對野生動物如何形成社會結構的方式有了很多認識，因此可以利用這些知識，更加瞭解自己與狗兒之間的關係。

犬科動物建立成員互動關係的方式有著極大的變通性，就如許多天生具有社會性的動物一樣。例如，美國懷俄明州的郊狼在冬季主要是以麋鹿死屍維生，此時牠們會成群生活，但在其他時節，沒有高品質食物集中在同一個覓食點，郊狼便會分散開來，以小型哺乳類、蜥蜴和漿果塡腹，過著獨來獨往的生活。當食物貧瘠且來源分散時，成群生活並無好處，許多其他的物種（包括靈長類），其社會結構也會隨著食物分布的改變而有類似的變化。這些被稱爲「偶發性社會物種」

7. 請見雷蒙與洛納・考賓格合著的《狗》一書，它對於這個有趣的假說有更多的詳述。美國加州大學洛杉磯分校的羅勃・威因（Robert Wayne）博士也曾提出同樣的假說。

8. 請見參考資料中艾倫・貝克（Alan Beck）的研究報告，以及雷蒙與洛納・考賓格的觀察報告。

（facultatively social species），當食物短缺時會解散，而當食物充足時就會儘快恢復群體生活。

分布平均的低品質食物（例如郊狼攝食的蜥蜴和漿果，或村落狗兒吃的垃圾）通常會形成相當鬆散的社會結構，因爲沒有必要爲了在垃圾堆裡找東西吃而成群結隊，而且吃剩的骨頭或空湯罐之類的食物在這種環境裡隨處可見，沒有必要爲了爭奪而打架。但是如果這些動物離開了此類食物來源，開始生活於一個雖有高品質食物、但分布較不平均的環境中，這時牠們若能結群行動就會比較成功，而且這個群體將需要一個社會機制，以免大家爲了戰利品而產生嚴重衝突。

即使寵物犬的祖先是「撿拾垃圾維生」、「可能較沒興趣注意彼此關係」的村落狗兒，但是這種群聚社會結構的變通特質，可以用來說明爲何寵物犬會表現出重視位階制度的行爲。撿食垃圾和排泄物的狗兒處於與夏季郊狼類似的立基（niche），不過若讓同樣這批狗兒開始群居生活，而且特別美味的食物只集中於某個地點的話，一切都將改變。我見過許多從北非和中美洲「救援」出來的街頭流浪狗，當牠們住的是有冷氣空調的飼主家、吃的是雞肉和羊肉口味的有機狗食之後，牠們便不再是不懂位階制度的動物了。無從選擇的流浪狗只能撿拾食物空盒及人類糞便維生，但我們的家犬不同，牠們等同坐擁資源的寶藏（包括美食和每晚的免費按摩服務），假如這些都不足引起競爭的話，那還有什麼可以呢？

有個很好的假說認爲：雖然地位對狗兒很重要，但牠們不如狼那麼在乎位階制度。狗兒的表現較接近青春期的狼而非成狼，而青春期的狼對位階制度的注重並不似成狼那麼深。艾力克·西曼博士對狼的研究（在《世界之狼》一書中提及）顯示：「位階差異在地位較高的狼隻之間最顯著，其次是地位較低或年輕的狼隻，而在幼狼中全然不存在。」雖然人類的位階制度比起牠們更加複雜許多，但應用在我們自己身上也很貼切，就像年紀很小的幼童完全不會意識到地位的存在，必須在成長過程中才能學習到「不同的人，有地位上的差距」。

單就美國的家犬來看，如果某天出現一份很好的研究狗兒社會的報告時，我們很可能會發現：其實狗兒重視地位的程度，取決於牠們的生活型態。我所遇過會爭奪地位的案例，通常都是住在家裡的狗兒，比較少出現於狗場或是長時間栓在院子裡的狗兒。所以，當我們談到狗的社會行爲時必須小心，因爲同一隻狗可能會隨環境而表現出不同的社會行爲。

地位的真相

瞭解狗的社會位階關係非常重要，因爲大家對於「強勢地位」的誤解，導致了許多令人無法置信的虐待行爲。舊式服從訓練的基本精神就是：「我叫你做，你就得做，如果你不聽話，我就會處罰你。」它似乎擺明了「我們叫狗做事，牠們應該就聽從。我們是人，牠們是狗，人的地位比狗兒高，如果狗兒不聽從，牠就是在挑戰飼主的地位，所以必須用力教訓牠，讓牠知道自己的位置在哪兒」。遺憾的是，使用暴力取得優勢地位對有些狗兒竟然很管用，尤其是個性樂天又相當耐揍的獵犬。由於牠們的特性就是耐力超強而且不輕易被擊垮，很多此類獵犬被抓住脖子處罰、或看見主人表現強勢地位時，都能夠鎮定以對。但是這種作法仍然會嚇壞許多狗兒，使牠們害怕自己的飼主而變得自衛攻擊。

多年前我曾遇過兩位女性飼主，她們告訴我她們的狗（一隻混種牧牛犬）很不服從而且地位非常高。當我詢問她們爲何如此認爲時，她們回答說：「因爲牠非常抗拒老大摔角法。」我請她們示範一下，好讓我看看狗兒的反應，其中一位看似和善慈愛的飼主一把抓起狗兒的脖子，將牠過肩摔到空中，然後再重重把牠摔個四腳朝天。接著她遵從某位當地訓練師的指示，跨在那隻嚇得幾乎不敢呼吸、驚慌失措的狗兒身上，再把臉湊到牠面前低吼。這一切發生得太快了，在它開始進行時我根本沒機會阻止她。我無法想像那隻可憐的小狗作何感想，我自己倒是驚愕不已，我還沒有這麼被人粗暴地對待過呢！還好這兩位飼主非常欣喜地聽到她們終於不必再玩這種「老大摔角過肩摔」了，她們原本就不喜歡這麼做，但是又覺得必須遵照訓練師的建議。

每年全世界因人類假訓練之名、行體罰之實的受害狗兒有數百萬隻以上，這隻不幸的牧牛犬只是其中之一罷了。許多人類把「強勢地位」和「攻擊行爲」劃上等號，爲了達成自己所願而輕易做出攻擊行爲。諷刺的是，「強勢地位」其實是用來減少攻擊行爲的社會制度，而非促使攻擊的發生。位階制的社會系統使成員發生衝突時不需打架也能解決糾紛，任何實權及地位至高的個體則擁有無上的權力，所以並不需要動用武力。你甚至可以說，使用武力是反映出實權的缺乏。假如眞正掌有實權，何來用武之需？我叫你坐在椅子上不准動，倘使我的社交地位比你高，只要我動動嘴皮子吩咐，便足以讓你照做；但假如我不具有地位及權力，我可能就需要拿槍威脅你；或者我可能會威脅你，叫我家四隻狗到你家住一個星期，讓你家到處是狗毛。換句話說，假如我找得到一個足以脅迫你的辦法讓你聽話，但那也表示我的權力不足，所以才必須這麼做。

「地位」、「強勢地位」和「攻擊性」是三件完全不一樣的事情，若不將觀念釐清，受害的會是我們的狗兒。「地位」是社會的等級或位階，而「強勢地位」則描述個體間的關係；在特定情況之下，某個個體的地位比其他個體高，而「攻擊性」則未必是「強勢地位」的要素。生物學家對「攻擊性」的定義是「意圖造成對方傷害的行爲」，而「強勢地位」的定義則是「位階制度中的一個位置」。例如，在血腥動亂中，君王遭人殺害便是人類「攻擊性」的表現，而君王的頭銜則是因爲「位階制度」的存在，這位君王（總統或狼群領袖）也許是以非暴力的方式選出的，可能經由世襲或選舉而就位。所以攻擊和威脅行爲，雖然可以用來獲取更高的地位，但是通常沒有必要。

我的馴犬師朋友貝絲·米勒稱我家的路克爲「天生的領袖」。路克是隻安靜有自信的狗兒，牠對自己在這世上的位置處之泰然，似乎也不認爲有向別人證明這一點的必要。牠對每隻到訪的狗兒都表現出自信且友善的態度。尾巴高舉，耳朵向前，儼然是牧場上的「頭號公狗」[9]。然而路克並不缺乏表現攻擊行爲的機會。牠每星期都會與我共同參與治療犬隻攻擊的個案，也曾經遇過無數次狗

9. 伊莉莎白·馬歇爾·湯瑪士（Elizabeth Marshall Thomas）在著作《狗兒的社交生活》（*The Social Life of Dogs*）書上使用「頭號母狗」（Female Dog One）一詞，我很喜歡這一個詞，所以在此借用。

兒試圖挑釁的行為（別擔心，我不會讓牠冒著受傷的危險），不過即便路克的地位較高，也比其他的狗兒「強勢」，並不代表牠具有攻擊性。假如有隻狗對著牠吠叫並朝牠衝過去時，路克只會冷靜地把頭別開，化解當時緊張的局勢，也讓對方沒有情緒反彈的機會。牠唯一不容許就是其他公狗騎乘的動作，除非狗兒發情，否則騎乘對方是一種表達地位的行為（與交配無關）。如果有狗意圖跨騎路克，牠會低咆一下，偶而朝著那隻狗一邊咆叫、一邊跳到對方身上，讓對方清楚瞭解，當牠受到挑戰時牠不僅有能力、而且也有決心對付對方。所以其他狗兒都會接受牠展現地位的行為，乖乖不惹事地聽牠的[10]。

「強勢地位」的概念

假如強勢地位和攻擊行為不一樣，那麼它又是什麼呢？當初動物行為研究使用這個名詞時，它所描述的是兩隻動物間的關係，它的定義是：「優先取得限量、偏好資源的權利」，就這麼一句話，不多也不少。它的意思是：如果地上有一根骨頭，同時有兩隻動物想要得到它，那麼誰才能得到它呢？或者有兩隻公黑猩猩都想和母黑猩猩繁殖後代，哪隻才能如願以償呢？這便是「優先取得（我先得）限量（數量不夠共享）偏好（我好想要）資源（最好的食物、睡覺地點、最好的辦公室等等）的權利」。

「強勢地位」對飼主之所以重要的原因在於：它所代表的社交自由度。有些狗兒會纏著你非要你摸摸牠才行，等一下牠躺在床上你伸手想摸牠時，牠卻對你兇。喜歡爭地位的狗兒或認爲自己地位很高的狗，會覺得牠有碰觸你的自由。當牠們想被人摸時就會主動要求，但是如果你擅作主張去摸牠們的話，牠們就會警告你閃邊去[11]。我在下一章會談到人犬互動中，有關地位的行爲具有何含意。

人類經常對強勢地位微妙變化感到困惑，因爲狗兒的行爲似乎不是那麼始終如一。某隻狗兒可能永遠都是拿到骨頭的那一隻，而另一隻狗兒則可能總是第一個走出門。不過，強勢地位（地位高）者並不代表牠想要某樣東西時，就會立刻得到它。地位高的個體，並不一定總是第一個取得東西。鬱金香是我家牧場上地位最崇高的狗兒，其他的邊境牧羊犬絕不敢妄想從牠腳邊取走一根骨頭或一隻死兔子。但是有些事情對鬱金香來說就沒那麼重要，所以地位低的彼普即使睡在沙發上，也不致於打亂牠們的社會秩序，因爲鬱金香雖然也喜歡睡在沙發上，但這和一根美味的骨頭比起來，就變得不那麼重要了。地位高的個體有權決定什麼對牠們才重要，這顯示了牠們所擁有的社交自由度。

社會地位不只表現於權力最大者主控一切而已，位階制度的運作可複雜多了。地位高的個體必須依賴同群成員的支持才能維持地位。地位最高的公黑猩猩唯有依靠身後的一群支持者才能夠穩坐

10. 有些狗兒會為了獲得更高的地位而不惜代價，而有些狗只是愛打架罷了。我通常會小心避免我家狗兒與這兩種狗兒互動。

11. 小心不要以為這類行為一定和狗兒的地位高有關。有些處於病痛的狗兒也會出現相同的行為，因為牠們主動要求碰觸時，牠們還能夠保護自己；但是如果由別人主動伸手時，牠們就沒有辦法這麼做了。

寶座。地位最高的狼如果行徑蠻橫暴虐，牠可能會被狼群中的其他狼隻聯合推翻。我們大家都曉得甚至連人類的高位者行事過度、肆無忌憚時也會喪失權力。

認清另外一點也很重要：具有位階制度的動物群落並不是二分成「一個地位最高的個體」和「其他的個體」。典型的社會位階制有三個主要的位階：艾爾發老大級（alpha：地位最高者），貝達老二級（beta：總是等待機會爬上老大位置的地位爭取者），和奧米加老么級（omega：一群沒資格競爭地位的個體）。以狼群為例，奧米加老么級包含了幼狼及青春期的狼隻，但是也可能包括對當老大沒興趣的成狼。任何動物的領袖和人類領袖一樣，都必須承擔責任和風險。所有證據都顯示出：許多物種當中，不同個體想成為「老大」的意願差距甚大。並不是每隻狗都一定想爭地位，但確實有許多狗兒會和人類一樣汲汲於地位的追求，總是想提升自己在群體眼中的價值。這些狗兒多半會竭盡所能爭取地位，然後便安於其位。然而我也曾見過一些執著於追求完全社交自由的狗兒，這種極其罕見的狗兒危險性很高，牠們為了如願以償會不擇手段，一點也不在乎是否會令你受傷。

相較於這些狗兒，其他的個體（人類或狗兒）似乎並不在乎當不當老大，並非所有人都想把群體的責任攬在自己肩上。我們都見過那些勞心費力、拚命向上爬的人，卻也有許多看似安於朝九晚五生活的人，他們享受整理花園以及與自己小孩相處的樂趣，將地位帶來的目光焦點和權力留給他人去競爭。兩種生活態度都沒有對錯，也許我們的社會正需要有如此不同的差異性才能夠正常運作。假如每個人都拚命想當主席或董事長的話，情況將相當難看，而不管人類或狗兒的社會都遵行相同的原則。

可是你別被有時表現卑微之至的狗兒（或人）給騙了，一隻很容易表現出順服卑微的狗兒不見得是隻不愛尋求地位的狗。我看過許多隻狗（尤其母狗）在某些狀況下表現得極度順服卑微，但隨著時間或狗群成員的改變，牠們反而成爲最有可能奪取老大地位的候選狗兒。其他的狗也可能也非常清楚這些狗只是在等待時機，等著空缺的出現。好比有些人會對我們卑躬屈膝、極盡卑微之事，我們依舊能看出他們是攀權附貴、汲汲於地位的人。有時候，最花力氣表現出低位謙卑的人其實是最在乎地位的人，他們對於爭取自己的地位也最有興趣。

我在大學教課時，曾經有位學生極盡諂媚之能事，只差沒親吻我的裙角，他不斷稱讚我當日說過的生花妙語。在不斷說出討我歡心的卑微話語時，他也一邊越來越向我親近，要求我一定要給他特別關照，這是其他學生根本不敢妄想的要求（他要我每堂課後與他見面，把上課的內容一字不漏地再講一次），他的行爲結合了安撫對方和指使對方的兩種訊息，眞是太令人不可思議了。因此我創出了一個新名詞來描述這個行爲，叫做「攻擊性諂媚行爲」(aggressively obsequious)，我現在也將它應用在狗兒身上。

我曾養過一隻名爲「貝絲」的邊境牧羊犬。當有陌生的狗兒來到牧場上時，牠會以典型高地位狗兒的姿態迎接對方：從耳朵到尾巴擺出抬頭挺胸的姿態，身體直挺，好像把身體儘量向上拉高似的，然後充滿自信地朝著那些狗兒小跑步接近，展示她擁有其他狗兒所沒有的權利。來訪的狗兒便發出接受貝絲地位的訊號，示意牠們只是到貝絲的領域上一遊而已。牠們會把頭及尾巴放低，身體重心後倚（而非身體前傾），允許貝絲嗅聞牠們身上的任何部分。不過，有天來了隻體格巨大的母混種哈士奇，這回貝絲可遇上對手了。貝絲刻意小跑步上前去迎接這位訪客時，那隻母哈士奇站著一動也不動，頭和尾巴上揚。當貝絲去聞牠的腳時，牠突然爆發出咆叫，不到四分之一秒裡，貝絲已經自己翻身躺平在地上，兩隻後腳及鼠蹊部張開，前腳屈起，頭轉向側面，這回由這位訪客作出嗅聞的動作。

接下來的整個週末，貝絲給予那隻母哈士奇如皇族般的禮遇。牠們一塊兒玩耍、一塊兒翻滾嬉鬧、一塊兒追逐兔子，躺在客廳地毯上挨著彼此的身體睡覺，但是地位高的貝絲轉眼間變得諂媚阿諛、趴伏在地，不時會去舔哈士奇皇后的嘴唇，成了哈腰鞠躬的個中翹楚。有一天早晨，我和我的狗兒站成一排，一同觀看貝絲趴在地上卑微的樣子，幾分鐘後我們彼此交換了眼神，就像與人類朋友交換眼神一般，我無法知道牠們腦袋裡想些什麼，但我至今仍然懷疑牠們可能和我一樣，覺得這幅景像實在很好笑。假如你看過貝絲在那隻母哈士奇身旁的樣子，你一定會認爲牠是你所見過最低位順服的狗兒之一，所以請你記得貝絲和那隻哈士奇，不要以爲所有表現低卑姿態的狗兒一輩子都不想當老大，如同那些表現出攻擊性諂媚行爲的人一樣，他們並不想一輩子待在社會最底層。

誰老是想當老大？

哪些個體最喜歡爭奪地位呢？許多物種位階制度中，最常出現攻擊行爲的就是貝達老二。這些好爭地位的成員雖然目前尚未獲得至高地位，但牠們正在背後競爭、準備卡位。舉例來說，狼群裡的中間階級挑上一隻倒楣的狼攻擊時，地位最高的公狼很少會湊上一腳。雖然這種惡霸行爲在狼群中很常見，而且通常由一隻貝達老二級的狼隻開始帶頭。研究學者艾力克．西曼的報告中說：艾爾發老大級公狼幾乎會對此行爲展現「不尋常的包容度」（他還發現：貝達老二級公狼出現的攻擊行爲是其他級次公狼的三倍以上）。

在許多具有社會位階制度的物種中，貝達老二級成員出現攻擊行爲是常見的情形。任何社會學家都深深瞭解，企業中氣氛最緊繃、攻擊性也最強的層級便是中間管理階層，研究猿猴的靈長類學家也有相同的看法。如果我們想想人類爭奪權力的行爲，就會覺得這個論調很合理。美國首府華盛頓特區的組成並不是只有一名總統和一群毫無地位的跟隨者而已，那裡還有一大群貝達老二，總是爲了權力及地位彼此較力。根據首府特區的新聞報導，那裡大家明爭暗鬥的情形相當嚴重，很多人想站上貝達老二層級中的最高位置，成爲艾爾發老大聽信的對象，因爲不用花力氣就能輕易接近老大的寶座，無論在位者是隻雄性動物或美國總統亦然，我稱此爲「季辛吉現象」（Kissinger phenomenon），而我在狗兒身上也經常看到這個現象。

地位的重要性也視該個體所屬的位階級次而定。以狼群爲例，位階差異在高位狼隻之間較爲顯著，但低位狼之間的位階區分則不怎麼明確。以人類來說，當某人的社交地位提升時，該地位的重

要性才會隨之增加。你認爲以下那個差異比較重要：在奧運中贏得金牌或銀牌？還是在同一比賽中獲得第二十三名或第二十四名呢？假如我得了奧運金牌，有人卻恭喜我得了銀牌，我一定會糾正他。但是如果只是第二十三或第二十四名的差異，我就不確定是否會糾正他了。此外，資源的價值也有關係，我在小型牧羊犬比賽中看過一些因爲裁決誤判而錯失第一名的人，表現出不在乎的氣度；但如果這些人是在大型比賽上因此未獲第一名的話，他們絕對會毫不猶豫地大聲提出異議。

不同物種可以自成一群嗎？

地位對人類和狗兒都很重要，它是如何影響人犬互動關係呢？我們還不太瞭解不同物種的動物（如人類和狗兒）是否能夠融入同一個社會單位，而且是否占據位階制度中不同的位置，這些問題尚待科學家、訓練師和愛狗人士的關切及研究。某晚，我與動物行爲應用專家約翰・萊特先生（John Wright）共進雞尾酒，我們爭論狗兒是否將人類也納入牠們的位階制度，我們聊得非常盡興。他認爲牠們不會，而我認爲會。等我們喝到第二輪琴酒時，我們都同意誰對誰錯不重要，不過這眞是個精彩的話題。我個人認爲，依照強勢地位和社會地位的定義，人與狗兒應該能夠共同存在於同一個社會位階系統。如果「強勢地位」是「優先取得資源的權力」，可以使得某個體比其他個體擁有更多社交自由。當動物同住一個資源充足的屋簷下時，其遇上的問題可能和任何群居的動物都會一樣。如果一塊豬排掉在你和你的狗中間，你們就是兩個想要同一樣東西、卻不願與對方分享的個體。

我經常看到一些狗兒想挑戰牠們覺得地位較低的家庭成員（尤其是個頭嬌小、輕聲細語、表現慈愛的女性），但牠們從來不會挑戰較具權威性的家庭成員。此外，狗兒迎接人類時，會使用平常迎接同類的視覺訊號，例如：把頭放低或抬高、把尾巴停住不動或搖擺著，但絕大多數狗兒不會以此訊號和其他種類的動物互動。狗兒通常會把牠們當成有趣的東西聞聞嗅嗅、把牠們當成玩具把玩（如同鬱金香把玩小羊的例子），或者把牠們當成獵物看待。其中雖然也有例外，不過狗兒很少會把人類以外的動物當成同伴迎接，除非這些動物和狗兒同住一個屋簷下。狗兒的行為表現顯示了牠們把我們當成牠們社交圈中的一員，我覺得牠們會這麼做很合理，雖然我們各屬不同物種，但我們住在一起、睡在一起、吃在一起，而且也會因爲資源分配而起衝突。

雖然許多狗兇人或狗咬人的嚴重個案中，可能和統治性攻擊行爲都沒有什麼關係，但是在某些個案裡，地位爭奪的問題確實存在。狗兒也許並未表現強勢地位的樣子，但是這不代表事發原因與地位無關。我懷疑許多家中狗兒的打架事件可能都牽涉到地位，而且有些狗咬飼主的事件就是競爭地位而引起的衝突。

家中狗兒最常見的（死傷也最嚴重）打架情形發生於同性狗兒之間（公狗間或母狗間各自有一套位階順序，在狼、羊、馬和許多靈長類動物中亦有此現象）。當青春期狗兒進入成犬階段，地位開始變得重要時，牠們經常會打架。通常打架的原因是爲了爭奪資源（例如：食物、空間或別人的注意），同一家裡的成員（包括人類和狗兒）如何看待地位的問題就是關鍵了。即便是最受寵的狗兒也必須等待飼主幫牠開門、拿飯給牠吃或者去拿牽繩，我懷疑大多數愛爭地位的狗兒不是自認為是貝達老二層級中地位很高的一員，就是正爲了艾爾發老大地位與飼主進行一場複雜激烈的談判賽。假如你的狗兒是這樣，下一章將提供你一些方法，教你如何成為仁慈的領袖，同時也使狗兒學習耐心和禮貌。

仁者無敵

對我們這些和狗兒同住的人來說，必須瞭解社會結構中的另一個層面。以彼普爲例，牠是我家牧場上地位最低的狗兒，牠也最怕衝突發生，即便牠快餓死了，也不可能爲了一根骨頭挑戰鬱金香。但是昨晚在客廳裡，所有狗兒都躺在我身旁時，彼普從鬱金香那裡拿走了一根磨牙用的骨頭。當時鬱金香正趴在客廳中央啃著這根骨頭，躺在三公尺外的彼普一開始注視著鬱金香，一邊露出微笑，尾巴大力拍打著地板。牠從所在之處在地板上匍匐前進，頭部壓低、嘴角卑微地向後拉，一步步緩慢又持續地接近鬱金香。最後牠來到鬱金香身旁，開始對鬱金香的嘴唇亂舔一通，牠的頭依然壓低，尾巴依然拍打著地面。

在應對得體的犬類社會中，這種所謂的「主動屈服」（active submission）是一種抑制攻擊行爲的求和表現，所以鬱金香沒有對彼普低咆，牠只是一直啃著牠的骨頭，並且設法不去理會彼普濕漉漉的長舌。彼普加強牠的策略，越舔越快，直到鬱金香終於閉上眼睛把頭轉開，完全露出一副好似希望某個討厭鬼或討厭東西趕快走開的神情。然而彼普雖然順服低微，但並不表示牠沒有耐力。牠持續行進，把壓低的身子又搖又晃地擺動著，在鬱金香的周圍低伏爬行，胡亂舔著鬱金香，直到鬱金香最後站起來走掉，勝利的彼普才開始安定下來，徹底輕鬆地享受咬骨頭的樂趣。坐在一旁的我則驚訝地合不上嘴，雖然彼普在位階制度裡地位很低，但是牠能夠靠自己取得牠所想要東西的能力再度令我驚嘆不已。

彼普成功的示範清楚地說明：社會地位不是唯一可以取得事物的方法，耐力與緩和對方的手段有時也同樣管用。彼普的行爲正好提醒我們兩個很重要的原則，而如果每位飼主都能充分瞭解這些原則將會很有幫助：第一，地位對人犬關係有其重要性，但它只是人犬之眾多互動方式之一。對有些狗兒而言，尤其是那些並不好爭地位的狗兒來說，人類對地位的過度強調遠遠超出了它實際的重要性。第二，對於極重視地位的狗兒來說，飼主最不該做的就是處罰狗兒或採取嚴酷的訓練手段，它們對狗兒沒有必要，而且不可容許，如同現在打老婆小孩已不再見容於世一樣。請你銘記在心：你的狗兒可以居住在三種不同類型的家庭。一種是飼主使用暴力及威嚇迫使狗兒服從的家；一種是狗兒擁有完全社交主控權、任牠隨心所欲的家；另一種是氣氛和睦融洽的家，由你作爲牠們睿智又仁厚的領袖。要選擇哪一種操之在你，但請記得一點：你的狗兒沒得選擇！

8

教「犬」有方

飼主如有仁厚的領袖風範，
便能讓狗狗快樂地學會耐性和禮貌

邊境牧羊犬「達米諾」以小跑步進入我的辦公室，有禮貌地走近並聞聞我的手，然後開始在房裡嗅嗅聞聞。在此同時，我與其飼主貝絲談起她來找我的原因，她手臂上的紫黃色瘀青已經透露了線索，因為達米諾咬了她，而且不只是咬一口，而是連續好幾口，雖然傷口不深，手臂的瘀青也復原得很快，但是她對自己狗兒原先的信任卻嚴重受損。

上個星期，當貝絲試圖把吠叫不停的達米諾從窗邊叫開時，牠不肯聽從。達米諾看到有人帶狗散步經過家門，就狂吠，而且每次的吠叫行為變得越來越具攻擊性，貝絲很擔心牠會激動氣惱地破窗而去（她的擔憂其來有自，我有兩個個案飼主就曾經遇上這種事）。貝絲試著大聲要求達米諾別再對著窗戶又吠又跳，但牠完全不加理會，於是她抓住牠的頸圈，把牠拖開。片刻之間牠轉過頭咬了她，牠並不是只咬了一口，而是連咬三口，然後牠又回到窗前對外吠。貝絲不但受了傷而且震驚不已，因為她養了一輩子的狗，卻從來沒有一隻咬過她。

達米諾一直是隻討人喜歡的幼犬；一年多來，牠已經成了貝絲生命中的最愛。如今牠已是一隻亭亭玉立的年輕狗兒，可是貝絲卻卻越來越怕牠。許多次貝絲抓住牠的頸圈時，牠都回頭作勢要咬她，這回牠真的咬了貝絲。而且昨晚在沙發上，當貝絲把達米諾推到一旁時，牠對貝絲發出警告性的低咆。這隻可愛的狗原本是她最好的朋友，但是現在貝絲覺得牠的行為背叛她，為此深感憂心與害怕。

正當我們訪談接近尾聲時，有個人經過我的窗外並且進入辦公室，身旁還帶了隻懶洋洋的巴吉度犬，達米諾凝神片刻之後，情緒便在窗邊爆發開來。吠叫聲之大，讓人耳朵發疼。看得出來貝絲明顯往後退了三、四公分，我說：「噢，很好！」，因為我現在可以觀察達米諾的實際狀況。我朝著牠走過去，小心翼翼把雙手垂放身體兩側。當牠對著窗户又吠又跳時，我安靜地觀察牠，貝絲並沒有誇大牠的問題：達米諾真的已經完全失控，牠不只讓貝絲無法控制，也激動到連牠自己都無法控制。

我很肯定倘使我當時去抓牠的頸圈，牠一定會回頭咬我一口，如同上星期牠咬貝絲的情形一樣。牠的眼睛睜得又圓又大，瞳孔放大到極限，背上的毛從肩膀至臀部全豎了起來，代表這隻狗正處於極度激動的狀態。牠的嘴巴張大，呼吸短促，看起來身體好像同時往數個方向移動，光是這麼看著牠就已經很累人了。我沒有多做干預，因為我很好奇在路人離開之後，牠需要多久時間才能平靜下來——牠花了整整一分鐘才停止吠叫，而且至少五分鐘之後牠的呼吸才恢復正常。

請你問問自己，你會怎麼描述達米諾這隻狗呢？有人告訴貝絲，牠咬她手臂的行為就是「統治性攻擊行為」，但是狗咬人並不一定代表牠們「地位優越」，這一點我希望我在前一章已經解釋得很清楚。她的另一位朋友則表示達米諾對其他狗一定有很嚴重的攻擊性，因為牠只有在狗經過屋子時才會歇斯底里地吠叫，但是達米諾在狗兒公園裡和其他狗兒都玩得很好，而且家附近也有很多狗狗朋友，除了牠在窗邊的情形以外，貝絲從來沒看過牠對任何一隻狗低吼。達米諾也是貝絲養過的狗當中最容易訓練的，是服從訓練課上的模範生。牠看起來很愛貝絲，兩者形影不離，也和貝絲一樣不吝表達熱情，牠老愛去舔貝絲，如同貝絲老愛在牠耳後搔癢一樣。不過，我在下結論之前還需要一些資訊，於是我開始直接測試達米諾。

在達米諾平靜下來之後，我拿了一顆網球，牠便立刻把身子壓低，擺出了邊境牧羊犬典型的趕羊姿勢，我們一起玩很緊湊的「你丟我撿」遊戲，然後我故意把球藏起來，不再注意牠，走回貝絲身邊。不過達米諾還不想結束這場遊戲，牠跑到我身邊用嘴頂我的手，我刻意不予理會。牠再次頂了我的手並且汪了一聲，我繼續和貝絲對談，請她不要動也不要理達米諾。牠汪一聲，汪一聲，又汪一聲，達米諾望著我站著，不間斷地一聲一聲對著我吠汪，這是狗兒企圖獲取注意而出現的叫聲。我沒有阻止牠，因為我現在並非在訓練牠，而是在評估牠的行為，我想測試如果不干預牠的話，會有什麼結果。當牠瞪著我看時，牠的叫聲變得越來越急也越低沉，我沒法告訴你狗兒心中想些什麼（因為我也一樣不懂人心想些什麼），不過達米諾當時看起來快氣瘋了。

貝絲看起來很緊張，一直請我把球丟給牠，達米諾一心只想玩球，而貝絲一心只希望牠快樂。她向我解釋：她唯一能讓達米諾運動的方法就是在屋裡陪牠丟球，如此一來，她才能夠一邊看電視、打電腦或甚至講電話。當牠對著貝絲開始吠叫要求她丟球時，她無法用聲音制止牠別叫，只好把球丟出去落得耳根清淨，於是她家的玩球遊戲只有在達米諾玩累時才喊停。然而一歲大的健康邊境牧羊犬根本不太懂累是什麼意思，以致於貝絲的手臂練得有如職棒大聯盟投手一般，每當達米諾想玩球時就會吵，所以每天晚上玩球便成了家常便飯。

達米諾想要的東西並不只玩球而已。當牠用前腳撥撥貝絲，她就會拍拍牠；當牠對著廚房櫃子吠叫，就會有零食吃。牠讓我聯想到餐廳裡吵著飯前要吃點心的小孩，無可奈何的父母為了使小孩安靜下來，最後只好順從他的要求。達米諾認為：蠻橫無禮引起人類注意的方法似乎很管用，假如第一次不奏效，只要持之以恆終究會一償所願，使得牠從小幾乎總是要什麼就有什麼。

大踹那台自動販賣機

無論人類或狗兒，若在成長過程中向來都是予取予求的話，長大後將導向一個完全無法忍受挫折的個性。畢竟挫折感來自期待，倘使嘗試某件事（例如：玩吃角子老虎時）但不如預期般順利時，第一次也許不會感到挫折，但是假若我們期待獲得某些回報（例如：投錢到汽水自動販賣機時），但結果卻一無所獲，我們就會感到挫折。我幾年前看過一篇新聞報導，有個人用獵槍轟了一台可樂自動販賣機，原因是投幣之後可樂沒有跑出來。我也見過本來很溫和的人踹起自動販賣機來，我自己也有幾次很想踢它幾腳的經驗（我承認曾踢過一次）。挫折感乃是攻擊行爲的起因，問問處理家暴事件的人就知道。雖然多數成人不會訴諸暴力，但大家應該都很熟悉受挫嚴重時瀕臨攻擊邊緣的情緒。

達米諾也是一樣，牠在窗前歇斯底里的吠叫行爲與挫折感極有關係。一開始牠在窗口看見別隻狗時也許無意要攻擊牠們，只想出去一起玩，但是牠無法出去，所以開始用吠叫的方式要求達到牠想做的事，但無論牠叫得多麼聲嘶力竭，仍然無法如願以償，所以達米諾便像人類氣急敗壞時會去

「踢著自動販賣機」那般，發洩自己的情緒，而且絲只是剛好在牠大發雷霆時擋了路。

至於能夠接受人類或狗兒情緒失控到什麼程度，得視失控者的年齡而定。兩歲小孩為了冰淇淋掉在地上漲紅著臉、生氣地鬼叫，沒什麼好驚訝的；但隨著小孩逐漸成長，我們會期望他們學會處理挫折及管理情緒。假如你看到十二歲的男孩像兩歲小孩一樣耍起脾氣，你一定會開始注意這件事；倘若三十歲的男子也這麼發脾氣，你一定會把自己小孩拉上車去、趕緊避開。當我們感到挫折時會很想發脾氣，但大多數人並不會這麼做，因為在成長過程中我們必須學習控制自己的情緒。如果狗兒想成為家中的一份子，牠們也必須學會這麼做。那些不依靠人類、獨力生活的狗兒要學習克服無法如願時的挫折情緒絲毫沒有困難，生活裡種種難關已經教會牠們這一點，但是人們過度保護、寵愛狗兒，使得牠們越來越難學習面對挫折。

人們照料狗兒的方式以及牠會如何反應，和牠的天性有關。狗兒和人類一樣都擁有不同的性格特質，有些狗會比別的狗更需要學習如何忍受挫折，即便有些嬌生慣養的狗一輩子都很可愛，也很有耐性。而我也曾經遇到一位有經驗的明智飼主，他養狗從來沒碰到問題，直到有天他養了一隻名叫查理的狗，牠不太能忍受挫折，讓大家的日子都很難過，包括牠自己在內。所以請你謹記在心：雖然有些被人溺愛的狗從來不會產生問題，但是大多數狗兒和人一樣，都需要學習如何面對挫折才行。

對飼主來說，教導狗兒如何面對失落感並不是件輕鬆的差事，如同養育小孩也不容易是一樣的道理。我的個案中，有許多人自己的孩子已經長大或仍然是小孩的階段，他們想把狗兒當成孫兒輩對待，只想去寵愛這些可愛的小東西，不想辛苦地建立家規或執行它，尤其是看到狗兒靈活的棕色大眼，惹人愛的毛絨絨小臉向你撒嬌時，更是難以拒絕。狗兒能夠引發人們愛憐呵護的原始情感，於是當牠們乞求我們注意時，我們通常很難拒絕牠們。

這些同處一個屋簷下的狗兒，除了擁有令人憐愛的外觀特徵外，牠們也依賴我們存活，而且無法用言語與我們溝通。牠們好比嬰兒，不僅不時需要人的照料，也需要我們體貼地發現牠們的需求，並且盡你所能地滿足牠們。人類小孩長大後，不再那麼需要大人時時「伺候」。狗兒亦然，有些人依然事事都依狗兒，彷彿無論牠們年紀多大，仍舊把牠們當成小孩似的；當狗兒撒嬌時就拍撫牠，給牠無限量的零食，只要狗兒一吵，飼主馬上就會注意牠。但是我們絕對不會這麼對待自己的小孩，而是會教孩子守規矩、懂禮貌。如果你不是事事順從狗兒的人，或許會嘲笑這些飼主的行爲，不過可不能對這種自然流露的呵護慾望嗤之以鼻，假如沒有這樣的天性我們就會絕種了。但凡事過與不及都不好，假如處理不當，問題還是會產生。

只要能時時意識到一件事，想改掉對狗兒唯命是從的習慣就會容易多了，那就是：狗兒在三歲大時已是一隻成熟的成犬，牠絕對有能力控制自己的情緒，而且這也是所有社會性動物必備的能力。當我告訴一位飼主，她多年來悉心伺候的拉薩犬，就像是一位對她予取予求的三十五歲男子時，她錯愕得從椅子上站起來，而那位毛茸茸的中年狗朋友從一進到我辦公室，就一直懶洋洋躺在她腿上，這時才從她腿上滾下來，氣惱地被摔落在地上（不過牠並沒受傷）。這隻拉薩犬也是咬了牠的主人，因為主人拉著牠的頸圈，不讓牠去咬在後院發現的食物包裝紙，牠無法得到想要的東西而感到挫折，所以才生氣咬了人。狗兒有獨特的表現挫折方式，當牠們氣惱時會張嘴亂咬，而人類幼童使用手和狗利用嘴巴表達生氣的方式一模一樣，還好小孩手上沒有長著利齒。

協助狗兒學會面對挫折和失落感很簡單。每當狗兒向你乞討食物或想引起注意時，你可以想像好比一位朋友跑來對你說：「**喂！哈囉！**我要你拍拍我！我要你**現在**就來拍拍我！」的情景。我並非主張當你家的狗想要撒嬌或有所求時，你不應該依著牠。像我家的狗每次跑來要我摸牠，我也經常會照做。但是，並不是除了答應之外你就別無選擇，事實上你有選擇的權利，而且你需要適時行使這個權利。回想一下你的成長經驗中，當「想要」吃冰淇淋時，並不代表每次都吃得到；「想要」按摩時，並不代表別人必須放下一切飛奔到你身邊為你服務。所以如果你現在不想拍撫你的狗，不必感到內疚，牠有能力可以面對拒絕，不騙你！假使牠無法面對，那麼你就更不該拍撫牠了。

你給予狗兒何種回應，有時需視牠的年紀而定。如同人類一樣，年輕的狗兒尚未學會如何控制情緒和慾望，我們得協助牠們學習才行。很多年輕狗兒對拍撫或引起注意的興趣沒有比玩耍來得高，牠們會跑到主人身邊希望一起玩遊戲。然而我們在很累的狀況下，只想坐下來休息一會兒，通常這時我們只會拍拍牠們，不會馬上帶牠們出去玩。主人的反應逐漸讓狗兒學會一件事：雖然無法獲得牠所需要的結果，但至少可以要到一個按摩服務。其實，要解決這種事情很簡單，如果你養的是健康年輕的狗，尤其是整天關在籠子睡覺的話，一定要親自帶牠出去活動治動筋骨，不然就要找人代勞。

我會這麼說是因爲所見過許多行爲問題，都是狗兒無聊沒事做的結果。諷刺的是，我們提供狗兒越多照顧，讓牠們不用再出去亂跑，狗兒無所是事的問題就會越來越嚴重。五〇年代的孩堤時期，我們家每天早上會讓狗狗「法吉」出門去。法吉會跑到鄰居家去「接」一隻粗毛可利牧羊犬（rough-coated Collie），然後再加上另一隻狗，牠們整個上午會忙著監督學童上校車、恐嚇垃圾清潔隊員、追兔子和蜥蜴，其他還做了些什麼只有老天曉得。當法吉傍晚回家時，我們不需討論誰該帶牠去運動，牠自己已經運動夠了。想當然爾，當時發生了狗打架以及有狗被車撞死的悲劇，所以我現在不會再打開門讓我的狗四處亂晃，這對狗來說太危險了，而且對鄰居和其土地所有權也不太尊重。然而，假如狗兒白天大部分的時間和晚上都關在籠子裡，每天生活的高潮只限於牽繩散步十五分鐘的話[1]，我們就不能要求牠有良好的行爲了。因此，你該處理優先重要的事。如果你希望狗兒不要來煩你，在牠來煩你之前，請先滿足牠的需求。無論你的狗兒需要多少運動量，讓每隻狗兒學

1. 如果把工作犬及牧羊犬（例如：邊境牧羊犬和澳洲牧牛犬）當成寵物飼養的風潮可以逐漸退燒的話，這類問題就容易解決多了。由於邊境牧羊犬的中型體型和樂意與人合作的特質，使牠們成了越來越受歡迎的寵物。但是牠們和山羊一樣，並不適合飼養於多數的家裡當中。牠們的特質是能夠在蘇格蘭的崎嶇地勢上工作，每天在遼闊山坡上奔跑，那兒有綿延不絕的綠地景色，令人看了不禁快活（卻令人走得腳痛）。假如你下班後並不常帶狗外出，無法讓牠在安全場所中自由地跑個痛快，請不要飼養邊境牧羊犬！在花園裡整理植物時，讓你的邊境牧羊犬在旁邊嗅嗅聞聞找樂子並不能算是牠的運動，如果不想讓牠們發瘋，你必須讓牠們跑幾個小時，並且讓牠們用絕佳的頭腦解決問題。我看過數量多得令人心痛的問題邊境牧羊犬，牠們出現咆哮、繞圈子轉和歇斯底里的行為。牠們的居住環境若能夠符合牠們的犬種特性，讓身心都獲得「運動」，就不會產生這麼多問題。

習面對挫折是必要的。以下提供一個簡單且平易近人的方法，它可以協助狗兒有效學習情緒管理。

我說「夠了！」就是夠了

我的每一隻狗都聽得懂「夠了！」（Enough）這個口令，代表牠們應該「停止當時正在做的事」（例如：要求我拍拍牠們或一直拿球來煩我），讓我安靜自處。要教會狗兒這個口令很容易，而且這個訓練可以讓狗兒明白主人雖然很愛牠，但是主人仍有自己的事要做。你只要用輕聲低沉的聲音說出「夠了！」，然後快速輕拍狗兒的頭兩次便行。假如牠不走開（大多數狗兒在剛開始幾次都不會走開），請你站起來，用身體阻擋牠，將牠逼離你沙發一、兩公尺遠，然後回到原來位置坐下，雙手交叉於胸，把頭撇開不看牠。如果你坐下後牠又跑過來，就再「拍拍」牠的頭，用身體迫使牠後退。當牠又回來時，一定要避免與牠四目相接（我常覺得很好笑的是，一般人叫狗兒走開時，卻又繼續與牠們保持眼神接觸，狗兒會拚命注視主人的臉，設法找出主人和牠們溝通的線索。一旦你把頭別開，表示你們的互動已經結束了，狗兒才能試著理解而自行走開。如果一直盯著牠看，只動動嘴巴就要牠走，牠會一直望著你，認爲你一定正在以視覺溝通什麼重要的事，而拚命在你臉上找尋答案）。

「拍拍頭兩下」的動作很重要。當初我家訪客開始發覺有四個大嘴巴擱在他們大腿上不走時，我想找到一個每個訪客都很容易做到的動作。我曾請訪客嘗試過一些別的動作表達「夠了！」（同「走開！」之意），但都不太好用，因爲雖然我家的狗都知道這些動作的意義，但是無論我的訪客多麼想叫牠們走開，他們就是不會去使用這些暗示，後來我終於發現：當我的訪客不想狗兒再繼續賴在面前哈氣時，每個人都能夠自在地先說「夠了！」，再拍拍牠們頭兩下。在馴犬課上，常常可以看到狗兒在主人拍拍頭之後就退開了，雖然這些尚未學會技巧的飼主通常只是獎勵牠們時才會這麼做。

現在，人類喜歡拍拍狗兒頭頂的靈長類特性總算派上用場，一般人不是很容易就想要拍拍狗的頭嗎？但狗兒卻不太喜歡這麼做（拍拍和撫摸是不同的，多數狗兒和人一樣都比較喜歡近似按摩的撫摸方式），因此不如把這個特性好好利用一番。有位狼隻操作手更加強證實這個方法很管用。她告訴我：當她或其他操作手不想要狼隻繼續煩他們時，都會在狼的頭上拍兩三下；這樣的動作不具攻擊性或威嚇作用，只是讓動物覺得有些反感，所以狗兒和狼隻都會決定走開，到別處去（也許跑去找你隔壁的人！）。

我的兩名姪女稱這種拍頭動作爲「快樂拍拍」（happy slappies）。有次她們去參加「寵物熱線」（Petline）節目錄影之後想出了這個詞，我當時與道格・麥克康諾（我的前夫）共同主持這個節目，它是一個在動物星球頻道解答動物行爲問題的節目。一位打扮得像賭城秀場女郎的獸醫來賓，突然旋風式地走入攝影棚時，我的兩名姪女嚇得目瞪口呆。這位來賓把她一隻個兒嬌小的狗放在地毯，牠立刻撒尿又大便；而且當她換上一套黑黃條紋相間的緊身衣時（我們戲稱它爲「殺人蜂裝」，後來製作人強迫她換下這套衣服），差點害死一隻上節目的小鸚哥。她問我是否可以借用路克示範刷牙，因爲路克修養很好、隨遇而安，所以我就答應她了。

爲了示範刷牙，路克得坐在桌子上頭不准動、等待著，而導演、四位攝影師和助理製作群在牠身旁跑來跑去忙著準備事宜。終於到了正式開始的時間，那位女獸醫首先向觀眾解釋狗兒刷牙的重要性，接著連個字或善意的碰觸都沒有，就直接用力把路克的嘴張開，彷彿在大熱天裡匆忙打開皮包找錢包似的。路克的眼睛睜得好大，我用嘴巴做出「好乖，好乖！」的嘴型但沒出聲，並且在攝影機後方比著「不要動」的手勢。在她對路克的嘴巴粗暴胡來的幾分鐘之後（假如我的牙醫也這麼粗魯，我早就咬他一口了），她轉身面向路克並在牠頭上用力拍打兩下以示感謝，可惜她並不知道，我們之前剛錄完一個片段，當中解釋了多數狗兒最討厭被人用力拍頭的方式，而她剛才便是「絕佳的」錯誤示範，全場工作人員無不捧腹大笑，我們只好重錄一次（這次她沒有再打頭了）。可憐的路克，真要感謝牠超有耐性和敦厚善良的天性。

隔天我那兩位創意十足的姪女安妮和艾蜜莉，撰寫了一齣模仿那天錄影的諷刺劇並且自己演出。她們在這齣劇中設計了一個鬆餅翻面機，當狗兒服從聽話時，它會去打狗兒的頭以示獎勵，這種打法就命名爲「快樂拍拍」。所以，我對飼主的建議是利用這一招讓表達友善的狗兒乖乖走開。但若是遇到一隻不認識的狗或者是一隻會怕人的狗，就別這樣拍牠的頭。請記住，對怕人的狗來說，把手伸向牠們的頭去是件非常恐怖的事；不過要是遇上一隻傻楞楞的友善小狗，要牠別再纏著你，請用低沉的聲音告訴牠「夠了！」，再給牠幾下「快樂拍拍」，有時還必須用身體阻擋牠幾次、再把頭別開，相信這是我所試過最有效的方法了。

請不要以爲我建議你別理你家的狗；有時我也會給予我家四隻狗充分的關心與注意，好比在熱玉米上猛塗奶油似的，但是只有我才能夠決定何時給予牠們注意。而且我也不會鼓勵粗魯蠻橫的行爲，當牠們用力頂我的手臂時，我不會不假思索地去拍撫牠們，但這有點困難。路克最愛的場合就是宴會，牠可以四處博取注意，牠是這方面的專家，因爲牠總是表現出一派紳士風度，所以總是能從每一桌客人處獲得雞肉和按摩服務，而且牠胸前優雅的白色短捲毛也有加分的效果，使牠看起來有點像電影《亂世佳人》裡參加舞會的白瑞德。牠能夠輕鬆融入隆重的晚宴場合，而且很快就學會當用餐的客人停手不再拍撫牠時，只要牠用鼻子頂一頂他們，按摩服務就會繼續；如果頂的動作不奏效，牠會把頭伸到一隻手臂下方再往上頂，這麼做很快就會收到效果。因爲這個技巧通常會使客人的飲料濺出來或者刀叉飛出去，當刀叉飛到空中之後想繼續用餐是很困難的，於是客人只好無可奈何地停止吃他們的韌雞肉，先撫摸路克再說。

然而，路克卻企圖把這個技巧帶回家用，但這是我最不鼓勵的行爲。現在路克已經十一歲，是一隻成熟的公狗，不該再像隻幼犬一樣。假如我不是人類，這個行爲就容易處理多了。然而，靈長類動物的天性總是會不加思索地爲別人理毛，而且也如飛蛾撲火般，會強烈需求他人的碰觸。我和多數人一樣都喜歡拍撫我的狗，這並不只是因爲我是靈長類的緣故，而是因爲我是個特別愛抱抱的人。我會撫摸著愛貓艾拉入睡，牠會滿足地在我的胸口發出「咕嚕咕嚕」的打呼聲。夜晚時分，我會和我的所有狗兒躺在地上，對牠們上下其手，盡可能地碰觸到牠們身體上的每一吋。可是我並不想要一隻蠻橫無禮、予取予求的狗，我不需要把路克當成無助的嬰兒對待。所以，當路克用鼻子頂我時，我不會去摸牠；我會謹愼地等牠有禮貌不任性時才去拍撫牠。有時當牠騷擾我要求按摩時，我會把頭別開，故意做出嗤之以鼻的樣子不予理會，絕不做出欲拒還迎的樣子。如果我眞的很想摸摸牠，但牠卻是一副討厭鬼的樣子，我就會叫牠做事，例如叫牠坐下或鞠躬，如此一來，我可以利用拍撫來獎勵好的行爲，而非不好的行爲。

你也可以協助狗兒不來煩你並且學會自個兒玩。在牠走開並且安靜下來之後，你可以給牠一個塞有食物的玩具玩，可是千萬不要在牠跑來乞求時，馬上跳起來拿個啃咬玩具給牠，這只會讓牠學會乞求的方式比較容易達到目的。相反地，當牠撥著你的腳時（或以其他方式要求），就對牠說：「夠了！」，再以身體作阻擋讓牠退開來，等牠躺下並稍微安靜下來後，再馬上起身（保持沉默，沒必要開口）到廚房拿一個塞滿零食的玩具（爲了有效行事，你必須事先準備好玩具，屆時才能立刻派上用場），再走到牠躺著的地方放下玩具，即便牠起身跟著你走出房間也沒關係，因爲現在牠已經學到：白費精力、碰運氣的方式去煩你，不一定會有回報，但是安靜躺下時將有所回饋。這種作法對一些幾乎無法控制自己的年輕狗兒，尤其有幫助。這和在餐廳用餐完畢前找些事情讓小孩忙著動手做一樣。聰明的家長不會等著麻煩出現；他們在一有端倪出現就會出手阻止，先給孩子一些合宜的事情做，而不是等到他們想博取注意而任性不乖時。不妨在狗兒身上也如法泡製，你就能有多點輕鬆時間了。

注意進出門的禮貌

如果你到朋友家作客，而他家小孩急忙衝出門時把你撞倒，你一定會覺得這種行爲很魯莽吧！然而，我們卻經常默許狗兒這種行爲。我並非不喜歡精力充沛的狗兒，但是任何事情必須適時適地，如同我們教導小孩一樣，對狗兒抱持相同期許應該也算合理。如果狗兒要成爲「家人」，我們就必須教導牠們表現彬彬有禮的樣子[2]。雖然牠們是狗不是嬰孩，但是牠們衝動胡來的行爲不見得很可愛。既然人狗同住一個屋簷下，牠們必須學習控制衝動並且培養一些好耐性。野外的狗兒會由家族成員教導牠們什麼是禮貌的行爲，所以你不可以捨棄身爲「長輩」的責任。別再鼓勵你的狗表現得像幼犬一樣，牠已經長大了。

請記住：這個訓練和你家狗的性格特質有很大的關連。有些個性溫馴或順服謙卑的狗兒絕對不敢妄想在你面前衝出門外。如果你養的是個性馴良的狗，請把這本書先擱著，告訴牠：你眞是一隻

2. 訓練狗兒進出門時要有禮貌，已經成為馴犬界爭議性的話題。在人類社交關係中，誰先走出門是件很重要的事。有些人認為這對狗也很重要，但有些訓練師和行為專家並不這麼認為。我們已知門口對人類是個很重要的地方。例如，通常我們會讓德高望重的人先走出去。我在聽過數百名飼主描述自家的狗在門口打架的案例之後，我的猜測是：出入門口這件事對狗兒而言，具有某種社交上的意義。因此，門口可說是狗兒學習控制與奮度或讓情緒操控牠的場所。

好特別的狗！其實並不是每隻狗都這樣乖巧可人，有些狗喜歡示範美式足球背後絆倒別人的犯規動作。我的許多個案都曾經因為他們的狗搶著出門而從後面追撞主人，使主人重心不穩摔倒而導致重傷（他們分別都動了膝蓋手術，兩人骨折，一人腦震盪）。也有非常多個案的狗在門口發生了激烈的打架事件，猶如球賽裡興奮過頭的球迷一般。我還認識數十隻衝出門外就會消失幾小時或好幾天的狗兒，牠們之中有些後來被車撞死了，有些則成了棘手官司的主角。所以，培養良好進出門的禮節，對狗兒或對愛牠們的人類來說，都不是件可容忽視的小事。

教導狗兒進出門其實相當容易，因為牠們很快便能學會在門口應該作何表現，可是「腳側隨行」的訓練卻得花上數月的功夫。腳側隨行對狗而言完全沒有重要性，我若以狗兒的角度看「腳側隨行」，會將它解讀為：「待在主人膝旁，以宛如牛步的速度緩慢行進，而且任何有趣的事物都不可以理會。」訓練門口禮節時，你不需要使用食物或玩具，因為獲准到多采多姿的戶外玩耍就是一種獎勵。如果小白彬彬有禮，牠就可以出門。這原本就是牠想要做的事，如果牠沒禮貌就不准出門，規則就是這麼簡單。而且當人和狗同時都在學習新事物時，簡單的方法是最有效的。

首先，請你決定使用什麼訊號叫你的狗在門前停下來。我們在馴犬課上用的是「等等」（Wait）口令，但我自己使用「注意」（Mind是"Mind your manners!"〔注意禮貌！〕的略稱），因為「等等」聽起來太像我趕羊時的另一個訊號。選擇一個聽起來和其他訊號不一樣的口令，且每次都使用同一個口令，記得不必大聲下口令，而是把聲音放低，使用肯定式的口氣，而非疑問式的口吻。（如果詢問似地說「等等？」，聽起來意思好像是：「請你等一等好嗎？你這次會聽我的話嗎？會吧？拜託嘛！」）

為了安全起見，假如門口是直接通往沒有圍起來的開放區域，記得訓練前一定要先幫你的狗繫上牽繩。不過千萬不要用牽繩把狗自門口拖開，這麼做只會讓你的狗更加奮力衝向門口。所有哺乳類動物的肌肉都會自然抗拒外來的力量，所以把狗兒拉過來時，都會使牠自然而然朝反方向和你拔河；如果你不斷用力把牽繩往回拉，不但無法制止牠往前衝，反而會鼓勵牠這麼做；所以訓練門口禮儀時切記要把牽繩放鬆。不過我得先警告你，這可不是那麼容易的事。當牽繩在我們手上的時候，我們就會很想去拉扯它。所以，當你進行門口的「等等訓練」時，請別人牽著狗會比較好，你也可以把牽繩拴在欄杆上；如果狗兒的體型不大，你可以把牽繩綁在自己身上，你便不會企圖用牽繩把狗兒拉開。若想防止狗兒衝出門外，可以利用你的身體作阻擋，而不是利用牽繩。

請你走到門口，移動到狗兒前方，讓自己站在狗兒和門之間，面向狗兒，背對門口，這樣你才看得到牠在做什麼，也能適時做出對應。如果牠已經逼近門口時（多數狗都會這麼做），直接往牠的方向前進，以身體擋在牠跟前使牠後退離開門口。動作進行時不必出聲，也不必過於粗魯，以小碎步方式往前移動，讓牠別無選擇只能向後退。假如牠企圖繞過你旁邊，迅速向左或向右移動，利用身體擋住牠的去路，想像自己是個守門員，你的職責就是不讓球進入得分區。一旦你平和成功地把牠逼退到離門口一兩公尺外的地方時，就可以走回門口，以沉穩低沉的聲音喊出「注意！」或「等等！」之類的口令，然後把門打開一點點。

接下來該怎麼做，得視你的狗兒出現什麼行爲而定。大多數狗看到門打開時，就會迅速往前衝（甚至在你退回門口連門還沒開時，就會這麼做），所以你必須準備好以身體擋住牠的去路。一開始致力於不重複口令（可想而知，初學時必須多多練習這一點），只要用身體阻擋牠向前。有些人比較不喜歡用身體阻擋，而是在狗兒有機會衝出去之前就把門關上。這種作法可以讓狗兒瞭解到「假如牠衝出去，在牠達成目的之前門就會關上；如果牠坐下來耐心等候，門就會打開」。如果你使用這個作法，記得關門時不要讓狗兒撞上門，我曾經看過這種情形發生，所以我比較喜歡用自己的身體擋住門口，不過兩種方法都很管用。

當狗兒停頓下來（可能只是停止往前衝，或者更理想的是，牠停下來抬頭看著你），即便只停了一下下，要馬上說：「OK!」，讓牠出門去，如何抓準時間點是最重要的。一旦你的狗第一次不再對著門口「施壓」，立刻獎勵牠的行爲便極具關鍵。所以，你必須仔細觀察牠，隨時待命，只要牠一出現停頓舉動，立刻開門。隨著訓練次數的累積，牠將表現出越來越好的耐性。但在訓練初期你得站在協助牠的立場，好好觀察牠、做好準備，一旦牠出現任何接近期望目標的行爲時，就立刻解放牠，讓牠出門去。

訓練狗兒時，你會想要一直擋在門口不走開，但請你克制這個人性衝動，因爲最終你希望讓狗兒學會自己做決定。牠必須學習「等候」和「設法溜出去」各有什麼後果。你要讓開往門口的去路，但是你可以站在一旁，準備一有必要就跳出來擋路；如果你的狗兒選擇了等候，就用歡欣喜悅的聲音叫牠的名字，或下達解除口令如「OK!」或「自由了！」等。但是如果牠企圖衝出門外，請以身體擋住牠，然後再給牠一次停下來的機會。大多數狗兒領悟這個訓練的速度非常快，因爲牠們知道：假如耐心有禮等候，就可以出門去；假如橫衝直撞，就會被攔下來。

在此提醒你一些訓練狗狗時人們最常犯的錯誤，你才能有效地避免它：

●不斷重複口令：（請回想一下我們談過的黑猩猩吧！）克制自己下多次指令的衝動；記得一次只下一個口令，其餘的就讓你的身體來「說」吧！

●用牽繩拉狗而不用身體阻擋：這是人類會常做的事，只要我們牽繩在手，要我們不去用它幾乎是不可能。記得請利用身體去擋，別用繩子拉扯你的狗。

●當狗兒不再往門口走時，卻依然逼近狗兒或將身體向狗兒前傾：請記住身體屏障法是個威力很強的視覺訊號；從狗兒停止向前，不再往門口衝去的那一刻（不用接觸牠也能感受到這一點），就應該馬上停止向前阻擋動作，但如果你繼續往前移動或者將身體前傾，將造成對狗兒過度施壓，這可能會衍生其他的問題。

不要混淆「等等！」（Wait）和「等待不動！」（Stay）兩個口令的用法。「等待不動！」的意思是，你的狗必須靜止於某個定點直到指令解除爲止，而「等等！」的意思是，狗狗不能往前移動直到禁令解除。如果你說「等等！」狗兒就離開門口的話，完全沒有問題，因爲「等等！」表示：

「在你沒有獲得進一步指示之前不要向前移動！」假如你想在門口使用「等待不動！」的口令當然也沒問題，它也是個阻止狗兒衝出門外的好方法，但是它的概念是不同的（它的意思是「我沒叫你動之前不要動！」）。我比較喜歡在門口使用「等等！」的口令，因為我認為讓狗兒自己學會如何控制衝動比起幫牠們做決定來得好些。

噢，牠只是太好客了！

說真的，你沒有必要允許你的狗兒在身上亂撲亂跳。如果你喜歡狗兒迎接你時用撲到你身上的方式，那倒無妨；但是假如你允許牠對你不尊重，把你撞得四腳朝天，這就不太恰當了。你不該縱容你家狗狗有這種粗魯無禮的行為。我最早期的個案中有一隻體型巨大、名為「公爵」的垂耳杜賓犬，牠的女主人依德絲上了年紀，為了防身而飼養牠。牠在一歲之前完全被溺愛，什麼規矩都沒學過。當我在大門口和牠見面時，牠跳起來就把兩隻巨大的腳掌搭在我肩上，在牠幾乎把我撲倒之後（牠已經撲倒過一些依德絲上了年紀的朋友），接下來便在客廳裡衝來衝去，興奮激動地跳過一張張桌椅，把枱燈和書本都撞落到地上，牠最後選定坐在沙發上的我的大腿坐了下來，前腳再次搭在我的肩上，並且用濕黏的舌頭幫我洗臉。期間，依德絲一直呵呵笑著，還喊著她有多麼喜歡公爵的親切友善。可是如果公爵以這種方式迎接狗狗公園裡的任何一隻狗，牠肯定會成為其他狗兒避之唯恐不及的討厭鬼。胡搞亂來的幼犬會受到年長狗兒的教導，瞭解到：跳到別隻狗頭上、罔顧個體空間是很無禮的行爲，所以狗兒當然沒有理由不學習尊重你的個體空間。

雖然狗兒不必像小孩子看見大人那樣行屈膝禮，我也並非主張狗兒每次迎接人類時都必須被迫坐下或等待不動，然而社會性動物都很注意彼此間的個體空間。隨著牠們逐漸成長，牠們將學習到，即便很興奮但不侵犯別人的空間才是禮貌的行爲。其實，教狗兒迎接你時有禮貌或想在沙發上和你窩在一起，並不難；只要停止人類的行爲，瞭解狗兒會怎麼做就可以了。當一隻友善卻沒禮貌的狗想跳到你身上時，不要向後退；相反地，可利用第二章提過的身體屏障法來主張你的個體空間。假設你坐在椅子上，公爵正自房裡某個地方閃電般迅速向你跑來，顯然牠再跑三步就會跳到你大腿上，與其閃避這顆飛毛飛彈，自然地向後閃躲（這樣牠剛好有足夠的空間可以跳進來），還不如把上半身往前傾，擋住牠的去路，把頭別開、雙手交叉，利用肩膀和身體側面阻擋牠，讓牠無法進入你周遭的空間。

一旦牠不再試圖跳到你大腿上而且四隻腳都安分地回到地面時，立刻以拍撫、稱讚、給零食或玩耍的方式獎勵牠。在牠乖乖地站好之前，必須重複好幾次身體屏障的動作，你將會驚訝地發現狗兒從此再也不會跳到你身上了。

有些人對於不讓狗兒撲到他們身上感到很內疚，他們不應該這麼認爲，除非他們也允許其他成年人隨性地跨騎到自己的頭上和肩膀上！如果你喜歡狗迎接你時跳到你身上，當然可以讓牠這麼做；但是你不能允許你的狗隨便衝到別人身上，好像牠完全不必考量對方的安全或個體空間似的，這並不是友善的表現，這表示牠沒有教養[3]。

沉默是金

還有一個簡單的方法，可以協助狗成爲家中有禮貌的一份子，而完全不需要特別訓練牠，那就是只要先教會**自己**做這件事就可以。每位訓練師都知道，訓練人比訓練狗困難多了，可是這件事眞的很簡單，那就是：閉上你的嘴。

這麼說可能太直接了，但我們確實對狗兒說了太多話，這樣不只讓牠們感到困惑，還會給予過多刺激或嚇到牠們。你們可能認爲這麼說很失禮，但是請你瞭解，我也把自己列入這一類人當中，若是能少說點話對狗兒會更好。人類是超愛說話的動物，有時我會對著我家狗兒傻瓜似地喋喋不休，更糟的是，當狗沒有依照我的要求時，我有時會提高音量，說話越來越大聲，直到回過神來，才開始表現出訓練師應有的樣子。當然隨著每一年的學習，我越來越能輕聲細語與狗溝通。當我遇到不該大聲的情況時，我能控制自己避免提高音量，但有時還是忍不住喊出來。人類受挫或驚訝時，說話自然就會大聲。如同第一章所述，雖然我們的近親黑猩猩也擁有相同的特徵，而且黑猩猩麥克也因爲撞擊金屬桶造成轟天巨響而登上老大寶座，但若要教你的狗有耐性且彬彬有禮，大嗓門並不怎麼管用。

前面章節曾提及，用輕聲低沉的聲音獲得狗兒反應相當重要。本章節則要告訴你「大呼小叫」

將左右主人在狗兒眼中的形象。大聲說話能夠獲得狗兒的注意，就像老師提高音量以獲得學生注意一樣，但它究竟傳達了什麼有效的訊息呢？大呼小叫具有某種威嚇的效果，狗兒看到主人一副失控的樣子，或許眞能引起一些注意，但你就不是個冷靜沉著的領袖，也不是以身作則的良好示範。短期來看，大呼小叫會讓你的狗表現更糟；長期來講，狗兒會對主人喪失信心，這是我的經驗之談。

前面提過我訓練狗兒第一次趕羊的情形；每當我覺得情況逐漸失控時，百分之九十五的狀況下，我會感到焦慮不安，高亢緊張的聲音好比火上加油，使得我的邊境牧羊犬茱福特咬著牙，使勁拚命地追趕羊群。我整個夏天都在訓練自己趕羊遇到激動亢奮時，仍能保持輕聲鎭定，現在我已有九成的成功率，或許還稍微高一點點。有些操作手即使面對亂哄哄的失控羊群、牧羊犬氣急敗壞彷彿就要把羊兒生呑活吃，甚至整場亂局旁邊就是車水馬龍的高速公路時，他們依然能夠鎭靜地與狗兒對話。我認爲這些人彷彿是神，我會盡可能花點時間待在他們身旁，期盼能夠感染到一些他們的神力。

狗兒似乎很喜歡話少、冷靜沉著的人，也喜歡陪伴在這類人身旁，如同我們也爲擁有高貴沉靜

3. 很多馴犬師會心虛坦承自己有讓狗跳到身上——因為這比彎下腰去摸牠們容易多了。我們馴犬師大多會提醒飼主不准許狗兒這麼做，因為要教狗兒學會只能跳到主人身上、不能跳到其他人身上比較困難。如果你對我的狗說：「使壞吧！」，牠們就會站起來打招呼並且把腳放在你身上，但是你若沒說這句話，牠們絕不會這麼做。我認為這才是理想的作法，但是這得花不少精力時間做訓練。

氣質的不凡人物所吸引一樣。我認識一位擁有這種氣質的人，她的芳名是茱莉・辛普森（Julie Simpson）。她是第一位贏得英國國際牧羊犬協會最高競賽冠軍的女性。她對狗兒說的話不多；當她說話時總是輕聲細語，卻能夠散發內在平和自信的氣質。在訓練講座上，她只要在九十公尺外輕聲說話，那些狗兒就會乖乖聽話，或許你無法營造出茱莉那種獲得狗兒尊重的能力，但假如你不再拉著大嗓門對狗講話，而是表現出冷靜穩重，自然能散發自信，讓狗兒對你多加注意。

仔細思量對狗兒說的每一句話；想要狗兒注意你時，請提醒自己儘量走近一點，不要在老遠就拉高嗓門大喊。心中冥想印度聖雄甘地和達賴喇嘛，一邊平緩地呼吸，保持微笑。幫狗兒訂定規矩時不必猶豫。假如你成爲一位沉默自信、讓狗兒信賴的領袖，表示你已獲得牠的尊重。這是一種非常美好的感覺，和被狗兒所愛的感覺一樣的棒！我們眞是幸運，可以同時擁有這兩種感覺，而達成部分目的只要「少開尊口」就行了。

領袖風範

「領袖」一詞是在馴犬界被廣爲濫用的名詞之一。「強勢地位」的概念受到嚴重誤用及誤解，使得某些馴犬界人士現在不太使用「領袖」一詞，這非常可惜，因爲大多數社會性動物都會因爲擁有明智的領袖而受惠。我的數百名個案飼主靠著仁厚慈愛的方式教導狗兒耐心及禮貌，使得原本相處時一直存在於人狗之間的問題獲得極大的改善。雖然我不確定飼主和狗兒之間的問題是否起因於不良的社交關係，或是狗兒沒有忍受挫折的能力，但這裡提供的建議倒對以上兩個情形有正面的影響。或許當飼主表現出仁厚領袖的風度時，較能引導狗兒表現出良好的行爲，如同問題少年終於遇到一位睿智仁慈的生命導師一樣。或者因爲狗兒已經學會耐性和禮貌才能讓牠們得到想要的東西（因爲粗魯蠻橫的行爲不管用了），而牠們也學會了如何面對挫折，不會動不動就失控或攻擊別人。

但是我還是要告訴你必須視狗兒而定。每隻狗個性不一樣，有些狗眞的很好爭地位。如果飼主表現出領袖風範，牠們就會有所改善。有些狗兒無法管理自己的情緒及控制衝動，牠們就必須學習要有耐性。我所見過最棘手的狗兒，則同時存在這兩種問題，既容易激動又缺乏情緒管理的能力；一旦感到對方似乎想挑戰牠們的地位就很容易發作了。相反地，有些狗則完全沒法變壞。我稱牠們爲「誰養都好」的狗，就算想盡辦法激怒牠也不能使牠變壞。如果你家的狗就是這種個性，請把接下來的內容當成是增長見聞的有趣閱讀，你也可以儘管笑我們這些擁有「正常」狗兒的人。

這個家到底由誰作主？

雖然以前的訓練師會過於強調地位的重要，不過有些行爲個案的確和地位相關，我的一些個案就是讓狗兒主宰著他們之間所有的互動。牠們會在主人講電話時叫個不停；見到其他隻狗時，牠會要求飼主只注意自己；只有牠們才能決定何時該玩，何時可以讓人摸，以及何時該吃飯。狗兒贏得注意的方式和時間點，不只關係到耐性培養和面對挫折，這兩件事也是社交關係中很重要的一部分，因爲能否要求別人注意須視位階制度中的排名而定。

以黑猩猩、倭黑猩猩、人類和狼等幾種動物爲例，高位者都是群體中受到注目的焦點，牠們有權決定是否接受下位者主動邀請的社交接觸。雖然主動邀請接觸的通常是下位者，但是只有高位者才能決定是否要互動以及何時要互動。低位的彼普會一直舔鬱金香皇后的嘴吻，並且在牠面前匍匐爬行，不斷藉由這些行爲博取牠的注意。鬱金香則多半目視他方，拒絕給予彼普任何機會（我的朋友貝絲．米勒提醒我：學校下課時，操場上也會出現相同的情境，那些「酷哥辣妹型」的學生同樣不會搭理那些「遜斃一族」的學生）。想想看這類不平衡的互動情形在你家有多嚴重，如果你的狗可以得到你所有的注意力，而且掌控所有的互動，那麼牠很可能會把你的回應解讀爲一種支持牠成爲高位者的表現。

有些狗兒堅持只有牠才能決定誰可以摸誰、何時可摸，更有一些狗兒全然不尊重飼主的個體空間，隨牠們高興就可以跳到主人大腿上或去煩他們。這些狗兒通常也主宰牠們何時才可以讓人摸、可以摸哪個部位。假如飼主先主動去摸牠們，牠們很可能會對主人低咆。讓我們再看看不同物種的理毛行爲，大多數社會性動物都由低位者幫高位者理毛，沒有例外的情形。因此，如果你的狗可以要求你停下手邊所有事去拍撫牠，那麼你在牠心目中便沒有什麼資格把那塊掉在地上的豬排拿走。

好爭地位的狗，很可能會把家中所有物品視爲牠的所有物，包括床在內，因爲它對人或狗來說都是家中最有價值的東西之一。在我踏入動物行爲應用專業這一行之前，我從來不知道，有這麼多人半夜起來上廁所之後就沒法再回到床上去了，誰猜得到美國竟然到處都有半夜得在屋裡漫步的男子，只因爲家裡的狗在他們起來小便之後就不肯再讓他們上床呢？這聽起來就像脫口秀節目般可笑，但是當這些具威脅性的狗兒眞的咬了人可就沒那麼好笑了。（不過有些人還是覺得挺好笑的，曾有位太太捧腹大笑地講到她的拉薩犬咬了他先生的經歷，我永遠忘不了當時她先生坐在一旁的表情，即使他的手臂已被咬得皮開肉綻了，她仍然認爲這件事實在好笑得不得了，不過他先生和我都認爲這不好笑，我的建議是：他應該先找個婚姻諮詢顧問！）

儘管我認爲以「統治性攻擊行爲」解釋狗兒的行爲問題通常並不正確，但是有些個案的確和地位有關。不過有時候，狗兒只是單純因爲自己搞不清楚誰的地位比較高而已，牠們似乎經常擁有高度的社交自由，但有時候似乎只有人類才有。假如你家裡眞是這種情形，無法確立誰才是領袖的話，那麼就必須釐清人犬的社交關係及規範了。若是狗兒生活的世界讓牠自認地位很高時，這些狗兒可能會比較好爭地位，而且會盡可能想往上爬，就像是人類社會地位的生態一樣。

對付好爭地位的狗兒，我總是教牠們明白「社交地位在我們家並沒有那麼重要」，只要牠們有耐性、有禮貌，不用蠻橫地爭奪地位，就能得到想要的事物。假如飼主能不要再傳達矛盾的訊息使牠們困惑，並體認到人類或狗兒都不需要擁有高地位才會有人愛，這樣將能營造出一個氣氛較和諧的家庭與互動關係，讓狗兒可以感受被愛，但不會過度在意自己在家庭中的地位。請記住：這是個專門針對愛爭地位狗兒所使用的方法，雖然有許多狗兒就算你給牠再大的誘因也不會想提升自己的地位。如果你照著本章中的建議好好執行，並且要求狗兒隨著年紀逐漸增長學習應有的耐性及禮貌，將可能避免狗兒好爭地位可能帶來的許多問題。

不打越成器！

你不需要爲了讓狗兒俯首稱臣而動用武力；如果這麼做，所傳遞的訊息是你缺乏實質上的權力，表示除了蠻力和威嚇之外，你已經無計可施。可悲的是，我們竟然經常使用傷害動物的方式，威脅及管教家裡的狗而渾然不知。或許你可以利用威嚇使狗兒服從，但你可能造就了一隻怕你的狗，更可能造就一隻爲了自衛而學會攻擊主人的狗，一次的攻擊只會引發更多的攻擊行爲。許多我見過的狗咬人事件都是狗兒爲求自保不得已才發生的。不過，也有一些是性喜打架且巴不得你先出手成全牠們的狗兒，你或許能贏牠們一場，但是絕不可能每場都贏，更何況沒有人希望家裡的客廳變成戰場吧！

訓練狗時使用不必要的暴力已經夠糟了，但更大的問題是，狗兒並不認爲這是一種懲處。年紀較長或地位較高的狗兒在教訓牠們的同類時，會迅速咬住對方嘴吻部一下，但咬的力道不會傷到對方。我強烈建議大家不要模仿這個行爲，相信我，你的速度絕對不夠快，你的力道大概也無法拿捏得和狗兒一樣，到頭來只會讓自己被咬，而且會惹得滿嘴狗毛。

狗對狗作懲處時，不會咬住對方脖子周圍的毛皮，因爲咬這個部位和挑戰地位有關，它等同於人類在酒吧滋事時故意挑釁對方的行爲。咬著狗的脖子、猛力搖晃的糾正方式對某些狗兒很有效，但並不代表你就應該效法，因爲正確判斷體罰的狀況與時機，是馴犬時最困難的技巧，它並不是一件訓練生手應該嘗試去做的事。

許多人因爲聽信「人要比狗強勢」的謠言而使用暴力；他們對著狗兒吼叫、伸手抓項圈搖晃，這些都是「十足」靈長類的行爲，卻都不是狗兒天生就能理解的行爲。這麼做或許可以讓牠怕你，或讓牠非常注意你，但是沒辦法教會牠你想要牠學到的事。猛扯狗兒的項圈，好比小孩在學校上課回答錯誤而被打手心一樣。它可能會使小孩害怕回答問題，但是對於教導他何謂正確的答案並沒有幫助。由於在一些情況下對狗兒施以攻擊行爲，對某些狗兒的確很有效，有些人利用這種成功範例作爲合理理由，認爲無論遇到任何狀況都必須兇惡嚴酷地對待每隻狗；然而，即便這種不當又殘忍的作法有時很管用，也不値得鼓吹。你可以利用折磨及恫嚇的方式爲所欲爲，只要你施以足夠的暴力和掌控力，它當然會管用，但這並不代表它是個可接受的作法。

狗兒犯錯時該怎麼辦？

依我的經驗，狗兒「犯錯」時，人們通常會動手體罰，而且從我的個案當中發現，大多數會打狗或抓著牠們搖晃的飼主，其實除了體罰之外別無他法。如果我告訴大家不要對狗動粗卻不提供任何有效的改善方法，那麼一點建設性也沒有，所以我提供以下一個對狗和主人「幾乎」都會奏效的好方法[4]。

如果你的狗出現你並不樂見的行爲，請你做兩件事。首先，先使牠愣一下再停止進行中的行爲——你並不必傷害牠或把牠嚇得半死，只需要利用一個足以引起「哺乳動物驚愣反應」（mammalian startle response）的聲音打斷牠的行爲即可。如果你拍一下牆壁或桌子、丟本書，或把內裝有幾個銅板的金屬罐丟在地上，牠通常會暫時抬起頭來看看這聲音是怎麼回事。這時你必須迅雷不及掩耳地轉移牠片刻的注意，讓牠去做你要牠做的事。舉例來說，你家八個月拉布拉多犬正在啃桌腳時，你應該立刻打斷這個行爲，把牠的注意力轉移到某個適當的事件上，如去咬你昨天剛買的啃咬玩具。輕聲低沉地先說出：「不可以！」，再製造一個會使牠驚愣的聲響，在牠抬起頭的瞬間，對牠說：「好乖！」以獎勵牠停止動作，利用嘴巴出聲音或彈舌聲，使牠的注意力保持在你身上，然後再把牠的注意力轉移到一件比較適合牠做的事情上。

這個訓練的關鍵在於：你必須準備好在狗兒抬頭看你的片刻時間內，妥善利用牠的注意力。由於它爲時甚短，大多數新手會錯失良機，不知接下來該怎麼做，只能與牠四眼相望，狗兒覺得既然沒什麼特別的事，不如回去啃桌腳吧！如果狗兒抬起頭來看你，就立即採取行動，你就會發現這招實在太好用了。它聽起來很簡單，但是如同所有馴犬技巧一樣，需要經常練習，因爲你的反應時間必須配合狗兒的行爲，當狗兒一有反應時，你就必須盡快引導牠往下一步走。如果你開始動作的時間點並不理想，只要記住以下的基本原則就能占優勢——打斷原有行爲，**立刻**轉移到別件事上。

不過，假如你的狗已經全神貫注在某件事上，例如對著窗外那隻老愛惹毛牠的狗吠叫時，無論你製造出多大的聲響大概也沒法引起牠的注意。遇到這類情況時，請不要站在屋裡越喊越大聲；請你走到牠身邊，把零食放到狗兒鼻頭前方把牠誘開（好比用胡蘿蔔誘驢走路一樣），將狗兒帶離令牠興奮的情境之後，再叫牠做某件事。有時當狗兒興奮過度時，也可以不出聲地把牽繩繫上，利用繩子和食物誘使牠們離開那個吸引牠們目光的焦點，然後才叫牠們「起立！」、「找球！」或「上樓叫某人起床！（這位某人可以是你家那個老是要你起床帶狗去方便的人）」。等狗兒學習到：你的聲音總是預告著一件比牠現在正在做的事更加有趣好玩的事情時，牠的反應會越來越好，你便可以開始不再使用食物了。

當然，這些建議並不能取代內容完備的訓練書籍或教學錄影帶，或是取代一堂有專人協助指導的優良馴犬課，但是假如你能習慣性地打斷你所『不』樂見的狗兒行爲，使牠轉移到你所樂見的行爲上，你和狗兒都會快樂多了。執著追究對方的錯誤似乎是人類的通病。我們輕易從嘴裡蹦出「不可以！」的行爲模式彷彿呼吸一樣自然，但是「不可以！」並不會教狗兒做正確的事，它只會讓狗兒繼續專注於那件不對的事情上。假如我對你說：「不要再想著紅色，我現在可是認眞的，**不可以想紅色喔！**」，這麼說的效果會好嗎？換個方式，假如我說：「不可以想紅色，請想著藍色，又美又

---

4. 我無法提出對所有狗和人都奏效的建議，僅提供大家一個在大多數情況下經常都有效的方法，在這有限的篇幅裡給大家碰碰運氣試試看。

酷的藍色唷，想著藍色吧！」，這樣不是比較容易不會執著於「……那是哪個顏色來著」了嗎？你的狗兒能夠「犯錯」的事多得不勝枚舉，但牠可以「做對」的事只有一些而已；與其老是等到狗兒又犯錯時才告訴牠不可以，不如讓自己的生活簡單、容易些，直接教導牠做對的事就好了嘛！

所以，要阻止你的狗做某件不當的事情時，先輕聲說「不可以！」，再製造一個讓牠停頓一下的聲響，然後轉移牠去做應該做的事。思考著該如何教導牠，而不是怎麼體罰牠。請把舊式馴犬方式中激動火爆、充滿攻擊性的炙熱火紅，以冷靜沉著、寬厚仁慈的天空蔚藍取代，它會是一種令人愉悅的顏色。

9

什麼樣的狗最適合你？

每隻狗都是獨一無二的

我在寫這段文字十分鐘前，路克差點丟掉性命，一場令人心痛的事件幾乎就要發生，但很慶幸的是它並未發生。我情緒激動到幾乎無法繼續打字。我十隻手指僵硬、渾身發抖，無法想像若是路克死去我會怎樣。當我得知牠幾分鐘前差點可能慘死的消息時，我驚愕得呆若木雞，彷彿剛撞上一道牆似的。

把路克送回家的是我的鄰居，他們在我家牧場約半公里遠的馬路發現牠，那是條行經牧場的郡立公路，當時路克正在右線道的馬路上行走，那是某個急轉彎之後的上行陡坡的最高點，限速一百公里。但是人畢竟是人，時速通常都會超過，我許多鄰居的車速都比它快多了。這段公路能見度很差，每年都發生四、五起車輛撞到鹿的意外。這些車主為了打電話聯絡警長來處理，會在凌晨兩點敲我的門，我就躲在路克和鬱金香的低吠聲後面，從窗户偷瞄看是誰來了。這天早上公路上的車子特別多，除了平日早晨的交通流量之外，還加上許多輛往來某個工地之間的轟隆隆砂石車。

路克已經十一歲了，牠和我家任何一隻邊境牧羊犬一樣，一輩子都不曾上過馬路。就算我會放任路克、萊西或彼普待在屋外幾個小時（雖然我不會這麼做），牠們也只會蜷起身子待在露台上。我曾經用心訓練牠們不可接近馬路，可能因為這樣的訓練再加上本身的個性使然，牠們從來沒有踏過馬路一步。

如果有一隻鹿搖著白毛尾巴從我的花園衝出來跳過馬路，即便我的狗已經快把牠追到手了，但到了路邊還是會理智地停下腳步。牠們不會理睬自行車騎士、慢跑的人和車輛。不過若有人騎馬經過，牠們就會瞪大眼睛吠叫。即便是鬱金香也不會接近馬路，但我花了好多年訓練牠。牠不僅是個性獨立自主的大白熊犬，而且也特別執著，但只要我帶牠外出，即使牠把鹿追到了路邊，也會自動停下來。但我從來不會讓鬱金香獨自在外面亂跑，因為牠最後一定會開始到處閒晃，我認為冒這麼大的風險很不值得。

邊境牧羊犬和大白熊犬就不同了，牠們所承襲的一脈傳統是世世代代乖乖待在農莊旁、等待幹活的牧場狗兒，但今天早上卻是個例外。我依這情形判斷，路克應該是離家出走了。這天一如往常，每天早上我都會先放狗兒到外頭方便，再一同前往穀倉照料羊群，於是路克和其他邊境牧羊犬都待在屋外。正當我與辦公室的人通電話時，一群前來做屋頂翻新的工人駕車前來。這個工程實在太恐怖了，又髒又吵，我們全家都痛苦不堪。每天聽他們敲敲打打八個小時已經夠糟了，當這聲響從自己「狗窩」上方傳來時尤其叫人頭暈目眩。更糟的是，當時恰好遇上一波可惡的熱浪，氣溫高達攝氏三十五度以上，濕度近乎百分之百，天氣熱得把我的一頭羊給熱死了，所以我不可能把狗兒留在車上或穀倉裡。由於沒有什麼替代方案，於是我決定試著在家裡工作，看看我們是否能咬著牙撐過去。

當他們開始大肆敲打時，我把球丟給狗兒們玩，讓牠們開心一點，並且給牠們塞有零食的玩具。牠們顯然很不喜歡那些聲響，但是似乎不如我想像中那麼擔憂。平常晚間時分，路克和彼普變得有點黏人，對聲音也比較敏感，而白天施工不斷發出敲打巨響時，牠們只是在我腳邊趴著，所以我以為路克撐得住，但是我錯了，這個錯誤差點害牠沒命。

路克應該是在屋頂工人抵達我家、著手準備敲打時，就離開院子了，因為我才剛接通電話沒幾分鐘，我的鄰居約翰和康妮就帶著路克出現，牠沒被車子撞死真是個奇蹟，我從沒看過那條公路的交通像今天這麼繁忙。

我非常愛我的每一隻狗，愛到入骨的地步。雖然我每隻都很疼愛，但我對路克的愛很不同，當牠來到我家時，我立刻就愛上牠了，一直到現在我依然無可救藥地愛著牠。路克是百年難得一見的稀世珍狗，連閱狗無數的訓練師和繁殖者也遇不到這種狗。在我的行為講座上，偶而會有人跑來找我，開始說起自己也有一隻像路克一樣的狗。牠是如此特別，當他們談起牠時，牠眼中總是閃爍著淚光。或許你曾經擁有過一隻這樣的狗，一隻全然善良的好狗，每當你想起牠時，心中就充滿了溫馨喜悅。或許你現在就有一隻這樣的狗，我也這麼希望著。那麼，我們真是太幸運了。

路克是我所見過最英俊漂亮的狗，不過因為我看過太多外表好看但問題很大的狗兒，所以我已經不太在乎長相了。路克看起來像是電影《亂世佳人》英俊挺拔的男主角白瑞德，但是他的行為卻像是衛希禮——那位和善又守禮重節的好人衛希禮，要不是女主角郝思嘉的腦子比她的腰圍還小，她早該嫁給這位衛希禮了。路克高尚、純潔又單純，非常喜愛人類，但牠不會熱情到衝撞到人的身上。牠會走過去在他們的身旁坐下來，彷彿很尊重對方地，表達出牠樂於與他們為伴的心意。路克好比是已經通悟禪道的狗，永遠活在當下，永遠散發出似乎沉靜的心靈氣質，牠是狗界的達賴喇嘛。

路克對待狗兒很和善，對待小孩子也從來不曾無禮。牠是隻出色的牧羊犬，既敏捷、工作投入，也很聰明。牠有非常棒的趕羊第六感，比我更清楚羊群下一步的動向，早在牠們開始行動之前牠就預測到了。我可以信任路克把送往市集的羊隻趕上卡車，而當我進入到好鬥公羊居住之牧場區時，我總是會帶著路克同行，而那一天冒著生命危險為了搭救我一命的也是路克。

我那天被一隻長了角的瘋狂母羊「可琳」逼到了穀倉牆角無路可逃，牠看來不顧一切只想置我於死地。可琳原本就是一隻脾氣很壞的蘇格蘭黑臉羊[1]。牠剛生下一頭小羊，我進去給牠一些穀料和水，但是牠的護兒行為卻轉變為翻臉不認人的盛怒。牠把頭低下來，不斷企圖把我頂撞到水泥牆上，活似一個體型碩大、長滿羊毛的職業美式足球球員。牠每次一衝過來，我就往旁邊閃，使得牠撞上牆而沒撞上我，牠每次撞一次牆，整間穀倉就晃動起來，支柱上脫落的油漆碎片便從上頭飄落下來。

當牠再次衝向我時，我抓起一塊鬆脫的木板，用力往牠的頭和角上猛打，希望牠會因此後退，讓我有機會跑到柵門旁，但那塊木板打到牠又厚又硬的頭時就斷掉了。撞擊的力量還沿著我的手臂一直震動到我的肩膀上，但是牠似乎毫不在意，我也不認為牠此時還會在意什麼。可琳並不是蓄意攻擊，而是牠已經完全喪失自制力了。我在一些全然喪失自制力的攻擊性犬隻身上，也看過和牠現

1. 這個品種的羊連母羊也同樣長角。

在一樣的盛怒表現。

眼神狂怒的可琳繼續朝著我衝撞，也繼續衝撞著牆，剝落的油漆片四處飛散，我不斷向左躲、向右躲，起初生氣的情緒，在我的腳開始疲勞無力、而且膝蓋開始發抖之後，開始轉成恐懼，而我竟然會逃不出去，真是很荒謬。我治療攻擊性犬隻的個案裡，牠們的個頭有大有小，都是曾經咬過人或者企圖咬我的狗兒。在我的辦公室，我曾經被張牙咧齒、眼神冷酷的各式狗兒攻擊過。我也飼羊多年，曾經養過一隻名為「瘋四」（但是早該取名為「蠢頭」才對〔譯註：瘋四和蠢頭同為美國Beavis&Butthead卡通中的主角〕）的公羊，牠的攻擊性極強，某次牠還把一位一九〇公分高的朋友頂得飛越三公尺的距離。不過，這次的情形不同，我一點兒優勢都沒有，也無處可逃。

頂著一對大角作為武器的可琳，把我逼退到一處牆角，疲累孤單的我置身於荒野裡的牧場，時值週六早上，週一早上才會去上班，倘使我受了重傷，我可能必須等很久才會有人協助。我原本打算這天早上做些家事、對著羊群傻笑，而非被一隻想置我於死地的邪惡母羊逼得逃不出去。然而，牠最後終於撞到我了，在我的大腿上造成了一道很深也很痛的撕裂傷。

我憶起整件事情的過程中，除了可琳每次撞牆發出的巨大聲響之外，周遭出奇地安靜，也許這解釋了為何當時路克的腳在木頭羊舍裡走動的聲音，直至今日依然讓我記憶猶新，好像我才剛聽見它一般地清晰。「啪！」一聲，路克兩隻前腳撲上木製羊欄，在我有時間思考之前，牠已衝到我和可琳之間，我只看到一道黑白相間的模糊身影，像子彈般衝向可琳的頭部。可琳轉而對牠動怒，鼻頭朝尾巴方向，整顆頭是朝後方的，只有兩角之間的骨質頂部位朝向路克，現在牠試圖攻擊的是路克而不是我了。路克的體重只有二十二公斤，假如可琳把牠追撞到水泥牆上，只要一次便能置牠於死地。但是路克的動作快如閃電，牠應付攻擊性動物的功力之高，讓我永遠望塵莫及。牠和我在欄內左閃右躲地快速接近欄門，最後終於一同逃至安全的地方。

我們倒在穀倉裡的乾草堆裡，一人一狗喘著大氣，路克身體兩側隨著喘息起伏，因為缺氧，牠的嘴角向後拉開、以利換氣，血從牠嘴中流出來，因為牠有兩顆牙從牙齦處折斷了。我那時才恍然大悟，路克跳入羊欄時，是冒著性命危險的。我很確定牠明白這麼做有何風險。路克有與羊共處的多年經驗，而且牧羊犬很快便能學會何時危險、何時安全，牠自己就曾經有多次被眾蹄踐踏或被逼抵到牆邊的經驗。這些經驗都足以讓牠瞭解牧羊時的物理原則。但是牠從來不曾表現出害怕受傷的行為，這並不是因為牠是隻邊境牧羊犬，而是因為——牠是「路克」！

彼普也是隻邊境牧羊犬，但牠絕不會挑戰可琳，就算用一輩子吃不完的牛排晚餐做交換，牠也不可能會這麼做。牠非常懼怕身體挨痛，剪腳趾甲已經是牠英雄表現的極致。路克的女兒萊西就有可能挑戰可琳，不過我想牠一定也怕極了，而且我也懷疑牠是否能夠產生如牠父親那天早上所表現出來的魄力和果斷。假如當時鬱金香在場，牠會像隻生氣的母熊般衝撞那隻羊，我之所以可以很肯定這一點，是因為牠曾經這麼做。

有一次，公羊癟四將我撞倒，把我包夾在一道圍籬及地面之間，甚至當路克不停攻擊牠的頭之後牠仍不想停手[2]，這時鬱金香像輛火車般地邊吼邊衝地跑過來，嘴裡低聲咆吠著，呲牙咧嘴，而癱四反倒像隻受驚的馬兒向後退便離開了。雖然鬱金香很溫柔，但牠不會容許任何攻擊行為；在一眨眼的片刻間，牠就能搖身變成戰士的姿態。雖然鬱金香具有維護和平的傾向，萊西也會去做理當該做的事，但除了路克之外，我不認為其他狗兒會為了加入亂局而費力越過那道一百二十三公分高的羊欄。路克並不完美，但是當牠認為你需要協助時，你幾乎可以聽到騎士出場時，號角吹響的聲音。

或許這便是我如此愛牠的緣故，因為我覺得牠能照顧我、能讓人依賴，或許也不是因為如此，只因為了合理化自己的感覺而捏造出來的理由。從某個角度來看，什麼原因讓我對路克的愛不同於對其他的狗，這其實並不重要。但我就是愛著牠，而且自從多年前在穀倉發生了那件事之後，我對牠的愛更是日益增長。牠是我的心靈伴侶，假如你今天要我列舉出我在世上最好的三個朋友，牠便是其中之一。今天早上牠沒有無故枉死在馬路上，便足以讓我一輩子心懷感激，這件事再次提醒了我，每隻狗都很獨特，而且人犬之間也可以存在著如此深刻的愛。

瞭解狗格

我對我家每隻狗的愛各不相同，因爲牠們的性格各異。如同那些以兩腳行走的人類朋友一樣，我家每隻狗都有一些獨特的優缺點，我們稱之爲「性格特質」，由許多心理及行爲特徵結合，表現出每個個體獨有的性格。不過有些人認爲，在非人類的動物身上賦予性格特質太過離經叛道，他們仍然堅持動物是給予刺激始能反應的機器。去年我收到一封令人不可思議的電子郵件，這封來自某位大學生的郵件中提及：她的哲學課教授告訴班上同學，動物不具有感覺、思考和學習的能力，而且他的看法是，動物個體所具有的性格特質不會比時鐘多。

如果你在書中讀到辭世已久的十七世紀哲學家如笛卡兒這麼說就算了，但是一位受過教育的大學教授竟會在西元二〇〇一年教導學生這種觀念眞是令人大開眼界。雖然「非人類動物是否能夠思考」的課題確實非常複雜難解，然而，人類學習的基本原理即源於大鼠和小鼠的研究，連單細胞生物都能夠學習了，竟還有人主張動物沒有學習能力未免荒謬至極，如果我們對貓狗這類複雜動物的個體行爲差異視若無睹，這將同等愚昧可笑。

飼主都知道自己的狗具有獨特的性格特質，許多立場客觀的科學家更提出報告闡明：野生動物也是如此。大多數的動物行爲研究皆探求著動物普遍具有的傾向（例如：紅翼黑鸝〔red-winged blackbirds〕對於領域侵入者的反應是否有性別差異？年長的日本獼猴和年輕獼猴相比是否比較會嘗試新的食物？）。雖然個體差異只會混淆這類研究的結果，研究學者仍然不時對許多物種之中相當有趣的個別行爲差異提出評論。備受推崇的科學家雪莉．史壯已觀察東非狒狒達數十年之久，她曾描

2. 看了我的描述後，你可能會以為我的羊群攻擊性特別高，全是一群毛茸茸、瘋狂又危險的野獸。我會特別想起這些極富戲劇性的事件，正是因為它們實在太罕見了。我飼養羊群至今長達十六年，牠們大多時候都是溫順平和的動物，和牠們相處是種樂趣。

述一隻高位母狒狒佩姬是隻「堅強沉著的動物，有自信卻不會欺人太甚，掌權在手卻不暴虐」，之後不久她又在著作《近乎人類》（*Almost Human*）一書中也描述了佩姬的女兒西雅：「西雅是個人見人厭的可惡東西，牠在狒狒群中的地位僅次於母親，但牠專制蠻橫、濫用權力，無緣無故就攻擊並威嚇其他母狒狒。但若是佩姬遇到同樣的情形，牠只要以責難眼神看對方一眼，就可平息整件事；或者牠會靠過去，等待牠希望發生的事發生。」[3]

靈長類學家史蒂夫．芬蘭（Steve Suomi）也主張恆河獼猴被賦予了不同的性格特質，這是他數十年來的研究重點。他和同儕發現恆河獼猴的性格差異早在一個月大時便已穩定顯現。他在恆河獼猴身上所描述的許多性格差異，密切符合人類之間或狗兒之間的性格差異。有些恆河獼猴就像某些人和狗一樣，遇到陌生情況或新奇事物時會畏懼退縮，但有些恆河獼猴則只能以沒事愛生氣、動輒大發雷霆的方式來表現。這些性格特質有趣的地方是：它與人類性格如出一轍，也就是「幼年期即出現的性格特質，會隨著動物成長維持相當的穩定度，並且動物發展的早期經驗，對牠們日後的行為有著深遠的影響」。

舉例來說，常見於人類、狗兒和恆河獼猴的畏縮懼怕性格，似乎同時由遺傳及環境因子左右。就像我們所熟知的：畏縮型的狗兒會生出高比例的畏縮型幼犬。根據約翰．保羅．史考特和約翰．福勒的狗兒行為遺傳學經典研究報告，畏縮懼怕的傾向是最受遺傳影響的行為特質之一。好的繁殖者都知道：畏縮型的父母很可能生出極度畏縮的幼犬，不過實際的情形沒這麼簡單。常見的情況是：同窩幼犬中可能混雜著幾隻極爲畏縮的幼犬、幾隻有點畏縮的幼犬、以及一兩隻一點也不畏縮的幼犬。

研究人員曾經研究人類害羞懼怕的性格。他們以被領養的嬰兒爲研究對象，巧妙區分出遺傳和環境的影響。發現畏縮型的嬰兒即便由不具畏縮個性的養父母撫養成人，他們的個性與畏縮型的生母之間依然有關連。在其他動物身上，也處處可見畏縮個性受遺傳操控的證據。根據靈長類學家史蒂夫．芬蘭所述，許多靈長類約有百分之十五至二十的個體遇到陌生事物時會出現害怕的反應，這種畏懼退縮的性格似乎是生物學家所謂的「保留型」特徵，意即這種特徵通常會留存在族群之中，並且會以差不多的出現頻率代代流傳下來。

這自有其道理所在，因爲史蒂夫．芬蘭也發現在某些情況下，畏縮的恆河獼猴比膽大的恆河獼猴來得成功。例如，恆河獼猴的年輕公猴在性成熟初期，就會離開出生的猴群再加入別的猴群，這對猴子來說是段危險的時期。在此過程中高達半數的公猴會喪命，然而最成功的公猴是體型較大的公猴。由於個性畏縮的公猴比較謹慎，牠們會比同期出生的公猴較晚才獨自離開猴群。當牠們離開時，年紀已比別的公猴大，所以體型通常較大，於是很諷刺地，牠們反而會比那些先大膽離群的公猴來得更容易生存。

3. 順道提一下，這個例子又為「仁善領袖」及「好爭艾爾發老大者」的普遍天性提供了更多證據。

另一方面，研究人員也發現支持「環境影響個性」的強烈證據。史考特和福勒的研究發現：假如幼犬在社會化階段早期沒有與人類接觸，當牠們長成成犬時，遇到陌生人就一定會很緊張。研究貓隻行為的人員發現：假如由膽大父母生出的小貓在最重要的早期互動期間，即三至七週大時，缺乏與人類互動，牠們對陌生人就會出現畏懼的反應。而史蒂夫・芬蘭更發現畏縮型母恆河獼猴所生下的幼猴，雖然原本就可能帶有較易畏縮的遺傳特性，但是假如牠們的養母非常愛護牠們，提供牠們安全感，同時也鼓勵牠們與別隻猴子互動的話，牠們便能夠變得相當外向。

在所有複雜的物種中，說明遺傳和環境交互影響個體性格的例證不勝枚舉。所以從這個非常重要的觀念來看，我們和狗兒之間可說是非常相似。如果要問人類或狗兒的行爲是「遺傳的」或「環境造成的」，正好比在問麵包的形狀是「由原料製成的」還是「由揉麵過程製成的」一樣。假如你把蛋先煮熟再混入麵粉中，雖然使用的材料確實無誤，但是你做出來的東西並不會是所謂的麵包。

無論狗兒或人類的性格特質受到什麼影響，人犬之間的相處可以一拍即合，也可能如指甲刮到黑板般，發出刺耳的聲音。人犬能否融洽相處、狗兒是否看來服從聽話，有絕大部分得看人犬個性能否協調。任何關係都是綜合雙方個性之後才產生的，這道理用來說明人類的關係或人狗關係都同樣合理適用。多數的人和狗都可以歸入一般的性格類型，例如外向型或含蓄型，信任型或猜忌型，主動型或被動型。

愛狗人士最快樂的一件事，就是擁有一隻具備他們喜愛特質的狗兒，無論牠是一隻隨便誰拍都高興的社交花蝴蝶、一隻老愛挑戰世界的暴躁狗兒，還是一隻安靜又被動的沙發馬鈴薯狗兒，老愛蜷在書房裡，和你一樣愛看老電影，這都無妨。以下是我對狗兒性格的看法及一些建議，幫助你找到一隻你會快樂擁有、而牠也會快樂與你相伴的狗兒。

我以為黃金獵犬不會咬人！

每位我所認識的飼主都主張自己的狗具有獨特的個性，但是矛盾的是，許多人卻認爲某一犬種的狗全都會表現出相同的行爲。換句話說，有些人很容易將犬種名稱當成某種處方藥，彷彿所有這個犬種的狗兒是藥瓶裡一顆顆的藥丸，保證每一顆都含有相同的成分。在開始接受攻擊行爲的個案諮詢時，我才知道這種觀念有多普遍。「那隻狗怎麼會這樣？我以爲黃金獵犬不會咬人！」這類話，我聽過不下百次，而他們很可能把不會產生行爲問題的犬種，換成拉布拉多犬、混種犬或可卡犬。其實只要狗的嘴巴能夠開合，牠就能夠咬。而我也看過許多所謂的「犬種性格溫馴」的狗兒，因爲一嘴利齒而惹出不少麻煩。大多數黃金獵犬或許都很可愛，也很喜歡討好人，但是有些黃金獵犬卻頑固得和茅坑裡的臭石頭一樣。

路克、彼普和萊西都是邊境牧羊犬，但牠們卻大不相同，如同我也不同於那些遺傳背景與我近似的其他人類一樣。彼普是我的「祕密武器」，牠看起來有點傻裡傻氣，有點兒像動物畫家賴瑞畫中的拉布拉多犬，但是牠其實擁有極純正的牧羊犬血統，牠的和善天性幫助治療了近百隻會因恐懼而攻擊其他狗的狗兒。一次又一次地，彼普會趴在這些狂吠的狗面前約七公尺處靜止不動，直到牠們相信彼普不會爲害牠們爲止。彼普不會去理會牠們防禦性的咆哮聲，直等到牠們最後停止吠叫、冷靜下來，然後開始交朋友爲止。曾經有數十位個案飼主看到自己的狗與彼普玩了起來而熱淚盈眶，因爲他們看到自己原來會攻擊人的狗兒這輩子第一次與別隻狗玩在一塊兒。

再看看路克的女兒萊西！許多飼主都傻傻以爲他們找得到一隻像萊西這樣的狗兒，但是他們不知道這種狗有多麼稀少。從萊西來到我家的那天起，牠總是完美地完成我的每項吩咐。我第一次招牠回來身邊時，牠就回來了。當時牠正全速追逐一群狗兒，這種高度服從通常要訓練好幾年才能成功，但是萊西就是做得到！從第一天開始，萊西就是那種永遠都明白你心意的神奇狗兒，更令人驚訝的是牠也很樂意去做。訓練師（包括我）會認爲萊西這樣的狗眞的很難得，但是我們幾乎什麼也沒做。於是我將牠取名萊西，讓牠與老影集中的靈犬同名。每當那隻靈犬聽到「萊西！到鎭上去找警長，把他帶到北邊一英里的舊水井去！」的命令時，總是能奇蹟似地瞭解任務是什麼。

萊西感情強烈、情緒化，愛和狗爭地位，但不會與人爭；很黏我，而且總是很服從。彼普則情緒起伏不大，非常順服卑微，又很聰明。牠害怕衝突與身陷危險之中，但牠的固執卻會讓人嚇一跳。而路克則有一種高貴風度，不怕身體受害，對人類很順服，是天生的領袖，能極度專注且合群。牠們全是邊境牧羊犬，相似之處也很多，例如：牠們都很敏捷，很快學會繞到羊群身後並把牠們趕回來，而且都能夠像雷射光束般專心一致。然而牠們彼此之間又甚爲不同，好比遺傳及文化背景相同的人，但之間仍有著極大的差異。

上個星期，有兩位飼主帶著一隻長久以來他們誤認為是混種犬的狗。他們的獸醫認為牠是臘腸犬和㹴犬的混種，但是那隻狗分明是隻典型的迷你巴吉度犬（Petit Basset Griffon Vendéen），在美國這種狗被暱稱為PBGV。雖然這個事實對他們來說並不怎麼重要，但是給他們看看牠的同類昂貴且稀有犬種的照片，仍然很有意思。在他們知道牠的品種身分之後，他們說：「嗯，下次我們如果再養一隻狗，就選PBGV吧！因為牠眞是一隻很棒的小狗狗！」我的心暗自抽動了一下，因為許多PBGV狗的確都很得人疼，但這些飼主眞正喜愛這隻狗的原因是牠的溫順與樂於學習的特質。

當他們想再養一隻狗時，這些（溫順與樂於學習）才是他們應該尋找的特質。或許某個犬種具有這些特質的狗兒比例較高，但是明智的作法應該是著重犬種之外，應該也要把你所在意的性格特質也列入考慮。曾有許多飼主因為狗兒不符合原先的期待而來找我。他們在愛犬去世之後又養了一隻相同犬種的狗，期待牠會和以前那隻狗一樣貼心可人，可是以前那隻狗很溫順，現在這隻動不動就生氣；或者是以前那隻狗活力充沛，但現在這隻卻遲緩無趣。這些經驗可以提醒我們，雖然以犬種作為判別依據，可當作你找尋下一隻狗的標準，但是如果你直接以狗兒的個別性格作為挑選準則，將更有助於你找到滿意的小狗。

狗兒的性格特質很重要，但並非要否定犬種特有的行為特徵。每個犬種都有自己的外觀特徵及行為特質，畢竟每個犬種的狗兒都是由所有狗兒基因中，篩選出一小部分基因。這些基因便是形成狗兒外觀及行爲的密碼。目前多數犬種的篩選通常依據骨架、移動姿態和外觀毛皮爲評量，以致於同一犬種的狗外表看起來都非常相似，然而大部分犬種原本培育的目的是爲了其功能性，所以每個犬種都表現出普遍的行爲特質。例如，大多數拾獵犬很愛球，大多數米格魯獵犬只想低頭嗅聞找兔子，所以當你考慮飼養一隻狗時，除了應該理解每隻狗兒具有不同獨特個性之外，也要對於該犬種的行爲特質予以留意。從機率來看，如果十隻米格魯幼犬中會有八隻超級熱愛追逐兔子，那麼你最好做好心理準備，因爲要這種狗乖乖待在敞開的後院將會很痛苦。

舉例來說，邊境牧羊犬對大多數家庭來說都是很麻煩的寵物。把一隻典型邊境牧羊犬當成寵物來養，就好比擁有一台裝了腦袋的跑車。如果你開它的次數不多，它就會自己在車庫裡把引擎加速空轉。邊境牧羊犬比有些人還聰明；倘使牠們是跑車的話，牠們將能夠想出辦法把車庫門打開，再把自己開到你家客廳裡去引你注意。你可能在讀過我家狗兒的故事、再看了牠們的照片之後就會想：「這就是最適合我的狗了！」是的，牠們很可能是最適合你的狗，但是前提有三：第一、你願意買一座羊隻牧場給牠，而不是拿個便宜玩具打發；第二、你能把暴風雪裡長途跋涉溜狗視爲一件樂事；第三、你計畫成爲專業的馴犬師。大多數邊境牧羊犬不但需要體力上的運動，牠們也需要腦力激盪，如果你忙得沒時間多養一個孩子，請不要養隻邊境牧羊犬。

對很多人來說，擁有一隻如邊境牧羊犬般冰雪聰明的狗兒，這種想法很吸引人。但是當人們告訴我他們的狗特別聰明時，我通常會說：「眞是可惜！」聰明的狗兒能夠學會如何搆得到垃圾，如何要心機使你們夫妻對立，以及如何打開你以爲已經上鎖的櫃子。牠們也很熱情充沛（「哎唷！現在是早上呢，這不是太棒了嗎？嘿嘿……那些牛出來了沒？什麼？現在是清晨五點鐘？我知道，我知道啦，時間已經很晚了啦！」）。

當然，我在此節稍早便已提過的，每隻邊境牧羊犬都很不同。彼普是我所見過情緒最平和的邊境牧羊犬，但是路克和女兒萊西比起牠們這位表親可就熱情充沛多了。如果飼主能先仔細調查他們感興趣的犬種有何典型行爲之後，再把該犬種的狗兒帶回家，將是比較明智的作法。我的一位好朋友希望養隻可以待在她鄉下房子的附近、但不會去打擾她雞群的狗。後來我才知道她認養了兩隻同窩哈士奇幼犬，現在牠們僅僅五個月大，但我很遺憾地告訴各位，她的雞隻數量正以驚人的速度下降中。

狗兒沒讀過犬種指南

當你考慮要養哪隻狗時，狗兒本身的性格和該犬種的特性都是很重要的考量，但是當你在閱讀犬種特性指南時，請謹記以下忠告，那就是：狗兒沒有讀過犬種指南！世界上有許多不會牧羊的邊境牧羊犬、躲在裙子後面的杜賓狗，以及蠻橫又愛爭地位的拾獵犬，每一隻狗都很特別，因爲每一隻狗的行爲都是基因和環境結合之後的獨特結果，世上不會再有另一個「路克」，如同不會再有另一個「你」一樣，這就是有性生殖的好處。

「性」導致各式各樣的問題（不只人類有此情形），但是它可以確保兩個個體的基因經過混合重組之後，牠們的後代都成為獨一無二的個體，這便是為什麼即便連最優秀的繁殖者，也無法預測所繁殖的幼犬將有何個性的原因。繁殖者每次配種時都是在賭運氣，期待某次配種可以產生他們最想要的犬種特徵及個性。但是你我都知道，無論勝算的機率多高，都沒有人能保證事情的結果。假如以一百隻標準貴賓犬為例好了，牠們大部分的體型和高度都會差不多，也都很敏捷、聰明和快樂，但是其中會有少數一些貴賓犬可能較矮或較高，或可能沒那麼聰明、可能很黏人或很順服。這就好比賽馬：勝算高代表你的馬跑十場可能會贏七場，但它並沒法告訴你下一場比賽的結果，是牠贏的七場之一或輸的三場之一。

什麼才是你想要的特質？

除了應該清楚你所感興趣的犬種有何行為傾向之外，還要知道牠的繁殖者最欣賞哪些行為特質。你希望在狗兒身上看到的特質可能與繁殖者的期望不同。通常繁殖者得獎的原因是：他們所繁殖的狗兒是要在犬種選美賽或野地競賽中獲獎，而不是為了培育出和善溫馴、能和全家人相處融洽的狗兒。犬界的藍絲帶獎和目光焦點主要集中於：毛皮狀況及肩斜角度等外表特徵，以及「自信」及「企圖心」等行為特質。犬種選美賽的評審偏好「台風佳」的狗，意謂牠們在賽場上表現得很有自信、很自我，大步走著，彷彿一切在牠們掌握之中。而那些帶獵犬參加野地競賽的繁殖者，則需要企圖心和耐力都超凡的狗兒，即便是酷寒水域或荊棘也無法阻擋牠們。

另外，需要優良工作犬趕牧家畜的人，則需要狗兒具有在暴風雪裡工作十二小時的能耐，但是這些特質通常都不是飼主們想在家犬身上看到的特質。自信又自我的狗兒在狗秀上看起來很棒，但是如果你家裡有好幾個幼小的孩子要照顧，你很可能會無暇應付這些狗。個性執著的拾獵犬總是善用企圖心和耐力，在垃圾堆中翻出好東西；而每天習慣工作達十二小時的牧羊犬，如果每天只有半小時的運動時間就會受不了。

雖然不少繁殖者也非常重視狗兒的性情，但是他們培育和善溫馴的狗並沒有實質的獎勵。他們如果培育出符合犬種標準、大方遊走賽場或能勝任打獵、拾回、趕羊任務的狗兒，可以獲得獎金、絲帶獎和大眾的讚揚，但是培育出易於訓練或適合與孩童相處的狗兒，卻毫無回報。「寵物級犬」賣出的價錢通常比「秀級犬」低，彷彿一隻即將走入家庭的狗兒的身價，就應該比一隻在賽中獲得藍絲帶獎的狗兒身價還要低似的。那些寵物級犬通常和秀級犬一樣健康，只是牠們毛色不對或嘴吻過尖而無法得獎，因而被賣為家庭寵物。

我認為，對經常與狗生活、視牠們為最佳夥伴的人來說，最要緊的是狗兒很健康，而且不會傷害任何人。有些繁殖者會認為：自己的狗若是性情不佳又怎麼能參加狗秀呢？遺憾的是，許多長年參加狗秀的狗在賽場上表現得很彬彬有禮，但在家裡就不是這麼一回事。所幸，還是有許多繁殖者把好性情當成配種時最重要的考量，只不過他們並不會因此獲得很多人的支持或讚揚，儘管我們都知道謹愼配種可以影響後代性情溫馴與否（記得那個狐狸溫馴實驗嗎？）。我認識一些牧羊犬繁殖者，他們培育出的狗是牧場上的好幫手，必要時會上前咬住公牛的鼻頭，但是要牠們對著人類小孩開咬，只有等到下輩子才有可能。

我也認識一些專事犬種選美的繁殖者，他們雖然致力於贏得犬種選美大賽，但絕不會繁殖一隻無法與他或自家小孩相處的狗。這些人都不會因爲這種堅持而得到藍絲帶獎或獎金，甚至在全國電視網上受到表揚，因爲這些獎勵只保留給行走優雅、步伐流暢、體格完美的狗兒。或許有一天我們可以舉辦一個星光閃閃、光彩耀眼的晚會，表揚所有培育出溫馴和善狗兒的繁殖者。但是就目前而言，想養狗的人除了狗秀和比賽以外，應該必須考慮其他的挑選條件，才能確保自己找到一隻好家犬。

當然，一隻狗的行爲只有一部分受到遺傳的影響，牠所成長及居住的環境對於牠是否會成爲咬人的狗也具深遠的影響。幾乎所有的狗都可能「被迫」咬人。我見過一些很不幸的個案，這些狗兒原本是很好的狗，卻被逼得走投無路只好咬人。但是我也見過很多狗兒雖然擁有良好的早期成長環境和好飼主，但是牠們依然濫用利齒嚇壞家人。我在問題諮商中，曾見過至少三十隻只有八、九週大就會對人咆哮咬臉的幼犬，我指的並不是那種不懂拿捏嘴巴力道、玩耍時會咬太用力的幼犬，我所說的這些幼犬當中，有的在直瞪著你看時，眼神就轉爲冷酷，有的會將嘴角往前拉，皺起鼻頭及嘴皮，表露主動攻擊的意味，然後立刻上前咬。當你看到年紀尚小的幼犬竟出現如此強烈想傷人的意圖時，眞令人膽顫心驚。雖然某些幼犬長大後施以適當的措施，在特定狀況下還不具有絕對的危險性，但牠們絕不是一般人想帶回家養的那種好狗兒。

無論繁殖者或買下幼犬的人如何對待狗兒，他們都無法保證自己繁殖或買回家的狗（或現在養的狗）永遠不會咬人。因爲狗兒的行爲受到極多複雜因子[4]交互影響，因此要預知未來的行爲是不可能的。不過你能做的就是盡可能增加對自己有利的條件。我見過許多來到我辦公室的人說：「我雖然不知道我家狗兒父母的性情如何，但牠們那時又吠叫又咆哮，我根本沒法接近牠們。」噢，我的天！你想想，牠們當時又吠叫又咆哮的行爲可能就是個線索了，不是嗎？購買幼犬的人應該仔細留意幼犬父母的行爲，要避免買到粗魯無禮父母的幼犬。

觀察幼犬父母的行爲比觀察七週大幼犬的行爲，更能預知牠長大後的性情，假使幼犬的母親不讓你拍牠，那麼這隻即將被你帶回家的可愛小幼犬變成成犬時，也很可能不容許你的客人進門。當然，如我前述，沒人能保證幼犬的行爲一定會像父母或祖父母一樣，但是你何不多增加一些自己的勝算呢？

想獲知幼犬父母行爲的一個方法就是：向繁殖者打聽幼犬的父母和祖父母[5]，詢問他們一些細節及明確具體的問題。譬如，當有人半夜闖入屋子時，幼犬的父母會如何反應？（你也許會想養隻護衛犬，但請別忘記，那名闖入屋內的人，有可能是一名要搶救你家小孩的消防隊員。）假如一名

---

4. 舉幾個例子，這些因子包括遺傳、荷爾蒙生理狀態、腦部化學作用、早期發展的影響以及學習環境。

5. 更理想的狀況是，如果幼犬的父母曾經生下另一窩小狗，你可以去找這窩小狗的飼主談一談。

幼童企圖搶走幼犬母親的一根肉骨頭時，牠會作何反應？許多繁殖者不知道在這些情形下，狗兒會作何反應，因爲他們根本不容許它發生，不過他們的答案會讓你更加瞭解他們對狗兒的溫馴程度有多高的期待。有些繁殖者會告訴你：他們絕對不會讓狗兒有這樣侵犯性的行爲。有些繁殖者則會回答說他們的狗連眼睛眨都不會眨一下，他們五歲的小外甥昨晚才碰巧這麼做，而小白只不過舔舔他的臉而已。

當你和幼犬繁殖者或成犬的前任飼主對談時，你還有更多問題需要請教他們。例如，這隻狗會讓人從牠尾巴上拔出芒刺嗎？假如你想養隻幼犬，你應該詢問飼主牠的父母是否會讓人幫牠們整理毛髮和碰觸身體其他部位呢？牠們會讓人剪趾甲嗎？可以讓人拿走最心愛的玩具嗎？去看獸醫時的表現如何？和其他狗的相處情形如何呢？與熟識的狗如何互動？與陌生的狗又如何呢？當有客人來家裡時，牠們會對著窗外吠叫或持續叫上十分鐘嗎？牠們是否曾經因爲什麼事而對人發出低吼、呲牙咧嘴、作勢咬人、輕輕咬人或咬傷過人？牠們對陌生人與熟人會出現不同的行爲嗎？

詢問這些明確且具體的問題非常重要，不要問「牠的父母友善嗎？」概略性的問題，因爲**友善**兩字代表很多意思。我曾見過許多被人們形容爲「超乎想像的乖巧和善」的狗兒，其實牠們每一隻都可能曾經咬過人，但是根據飼主的說法，牠們依然具有絕佳的性情。就某方面來看確實也屬實。這隻狗也許和家人相處融洽，每晚都和十多歲的女兒在沙發上窩在一塊兒，但是有陌生人想進入屋內時，即便這人是位家人樂見的訪客，也最好當心點。以這個例子看來，這隻狗對認識的人很「友善」，但對陌生人則不然，這就是爲什麼詢問問題時必須很明確。狗兒的行爲如同人類的行爲，都會隨狀況而改變，所以你必須盡可能詢問狗兒在各種不同狀況下的反應，才能夠清楚認識牠的眞實性情。畢竟美國惡名昭彰的連續殺人魔傑夫瑞·達默（Jeffrey Dahmer）在巧克力工廠工作時，也是整天一副好好先生的樣子啊！

如果你詢問的是隻年輕的狗兒，請記住年紀對行爲有很大的影響。就像人類一樣，大多數的狗在成年前、後，會表現出不同的行爲。每當客人來訪時，總會躲在你身後的小狗兒，到了三歲並不一定會這麼做，或許那時牠已經克服恐懼了，也或者已因恐懼而出現了攻擊性的行爲，會用牠的利齒去攻擊你的客人。

那麼問到運動狀況呢？再次提醒你，問法一定要明確，因爲「運動」對不同人有不同的意義。每天短短兩次牽繩散步的時間，連讓一隻科基犬暖身都不夠；一隻一歲大的拉布拉多犬每天至少要好好跑個兩三回才行；而年輕的澳洲牧牛犬和五歲小男孩，也一樣都無法乖乖坐著不動好幾小時。

你可以詢問的問題不勝枚舉，不妨列出你自己特別重視的問題。如果你對聲音很敏感，你大概不會想要一隻總是在叫的狗，但別人或許一點也不在意。有些狗需要花很多功夫幫牠整理毛髮，但對有些人或許是個大問題（我幾乎都不太梳理自己的頭髮了，所以如果要我養拉薩犬，我肯定會是個極糟糕的主人）。因此，如果你想找隻狗來養，請仔細考慮一下你想要什麼，把你想要的特質都寫下來，這麼做可以協助你把注意力集中到該重點上。至於那些已經養狗的人，也可以把這些問題拿來問問自己，或者詳列出自己「選擇室友」的條件也可能有幫助。不然，從你家客廳觀察起也行，客觀地記下你家狗兒平日的行為，記錄結果也許會讓你大吃一驚！

中看不中用

幾年前有位酪農想找隻好工作犬，他聽說我在繁殖邊境牧羊犬而打電話給我，他問道：「妳有沒有耳朵上有一塊棕色斑點的狗？」我那時恰有一窩幼犬，牠們的父母都是優秀的工作犬，所以我問他想找什麼樣的狗，他回覆：「我不需要長得多漂亮，牠只要會幹活、能把小母牛趕出來、能驅退公牛、沒人在時會看守牧場，而且對我的孫子孫女都很好就可以了，我有過一隻像這樣的好狗，但是牠死了，牠耳朵上有個棕色斑點，所以我想找一隻和牠一樣的狗。」通常此時美國幽默作家大衛．貝瑞（Dave Barry）的專欄文章裡，會出現一句「這不是我捏造出來的故事！」。我當時煞費唇舌，仍無法說服這位打電話來的老先生相信我，這窩幼犬的耳朵上雖然沒有棕斑，但牠們有潛力能成為好工作犬並且與小孩子相處融洽。這位老先生曾經養過一隻很棒的狗，也是唯一耳朵上有棕斑的狗，顯然他認為牠的好個性全都拜那塊棕斑所賜。你可別對這位老農夫看似無知的想法感到有些不屑，請你記得一點：在我見過的許多人當中，包括許多博士和醫生在內，都極其強調狗兒長相的重要性。

多年以來，我都會詢問每個來到我辦公室的飼主，當初他們有一窩幼犬可供選擇時，為什麼會挑上現在養的這隻狗，他們第一個挑選條件是「狗的性別」。大多數人會堅持挑選公狗或母狗，在挑出他們所要的性別後，約有百分之八十五左右的人會依據長相作選擇，而非行爲。有的人喜歡狗兒身上多一點白色，或者喜歡有與之前養的狗相近的毛色。有的人只想要單眼是藍眼珠的幼犬。有的人偏愛長毛，有的人偏愛短毛。有人喜歡下垂的大耳朵，有人喜愛豎起的尖耳。有人偏愛黑鼻子而不愛粉紅色的鼻子。有一些人則希望狗的外觀特徵要有對稱性。每個人對狗兒不同的長相都有其獨特的偏好，在「狗狗最好的朋友」馴犬學校辦公室進行的一項調查中，正好可以說明人們被不同長相狗兒吸引的傾向。訓練部主任艾咪．莫爾（Aimee Moore）看到膨毛狗就無可自拔，尤其是白色的膨毛狗。行政經理丹尼絲．史威朗德（Denise Swedlund）認爲白色膨毛狗雖然很可愛，但是奶油色的黃金獵犬才能眞正擄獲她的心。行政助理賈姬．包蘭德（Jackie Boland）無法抗拒短毛拉布拉多獵犬。動物行爲應用專家凱倫．倫登（Karen London）博士則喜歡愛玩、充滿活力的狗兒。我們也許都各自偏愛不同長相的狗兒，這種偏好其實具有深遠的影響。

我們擺脫不了對長相的迷戀並不令人意外，想想看我們是個多麼重視視覺的物種，而且在人類關係中，長相占有多麼驚人的重要性。外表好看的人也許比較容易被雇用、比較容易加薪，在店裡順手牽羊比較不會被追究。一般人也認爲好看的人比長相不佳的人聰明。有了這種社會價値觀，難怪我們會這麼在乎狗兒的長相。不過，爲漂亮外表迷惑而買回幼犬的人可能會爲自己帶來麻煩，如同人找尋伴侶時只重外表也會出問題。迷人的身材和英俊的臉蛋在關係建立初期或許有很大的影響，但是它們沒法保證能夠愉快相處。當你必須從狗兒嘴裡取出骨頭時，你不會在乎牠的耳朵多可愛，「中看不中用」不但適用於人，也適用於狗。記得從前那個英俊的約會對象竟然是個混球嗎？選上那隻最漂亮的幼犬也可能有相同的結果。所以請仔細瞧瞧那些長相平凡、被人忽略的小黑狗吧！也許牠就是那隻最好的狗！

認識狗狗的多面向

當狗兒在某些情況下表現不同的行爲時，我們會不由得感到意外。有位飼主養了一隻激飛犬和秋田犬的混種狗，牠在鄰居家與別的狗打了起來，這位飼主說：「老天！牠一向和狗相處得很好啊！」其實這隻狗只與認識的狗相處過，從來沒和陌生的狗相處，當牠在鄰居家初遇一隻陌生狗時，才使牠表現出另外一面。環境的改變不僅會影響人類行爲，也會影響狗兒的行爲。一隻在寵物店又熱又驚怕受挫的狗，不如在後院心滿意足的狗一樣輕鬆自在。你我都知道，人類到了不同環境會有不同的行爲，你可以悠閒地在春日涼爽的鄉間散步，但是你在天氣悶熱又塞車時，就不可能如此從容愜意。然而，我們就是不會把這點常識延伸到狗兒身上。不同環境會讓狗兒表現平常難得一見的行爲，如果你不曾在不同狀況看過你家狗的表現，那你就不算眞正瞭解牠！

正因爲如此，我在辦公室經常會看到家庭成員爲了狗兒不一樣的行爲而起爭執。某位女主人聽到丈夫「指控」她家的狗，說牠竟然做了這輩子從未做過的事，她大感挫折地說：「牠才不會這樣呢！」嗯……，也許她的狗眞的做了那件事，只不過牠不在她面前做而已。舉例來說，我們都曾經在某情況下做過某件事，但換個情況就絕不會做；狗兒也常常在不同地點、不同對象面前表現出不同的行爲。洛基在家裡也許會對女主人低咆，但並不會對男主人這麼做；金潔也許在客廳會拾回球，但在後院就不會；公爵去看獸醫時也許溫順乖巧，但在家裡既沒禮貌又任性。所以請不要爲了你的家人不實指控狗兒而大吵一架，他（她）可能只是描述一個你沒在場而未曾目睹的行爲罷了。

馴犬師和獸醫也應該多信任自己的同類，我見過爲數驚人的飼主沮喪哀怨地說：「沒人相信我的話，但是我發誓，牠直瞪著我的眼睛對我低咆！」有些個案飼主（通常是女性）會讓我看看她們的傷疤和瘀青，都是被狗咬傷的，並且似乎帶點勝利得意的口氣描述這段過程——因爲她們抱怨狗兒的行爲已經好幾個月了，現在終於能夠證實這個情形。然而，他們口中描述的狗兒正在我的辦公室裡高明地扮演「完美」寵物的形象，不過我總是會明白地告訴他們，狗兒的行爲因地而異，我完全能夠想像，現在在我辦公室裡這隻傻乎乎又平易近人的大狗，在家裡可能是個恐怖份子[6]。

狗兒的行爲不僅會因環境不同而改變，在同一環境之下也會隨時間而有所改變，許多狗兒飼主也經常無法理解這一點。他們會說：「牠今天早上這麼乖，但是昨晚爲何生這麼大的氣呢？」這個現象和你前一分鐘還很親切，但突然間就變得愛生氣是差不多的道理，很少人對生活上所有惹人不

6. 好的動物行為應用專家和訓練師，之所以比較喜歡到飼主家訪談就是這個原因，儘管這對我們來說較麻煩，而對你來說花費也較昂貴。

快的事情表現出完全相同的反應。上個星期我剛度過一個愉快的週末，正感到輕鬆悠閒時，打破了一個最心愛的碗，隨即我卻不在意地把它置之腦後。過了幾天，因爲一週以來的疲勞與壓力，讓我感到精疲力竭，這次我失手把一個我不在乎的玻璃杯弄掉在地上，我竟隨口吼出一句髒話，音量之大，我的狗兒全嚇得鳥獸散地避難去。我們都有心情好和情緒不佳的時候，那些永遠充滿耐性及氣質優雅的人，可說是如同聖人般難能可貴。

人類和狗一樣都很難永遠保持情緒溫和平順；狗兒偶而也會累、會餓、會生氣，牠們就像人一樣，每分每秒的反應都不相同。複雜的哺乳類行爲受到極多因素影響，像血糖濃度、腦中血清胺(serotonin)和多巴胺(dopamine)的再吸收機制、制約反應，甚至牠們過去遇上其他個體時的緊張經驗都有影響。所以幫你的狗一個忙，不要因爲牠多變的情緒反應而感到困惑。與其一直鑽牛角尖地思索狗兒行爲的改變，倒不如把力氣花在問問自己，到底什麼原因導致牠做出令你意外或失望的行爲，這樣對狗兒來說才有好處。

瞭解狗兒反應因時、因地而異的天性之後，便能好好解釋牠們看似「不服從」的行爲。如同第一次登台的演員容易忘詞似的，當我們要求狗兒在新的情境下做出某個行爲時，牠們也同樣不記得之前的訓練，這便是專業訓練師煞費苦心在各種情境下訓練狗兒的道理。這樣才能確保狗兒在任何新環境下都能感到自在，以免在要求牠遵從指令時給牠壓力。請記住以下的建議，你的狗將會很感激你。飯前在廚房「坐下！」的口令，不同於客人來訪在門前的「坐下！」口令；在客廳表示可以的「起立！」，並不代表在獸醫院同樣也表示「起立！」。你應該知道狗兒到了新環境仍然需要你的協助，如同人到了新環境的心情一樣，狗兒也需要時間逐漸適應新環境，平日多多訓練並耐心教牠在特定狀況下你希望牠做到的事，保證你的狗一定會很感謝你。

如果你想對你的狗好，首要之務莫過於「瞭解自己、瞭解狗兒」。每隻狗如同人類一樣，都有其獨特的個性以及和其他狗兒皆相同的特徵，這是「性格特質」形成的基礎，而隨時加諸在狗兒身上的內、外在因子，都交互影響著這些性格基礎。每隻狗兒實在很特殊，無論牠可愛害羞或膽大驕傲，都應該有一位能讓牠「做自己」的主人。期待狗兒「完美」並不公平，不過正如同人一樣，有些狗兒的確比其他狗兒更接近「完美」了。

我並不希望路克給人很完美的印象，因為牠並不完美。當牠還年輕時，牠對待羊群過於蠻橫，缺乏牠現在因為經驗和成熟度而表現出的絕佳技巧。牠以曾經趕羊亂發脾氣而出名。有一次，在某個大型牧羊犬競賽中，當我們正居於領先地位時牠當場發起脾氣來，那時我們快要完成這輩子表現得最棒的趕羊賽程，只剩下一隻羊還沒趕進欄內，假如我們能在兩分鐘之內把最後一隻羊趕進欄內、關上欄門，我們就能贏得大賽。我緊張得心臟噗通噗通跳著，心跳聲大得連自己都聽得見，但在場的群眾鴉雀無聲，等著看看接下來會發生什麼事。接連四次，那隻母羊停步猶豫，每每看起來幾乎要趕進欄去卻又讓牠跑走。每當牠迅速逃開時，群眾就會集體失望地大嘆，而又熱又累的路克就得再次把母羊趕回欄門口。

這次母羊又再度溜走，不過這次路克把耳朵向後壓低並上前咬了牠，這一口不是那種要趕羊回羊群時合理的小口輕咬，而是因為生氣而咬牠後腿的犯規動作，牠顯然沒法再忍受那隻母羊的胡鬧了。雖然只輕咬了一下就即刻鬆口，但是任何曾經認真和狗兒一起牧羊的人都看得出，路克這麼做完全是出於挫折感，大賽評審當然明白這一點，於是很適時地說出：「謝謝你們！」這在牧羊犬大賽的行話裡代表「請現在離開賽場！你和你的狗已經喪失資格」。

其實我當時可以對路克大發雷霆，要不是牠沉不住氣，我們早就贏了，但是所有養羊的人都能體諒牠的感受。每當在炎夏熱浪中或嚴冬酷寒裡驅趕羊群時，眼看天色已晚，但又拚命想快點把羊趕離苜蓿草原，免得牠們把肚子撐破，或者想讓牠們遠離那隻逃出圍籬的公羊時，我們的耐性總是被磨得精光。不過，就算不養羊你也知道自己發起脾氣來是什麼樣子。路克是隻又好又高尚又勇敢的狗，即便牠偶爾也會對羊發起性子來。我也很想變成一個又好又高尚又勇敢的人，但這恐怕不是我說到就能做到的事。我偶而也會發起脾氣來，或許這便是我和路克為何會如此合得來的另一個理由吧！

10

面對愛與失去

當你的狗兒需要一個新家，而你需要一個擁抱的時候

深受打擊的凱瑟琳坐在我的辦公室裡，哭得心都碎了，就算在房間另一頭也能感受她的心痛，不知不覺我的眼淚也流了下來。當我們討論到停止母狗間的爭鬥非常困難時，她那隻眼神溫柔的母德國牧羊犬塔莎舔了舔她的臉。凱瑟琳的兩隻母狗塔莎和辛亞對人非常和善，但是牠們卻彼此仇視多年，牠們打架已經到了危及生命的地步。上次打架時，連家中的第三隻狗（一隻巨大的母紐芬蘭犬）也加入戰局，費了恐怖漫長的十分鐘才拉開牠們。該如何干預狗兒打架的場面，對任何人來說都不是個小問題；該抓住哪個部位？如何介入戰局而不被咬傷？更何況，要設法拉開的是三隻幹架的大狗，而且其中兩隻還堅決地想置對方於死地。

上次的打架事件裡，塔莎受了重傷，連凱瑟琳也遭波及。她花了一年多的時間尋求解決之道，效果卻很有限。有時兩隻母狗會拌嘴小吵，凱瑟琳還能勉強解決紛爭，但若在野外，塔莎和辛亞不是會拚個你死我活，就是有一方會離開現場。現在該是其中一隻狗必須找新家的時候了，但是凱瑟琳想到她必須與「家人」分離就傷痛欲絕。她很愛這兩隻狗，但是她知道牠們很快又會狠狠打上一架，而且很可能會致命，她已經沒有辦法繼續過著這種日子了。

凱瑟琳最後還是把塔莎送到了一個新家，留下了辛亞。塔莎和許多找到好主人的健康狗兒一樣，很容易適應了另一個「狗群」。牠到新家的第一天雖然有點焦躁不安，但牠仍然照常玩球、盡情享受肚皮按摩的服務，也吃了晚餐。然而，過去那個主人凱瑟琳，卻視牠的缺席猶如死去般哀痛不已，直到幾天之後才恢復正常進食。連續好幾個星期，她不時還是會為此哭泣，她是一名完全正常、很能調適自己的女子，但是把塔莎送人讓她感覺像是遺棄了自己的孩子。

塔莎搬到新家已經快滿兩年，牠的現況顯然非常良好，完全沐浴在新家人給牠的愛之中。凱瑟琳知道自己做了正確的抉擇：塔莎在牠的新家很快樂，而她的其他兩隻狗也相處得很好；她和狗兒們都享受著正確決定所帶來的平靜生活。然而事隔數年之後，儘管凱瑟琳明知她做了很好的決定，但每當她回想起那一天，她依然感受到那份心痛。她的狗兒輕易融入新「狗群」，她卻感到自己的「狗群」遭到解散。

飼主至高無上的愛

我最難面對的一些個案是，遇到愛狗又很負責的主人，但是他們除了把愛犬送給別人之外別無他法。有天下午，我在辦公室裡傾聽一名消防隊員泣訴，原因是他的狗咬了他兒子，依情況看來，他與妻子除了替狗兒找新家之外別無選擇。這位身材壯碩的勇敢男子，能夠在受難者驚慌逃離時英勇衝入火場，但此時他卻坐在這裡哭得肝腸寸斷，他的小黑狗舔乾了他臉上的淚珠。在他們離開之後，我緩慢地關上辦公室的門，把頭趴在桌上像嬰兒般大哭起來，假使我有能力提供他們可以解決問題的任何工具，我願意不惜代價提出，可是我沒有辦法，因爲他們的狗具有威脅幼童安全的行爲傾向。牠很緊張、過動，而且容易動嘴咬；牠很怕任何十二歲以下的小孩，因此他們的六歲兒子會再度被咬成重傷的機率非常高。我只能坦白告訴他們：許多的行爲問題可以妥善調整及避免，而且有時可以完全治癒，但是那些想當老大而且完全不懂控制嘴咬力道（這名小男孩縫了一百多針）的狗兒，並不因爲家中有幼童而知道要有所收斂。

當我開始以動物行爲應用專家爲業時，就有人提醒過我：大部分來找我的個案都將會是嚴重的攻擊行爲個案，當時我聽聞狗兒低咆咬人的故事，對於可能會受傷的職業風險都做好了心理準備，但是當我協助飼主做出令他們心碎的決定時，所引發的痛苦情緒則是我始料未及的。人們深愛狗兒的程度並不讓我感到意外；我在一個愛狗的家庭長大，撫養我成人的母親至今依然愛狗如命，所以我毫不意外人犬之間的愛有多麼深刻。畢竟，假若人們不深愛自己的狗，他們就沒有必要來找我解決牠們的問題。但是在執業十四年之後，當個案飼主決定把狗送走露出椎心之痛時，我有時依然免不了被這種情緒擊潰。

雖然我無法消除飼主向一位親愛朋友道別時所感到的悲傷，但是我可以告訴他們的一句話，這對許多面臨這種情況的人都很有幫助，那就是「幫你的狗找個新家，使牠獲得平安及快樂，並不是一種背叛」。然而，我依然不斷看到一個個飼主因即將失去他們的朋友而悲傷不已，眞正叫他們痛徹心肺的是，他們覺得把狗兒送人就等於背叛狗兒對人的信任。可是我並不認爲狗兒會如此解讀。

路克的女兒萊西就是個好例子。牠母親的主人將牠賣給一位育有三名幼童的單親媽媽，他們居住在美國威斯康辛州第一大城——米爾瓦基市。那是個讓邊境牧羊犬變壞的絕佳環境，當狗兒很聰明、精力旺盛卻又無用武之地時，牠們通常會自個兒找事情做，只不過是這些事通常不會是你想要牠們做的事。萊西正是如此，牠四處挖洞、不停吠叫，又咬孩子們的玩具玩，把牠的飼主搞得快瘋了。牠就像大多數的邊境牧羊犬一樣，對一個有幼童的忙碌家庭來說是隻很麻煩的寵物。牠的繁殖者同意將牠領回，而我也答應這位繁殖者在她度蜜月期間暫時照顧萊西，等她回來再一塊爲牠找個可以滿足牠身心要求的好人家。

萊西在晚上十一點來到我的牧場，因爲很晚了所以沒和牠做什麼事。我把牠栓在床邊，整夜躺在床上撫摸牠柔軟的背，早上我便讓牠和其他狗兒到屋外去。彼普聽到屋後山坡上有隻兔子，於是整群狗就像是卡通裡的蜜蜂群似的，一個個緊接著出發追趕獵物，只見一道黑白相間的影子穿越秋天的威斯康辛州一片金黃色的樹叢間。我不知道當時爲何會很自然地叫了萊西的名字，我猜大概是想試驗牠吧，然而要一隻才剛見面的狗在全力追趕之下停下腳步，機率根本就微乎其微，但是，牠卻在空中馬上掉頭轉身。我記得當時只見一個停留空中片刻、彎曲成U字形的黑白身影，等牠一落地就朝著我衝過來。當牠快撞上我的腳時就剛好停住，在我身旁又再度跳到空中轉個圈，然後抬起頭看著我，臉上帶著微笑。

牠來我家的第一天早上，顯得有點急躁不安，趴下去又站起來，走到窗邊不知看些什麼，再走回來趴在我身邊。牠肯定有些不適應，卻非處於極度痛苦的狀態。牠會大玩特玩再來舔我的臉，而且胃口出奇地好，表現出一副喜愛父親路克的樣子，而且對趕羊的工作馬上就得心應手，彷彿做著一件牠慣常做的事似的。當第一天結束時，我覺得牠好像已經是「我的狗」了，我非常喜歡牠，當天下午就馬上撥電話問牠的繁殖者我是否可以留下牠。萊西似乎也很喜歡我，來到這裡僅僅幾個小時似乎就把我當成「牠的主人」了，到了第三天，已經沒人分辨出牠不是在這兒長大的。我很確定萊西現在非常愛我，但我也很確定，假如我有什麼變故，只要某個人能夠清楚和牠溝通、晚上幫牠搔肚皮，而且有羊讓牠趕，牠跟著這個人一樣也能相處愉快。

我的意思不是，把狗兒當成二手書轉手送他人是可接受的作法。我想表達的是，雖然萊西需要人愛，但是只有愛是不夠的。但每隻狗如同人類一樣，都需要有一個能激發出最佳特質的環境。萊西十一個月大就來到這個最適合發揮牠犬種天性的環境，牠的問題行爲便自動消失了；牠不會再亂叫或亂咬東西，也不會在牠不該挖洞的地方挖洞。萊西來到了一個適合牠的家，多虧牠的前任飼主很明理，看出自己位居都市的家和忙碌的生活對這隻活躍聰明的小狗並不公平，牠亟需有個地方發揮長才。

萊西的故事與許多其他的狗兒一樣，牠們似乎都能以平靜的心接受新家，如同牠們以同樣的心態坦然接受生命大多事物一般。我相信狗兒和人類一樣，都能夠產生極其強烈的情感依附，我之前也提過這種情感依附就是愛，但是狗兒不同於人類之處在於：牠們能夠改變情感依附的對象。雖然這種情形不常發生，但這對牠們而言卻相當容易做到。我想狗兒比人類更能活在當下應該是原因之一，或許這也是狗兒與人類心智狀態極其不同的一個好處吧！

如果認眞想想，狗兒其實沒有理由把環境的改變解讀成是「被心愛的人類背叛」。狼群裡的流動性相當大，視食物是否充足以及是否爲繁殖季而有所變動，有些狼被趕出狼群，有些則自願出走。甚至連許多種類的靈長類在成年之後，都會離開自己出生的家，移居到新的地方去。黑猩猩和金剛猩猩的雌性個體較常離家並加入新的猩猩群，而狒狒和獼猴的雄性個體則通常是遷移的那一方。此外，我的朋友凱倫·倫登博士也指出，人類的小孩終究也得離家自組家庭，雖然當時無論離開的人或留下來的人都會很難過，但就長遠來看這對大家都好。我現在的想法是，當動物進入到我們的生命時，我們的責任就是利用人類的智能與資源盡可能提供牠最好的生活，它的關鍵在於：充分瞭解狗兒的需求及如何讓牠們獲得眞正的快樂，並且得拋開人類的自大心理。

多年前，我早該頓悟我的邊境牧羊犬史考特應該送給別人會比較好。我是個對狗兒眞的很好的專業訓練師。我住在鄉間，有羊群可讓狗兒追趕。對一隻邊境牧羊犬來說，這麼好的生活環境哪裡還找得到呢？更何況我也非常愛史考特，不過牠必須和其他三隻邊境牧羊犬分享趕牧一個小羊群的工作。這點小事根本達不到牠眞正需要的工作量。史考特極想工作的慾望非常強烈，於是牠整晚就在屋裡趕著貓到處跑，這個行爲讓我們三個（我、史考特和那隻可憐的貓）都快瘋掉了。

此外，史考特生性羞怯怕人，討厭新的事物，但是我卻到處旅行，我的狗兒也時常必須接觸陌生環境、陌生人及陌生狗，牠在旅行之中承受很大的壓力。牠也不喜歡個案飼主或朋友來到我的牧場。後來我幫牠找到一個新家，那裡每天有兩百頭需要驅趕遷移的羊隻，訪客很少，而且兩位成年飼主也很愛牠。

我不會假裝這件事做起來很容易，因爲它絕對不是。當我留下牠駕車離開時，眼眶裡斗大的淚珠便撲簌地流個不停，我只好靠邊把車停下。兩天後，我接到一通確認電話，使得我終於卸下肩頭重負，因爲新飼主完全不在意牠的小缺點，並且極其讚揚牠趕羊的能力及和善可親的性情。最後，史考特過著天堂般的快樂日子，我可憐的貓也得以好好休息，而我則感到欣慰而心情放鬆、神清氣爽。

史考特到新家的頭一天有點搞不清楚哪裡是哪裡，所有動物（包括人類在內）遇到新環境和新的同伴時都會有此反應。不過狗兒和人類一樣，一旦比較熟悉之後，便能很快適應新的生活，不過牠們隨遇而安的能力可比人類強多了。

如果真的不得已要和狗兒分離，不管理由是爲了牠好或爲了其他人好，幫牠找到一個適合的家很重要。令人驚喜的是，世上還是有許多善心人士很願意幫助有需要的寵物，甚至他們也很樂意這麼做。我曾有位朋友即將搬離鄉居生活，他爲了自己得將那隻十五歲的老貓安樂死而愁苦不已。因爲他剛獲知老貓得了糖尿病，需要大量醫療照護，包括飼主每日必須幫牠注射兩次胰島素，他很肯定不會有人想要領養牠，於是他才決定把這親愛的老朋友安樂死。我鼓勵他要有信心，並鼓勵他去登個廣告，他最後終於聽了我的建議，結果竟有五個很棒的家庭都想領養這隻貓。

然而，要爲某些狗找到好人家就比較困難。請記住，把有嚴重行爲問題的狗推給不知情的新飼主是不負責任的行爲。我也不希望人們以行爲問題作爲藉口，把狗兒當成燙手山芋不斷轉手。狗兒適應新環境的能力畢竟是有限的，所以最好儘量在第一次就爲牠們找到合適的新家。當你發現自己無法提供狗兒良好環境時，若能爲牠找到一個滿足牠需求的方法，就不算是背叛牠對你的信任；假如你不設法這麼做，這才眞正叫做背叛！

我見過太多因爲無所事事而讓飼主氣得發狂的狗兒，牠們老是這邊亂咬、那邊亂叫，從來沒有一刻安靜下來，有些是生理上出了問題，有些也許只是需要有個生活目標罷了，一味要求牠們別在屋裡大小便並不足以啓發牠們。有些狗能夠與某些人相處融洽，但與其他人便不然。也許你的狗可以和成年人愉快相處，但是非常怕小孩，可是再過半年，你家有個小嬰兒要出世了，假如你能爲這隻狗找到一個新家，讓牠避開面對幼兒的壓力，你的狗將會感激你，這麼做不是背叛，而是愛牠的表現。

當然，要背叛狗也是有可能的，人們經常這麼做。他們把狗兒丟棄在寂靜無人的鄉間或把牠們綁在路邊就揚長而去，完全沒有回頭的意願。有人會因爲狗兒病了、老了，就把牠們丟給人道協會，不在乎牠們的將來會如何。還有，人們動輒對家中狗兒施虐的行爲，也令人心痛地見識到我們人類行爲的陰暗面。不過我認爲狗兒也有可能被愛牠們的人類背叛，因爲這些人一心只要狗兒和他們在一起，根本不考慮狗兒實際的需要，但是即便再好的飼主也無法爲每隻狗提供最佳的環境。把狗兒當成舊毛衣隨便丟棄固然很殘忍，但是承認自己雖然愛牠卻無法滿足牠的所有需求，則是一個既負責又愛牠的態度。但狗狗即便有對牠最好的安排，沒有你的幫助，牠自己是沒有權利主宰自己的去留的。然而，若你願意幫無聊透頂、缺乏運動的小黃金獵犬找到一個讓牠眞正快樂的家，即便你將心碎至極[1]，你已表現出飼主至高無上的愛。

哀悼

星期四晚上我才獲知我的蜜斯提生病了，但是隔週的禮拜二牠就走了。雖然牠是隻纖細的小邊境牧羊犬，但牠可是像釘子般強悍，我一直以為牠會活到十六歲，但是牠只享年十二歲半。當時牠體重開始減輕、吃得很少，我以為牠大概是牙齒出了毛病。我的獸醫一開始就懷疑牠很有問題，但他只讓我安心了幾個小時，他說：「我們還是幫牠照張X光片確定一下，幾小時後你再回來看看。」當我回醫院接牠時，心中盤據著行為個案的問題和隔天去大學上課的內容，但是當我看見約翰醫生的臉時，我的思緒暫停了下來，他靜默不語的神情像是一位善意的人想告知你一則悲痛消息，卻又不知從何開口。蜜斯提得了「出血性肉瘤」（hemorrhagic sarcoma），這可怕的癌症已經使牠的肝臟變成一顆如瑞士起司般、充滿顆粒的糊狀組織，體內也長滿充血的腫瘤。

第二天，威斯康辛大學獸醫學系附設獸醫院內科醫師說，蜜斯提也許會拖上數個星期或者在五分鐘後死去。那個週末牠開始出血，這種體內出血是無法控制的。我整個週末一直幫牠按摩肚子，餵牠吃雞肉，並且流下交織著愛與悲傷的淚水。牠的肚子因出血而漸漸腫脹，週二早上我發現牠已經沒法安然休息了，牠不時在餐廳中央變換位置，試圖找到一個感覺舒適的地方，在牠十二歲半的生命中從來沒有在餐廳躺下來過。那天晚上約翰醫生到我家看診，我擁著蜜斯提不斷哭泣著，牠就這麼離世了。

我讓牠的屍體躺在客廳中央，維持在牠躺下死去時的位置。牠的孫女彼普是第一隻走向前靠近牠屍體的。彼普是蜜斯提最喜歡的一隻狗，說起來彼普其實是蜜斯提唯一喜歡過的狗。蜜斯提很愛人類，但是其他的狗卻犯了牠的大忌，而彼普的順服卑微對蜜斯提卻是個慰藉。雖然蜜斯提容易不安又怕受傷害，但牠卻想統治牧場。牠之所以能與其他兩隻母狗和平共處，只因為牠別無選擇。萊西和鬱金香又不像彼普那麼順服卑微，而且也完全不想討好蜜斯提這樣的惡霸。我已注意到這種緊張情勢，每每都小心翼翼獎勵牠們保持禮貌的行為，並且時時留意是否有麻煩的徵兆。每隔幾個月，蜜斯提會對著萊西或鬱金香投以冷酷的眼神，我學會了對此行為立即回應，馬上要求蜜斯提趴下不動一個小時，並在往後幾個星期把牧場上的家規盯得嚴一點兒。

彼普不斷繞著蜜斯提的屍體打量，保持約三十公分的距離，沒有探頭前去聞聞蜜斯提，只是一直在屍體旁繞圈子，最後終於在蜜斯提身旁趴了下來，大聲地嘆了口氣，臉上表情沒有任何變化，牠在那裡待了一個多小時。萊西的面部表情一向比多數人類來得豐富，牠這時看起來很驚愕，躲在

1. 假如你想幫狗兒找個新家，千萬不要把牠免費送人。假如對方沒有能力花七十五元美金（折合台幣兩千五百元）買隻狗，他們也不會有能力好好照料牠。假如他們有能力卻不願花錢，這告訴你：這隻狗在他們眼中並不重要，他們不配當牠的主人。接聽電話時就必須加以篩選，而且在交狗之前堅持到他們家中看看。拜訪他們將讓你更瞭解他們的為人，據此你得以判斷你的狗兒到他們家之後是否會很快樂。

我的腳後面，不時從我雙膝的空隙探出頭來，瞄一眼蜜斯提後又馬上把頭別開，直到牠忍不住好奇又再瞄一眼，牠現在對待死後的蜜斯提比牠生前還敬而遠之，我不知道牠的腦袋裡想些什麼，但是牠看起來嚇壞了。

萊西表現出任何一隻狗兒在無法理解對方行為時都會出現的反應。過去，面對可預料的蜜斯提時，就讓牠們不知所措，如今蜜斯提這副教人無法預料的樣子就更嚇人了。另一方面，我看不出路克有注意到蜜斯提；牠沒有朝著蜜斯提看，也沒去聞聞牠，但是牠也沒有特意避開蜜斯提，牠好像不當蜜斯提存在似的，然後便跑去找玩具，坐在我身旁練習牠高貴的牧羊犬眼神，等待著下次幹活的機會。

蜜斯提在家中「停靈」整夜。當晚我三度悄悄走下樓，撫摸著牠柔軟的黑色毛髮，有時哭泣著，有時沒哭，設法從過去有牠的日子過渡到現在沒有牠的生活。待破曉時分來臨，醒來的狗兒們又再度發現我坐在蜜斯提身旁，彼普整夜不時嗅嗅聞聞蜜斯提，現在已經嗅遍牠全身上下了，大概也覺得沒有理由再靠過來了。萊西仍然不停地上前幾步又後退，像是隻第一次見到火車的年輕野馬，眼睛驚奇地睜大，鼻子發出呼呼聲。路克仍舊對蜜斯提視而不見，直到我招牠過來，我做出吸引狗兒注意的動作，快速輕拍幾下蜜斯提的側腹，路克低頭聞了聞，然後嚇一大跳地猛然把頭甩開，雙眼瞪大，注視著我的眼睛，眼神充滿了驚訝，然後聞遍蜜斯提屍體的每一吋。牠用鼻子輕輕碰碰蜜斯提，推一推牠，發出低鳴聲，然後舔了舔牠。動作之間路克會抬起頭看我，直直地注視著我的眼睛，似乎流露出心中充滿了問號的眼神……。

蜜斯提已過世三年，我依然想念牠小巧的嘴巴、對「牧」養鴿子宛如唐吉訶德般的執著以及牠和善可人的個性。當我寫著這段文章時，我又哭了。牠過世未久的事實和牠生前帶給我的種種回憶依然會讓我情緒難平。路克此時正躺在客廳的中央，就在蜜斯提躺著度過那個漫漫長夜的位置。假如我能得知狗兒的想法，我真想問問路克牠知不知道蜜斯提發生了什麼事，牠認為蜜斯提現在在哪裡，以及牠是否也想念蜜斯提。

狗兒如何看待同伴死去？瞭解這個課題，仍然還有一段很長的路要走。從過去一些個案當中顯示，狗兒似乎會表現出人類一般的哀悼行為。曾有隻狗長達六個多月，在窗邊望穿秋水等著永遠不再回家的小男孩。那名小男孩因車禍而死，他的好夥伴黃金獵犬每天下午依然在門口等他回家，等了幾個小時之後，牠會深深地嘆口氣，沮喪地趴下來，拒絕玩耍或散步。牠的飼主打電話找我，因為這隻拒絕進食的狗已經快活不下去了。

我們完全不清楚狗兒是否有死亡的概念，但是馬克．哈斯（Marc Hauser）在著作《野生心靈》（*Wild Minds*）中明確地提醒我們：即便動物並不瞭解死亡的概念，牠們仍可能由於死者怪異的表現、或喪失與某位同伴的社交互動而感到憂心難過。能否感受失去的痛苦與能否瞭解死亡的意義，是兩個截然不同的層次。我們已知人類要到八至十歲才能理解死亡的概念，所以也自然想探求狗兒是否有死亡的概念。

民間的確流傳許多動物表現出近似哀悼行爲的驚人傳說，大象研究學者辛西亞．摩斯（Cynthia Moss）曾經發現，某些大象拚命讓快死去的象群成員振作起來，牠們會幫忙這隻大象站起來，甚至把草塞入牠嘴裡餵牠吃東西。大象有個家喻戶曉的行爲：牠們會留在家族成員屍體旁長達數日或更長的時間，並用腳和長鼻不停撥弄屍體。我們已知黑猩猩和金剛猩猩會抱著死亡嬰兒達數天之久，即便屍體已經開始腐爛。

美國蒙特利灣（Monterey Bay）瓶鼻海豚研究計畫的助理有一天觀察到：有一群熟悉的海豚以非典型的隊形游泳，牠們以極其緩慢且排列有序的方式游動著，觀察者因而稱它爲「送行隊伍」。海豚群中央是一隻母海豚，鼻子上方托著一隻新生小海豚的屍體，在水中慢慢地由周遭整群海豚護送著，研究人員受到極大的感動，爲了致上敬意，他們停止了跟隨這群海豚的行動。

紐西蘭白馬牧場的一位動物行爲學家安迪．貝克（Andy Beck），描述他從一群馬身上觀察到的驚人「集體哀悼」現象：三匹小馬分別於幾天內陸續死亡，接連三天，整群馬兒面向小馬的屍體圍成一圈，只有到溪流喝水時才暫時離開，喝完水又馬上回到各自的位置上。貝克從來沒看過像這樣的事，而在那次發生之後再也不曾看過。

但是貝克強調，他並沒有發現牧場馬群對死亡也有這樣的反應，連母馬失去自己的孩子時反應亦各不相同。有匹母馬在生出畸型的雙胞胎死胎之後，並沒有出現任何異樣，但是其他母馬在小馬死屍移走之後，則顯露出極度痛苦的樣子。貝克猜測可能是「下一代死亡對動物的影響」導致馬群出現不同的反應。

以生物學角度而不以情緒角度來看時，年輕母馬第一次企圖繁殖的結果失敗時，牠的損失並不大；然而對年紀較大的母馬來說，當牠沒有存活的子嗣可以傳遞自己的基因給下一代時，牠的反應可能會相當明顯。這是個挺有趣的假說，或許它將來可以協助我們瞭解其他動物面對死亡時的想法及情緒。

貝克在馬兒身上觀察到的差異，也明顯出現於狗兒面對人類或狗死亡的反應。有的狗兒似乎會非常痛苦，但許多狗兒（應該是大多數）卻表現出無動於衷的樣子。我的第一隻邊境牧羊犬茱福特十五歲半過世，當時獸醫到家裡爲牠進行安樂死並帶走牠的屍體，獸醫離開後，我的每隻狗兒都沒有任何行爲變化。

我不知道這個現象是否和以下情形有所關連——茱福特死前幾近盲聾，而且在這群年紀都很輕的狗兒當中，牠並不怎麼活躍，即便如此，其他狗兒仍然經常試圖獲得牠的注意，牠通常不會理會牠們，只有在牠們進出門不小心撞到牠時，茱福特才會兇牠們一下，這或許影響了牠們對茱福特死去的反應（或者該說是毫無反應）。

但是有些狗兒確實會表現出沮喪憂鬱的樣子，並且出現類似人類悲傷時所表現的行爲。有些個案的狗在狗朋友去世之後幾個星期會逐漸消瘦。當我寫博士論文期間，一隻育種母狗咬死了自己十天大的幼犬[2]，我們一發現就立即移走那可憐的小屍體，但是母狗連續三天不停哀嚎並且四處尋找，彷彿尋找牠可憐的孩子似的。

在死亡動物的屍體旁待上一陣子，似乎對活著的動物頗有幫助。這個方法最早是應用在馬兒身上。白馬牧場曾經因爲擔心傳染疾病及衛生問題，把死去小馬的屍體盡速從母馬身旁移走時，母馬會出現極其痛苦的反應，不斷胡亂地發出嘶鳴，並瘋狂地在馬廄中亂踢亂跳。不過有一天，在沒人發現的狀況下，有匹小馬死了，直到好幾個小時後才有人移走屍體，這時候他們卻發現，母馬已經完全不在乎這件事，繼續吃著麥子，看來牠和小馬屍體共處的幾個小時似乎使牠能夠接受屍體被帶走的舉動。當我的蜜斯提去世時，我聯想到這個故事，我想，讓牠的屍體停靈一夜或許對我的其他狗兒會有所幫助。

不過，當時我並沒有想到蜜斯提的屍體留在家中一夜，對我自己的幫助竟然這麼大，能夠在牠身旁用手感覺著牠，對我來說是一種慰藉。因爲牠過世的前幾天我連牠生病了都不知情，儘管我整個週末都在努力調適心情，但我仍然難以承受牠突然從我生命中消失的痛。其實我早該料想到，待在牠身旁對我會有所幫助。從人類的經驗中，我們知道：找到摯愛者的屍體，對哀悼療傷的過程非常重要。我們不計心力尋找屍體的下落，因爲我們很明白，假如找不到屍體，要療傷就會非常困難。也許其他動物也和人類一樣，摯愛的屍體就像是橋樑，讓我們能從「擁有他們」的生活過渡到一個「沒有他們」的生活，如此我們才能夠逐漸走出傷痛、迎向未來。

不過，把死去狗兒屍體留在身旁，即便只是幾個小時，也不是人人都做得到的事。如果有人完全無法接受這種做法，就不必勉強自己這麼做。因爲哀悼是很私人的療傷過程，每個人只需做「自己覺得適當的事」，而不是「別人認爲應該的事」。但是，如果不得已必須將你親愛的老朋友安樂死，卻又擔心你家其他的狗不知如何反應時，請把牠們帶到獸醫那裡，讓牠們在屍體送走前可以聞聞牠。假如獸醫出診到你家，請讓屍體留下幾個小時，你和你家其他狗兒才能夠向牠致上最後的敬意。

另外還有一件你可以爲自己做的事，那就是「接受朋友的支持」。我們都知道：遇到困難或感到悲傷時，朋友的愛有多麼重要。當我們的摯愛過世時，沒有什麼比家人、朋友及社群的支持更重要了。不過狗兒去世時就不一樣了，周遭人們通常視他們和狗兒的關係而給你各種不同的回應，從充滿同情的眼淚，到幾乎不痛不癢的反應都有。有些人很瞭解你對狗的愛有多深刻，以及失去狗的哀傷與失落對你的打擊有多大；而有些人只會聳聳肩地說：「老天，很遺憾你的狗死了，嘿，你今晚要不要去派對？」這樣的反應可能會讓邁向正面的療傷之路崎嶇難行。心理研究發現：人們哀悼寵物和哀悼深愛的人都會經歷相同的階段，哀悼寵物的療傷期或許會短些。但是寵物愛好者同樣經歷「否認」、「憤怒」、「悲傷」直到最後的「接受」階段，如同我們哀悼一位家庭成員一般。

任何人過世都是件很糟糕的事，但是人們失去至親時，通常都會有完善的支持系統。我的父親

2. 牠是剖腹生產的。我懷疑是幼犬在牠傷口旁不斷吮乳的動作讓牠很不舒服，才導致悲劇，不過這只是我的猜測罷了。

過世時，一群人幫忙我暫時放下我的工作，讓我能夠好好處理父親的後事和自己的哀痛，有人幫我照顧羊群和狗兒，我任教的大學也向我表示：「妳要休息多久都沒關係，我們會處理一切。」當然，父母辭世與狗兒去世不能相提並論，但蜜斯提去世那幾天我仍舊感到悲痛異常，沒有人想過我很可能第二天會因此而無法授課，但很幸運地，我卻得到很多親朋好友的安慰。我認爲如果你有能力的話，請暫時中斷原來的生活，給自己一點時間去接受一位至親朋友的驟逝，這很重要。

由於我經常必須去協助飼主面對失去愛犬的痛苦（專攻嚴重攻擊行爲個案的我，好比一名癌症專家，每當我接手攻擊個案時，許多狗兒幾乎都到了無法治癒的地步），所以蜜斯提去世時，我知道如何利用各種方法協助自己療傷止痛。牠過世當天晚上，我把牠一生所拍的照片做成一幅拼貼畫；有一天晚上我還寫了封信給牠；我也將牠的骨灰完好保存，等待某個好日子來臨時，爲牠舉辦一場熱熱鬧鬧的守靈儀式，好朋友可以和我暢談關於牠的故事，讚美牠的生命，儀式最後可能還會和我們的狗一同對著月亮狼嚎起來。

不讓旁人貶低你對狗兒的愛是很重要的。以前我和許多人一樣，曾經對於談及我的貓狗時所流露出的眞情感到不好意思，總是預期著對方即使沒開口是否也會在心中暗想：「老天，不過是隻寵物而已，控制自己一下好不好！」但現在我已經不在意這種事了，雖然我熱愛邏輯及縝密分析，但我也同樣珍視眞性情。身爲科學家的「我」可以非常自在地和愛動物的「我」共處，而且「我們」都很高興能夠一起讚揚「我們」和狗兒之間的美好情誼。

〈後語〉因爲有狗狗，人類不孤單

路克把一個濕濕的、沾滿砂子的東西小心翼翼放到我的手裡，好像是個珍貴的寶貝似的，牠從來沒有這樣過，自此之後也沒再做過同樣的事。路克最喜歡玩「這是我的，你拿不到」的遊戲，雖然只要輕聲下個口令牠就會將牠的玩具鬆口，但是你可以看得出來這有違牠的本性，只要路克拿到球，牠便會盡可能每分每秒緊咬著它不放。牠還得經過訓練之後，才能夠在彼普先拿到球的情況下，不一直搶著彼普的球。但是這次牠小心移放這個東西在我手上，意味著一種高尚的行為表現，然後牠向後退開並在我面前安靜坐下來。起初我連這是什麼東西都搞不清楚，只見一坨濕漉漉的棕色物體，慢慢地，我才辨認出小小的腳掌和一根尾巴，我手裡托著一隻溺水溺得半死的花栗鼠，胸口因微弱的呼吸而上下起伏，雙眼緊閉，小小的腳掌蜷曲緊握著。今天半天之內就累積了十二公分的降雨量，前院流竄著暴雨匯集而成的滾滾激流，車庫旁還多了個瀑布，這隻花栗鼠大概是遇上了這場夏季大雷雨頓時造成的牧場大水。

花栗鼠通常是美國威斯康辛州牧場上惡名昭彰的來客。牠們在穀物袋上咬洞，跑到閣樓儲存舊照片的盒子裡作窩。但是這隻喘著氣的小小哺乳動物觸動了我的心，我把牠清理乾淨並且弄暖牠的身體。半小時後牠恢復了體溫，身體也乾了，而且有點不太高與被我關在廚房料理台的一個盒子裡，當我放走牠時，路克和我一起目送著牠飛快地從車庫前跑掉。

我永遠不明白為何路克會把牠銜起來交給我，並且對牠如此溫柔，路克並沒有表現出獵殺的反應，也沒有玩遊戲的態度。平日我們玩球時，你絕對認得出牠那副專注遊戲、狩獵跟蹤的模樣：牠會放低頭和尾巴，壓低身子趴著，期待著一場追逐戰的開始。但是這次牠看來沒有玩遊戲或打獵的企圖，安靜認真，但眼神卻很溫柔，好像慢動作似地移動著。當路克輕輕用嘴銜起花栗鼠，並且像送上新生嬰兒似的把牠呈現給我時，牠在想什麼呢？牠想營救花栗鼠嗎？這種猜測似乎很愚蠢，因為我的其他隻邊境牧羊犬一向熱愛獵殺這種地棲哺乳動物，而路克反倒不太在乎小老鼠和幼兔寶寶，牠總是溫柔地對待幼羊。路克曾經冒著生命危險救了我的命，不知是否只是因為牠當時剛好遇上一場混亂場面，不過我永遠也不會知道牠為何前來幫我脫離險境。今天牠拾回花栗鼠，也許只是因為那隻花栗鼠讓牠覺得很困惑、很異常，所以才把牠交給我、要我幫牠恢復正常吧！我仍舊不曉得這究竟是怎麼一回事。

你知道路克是我最要好的朋友之一，每當辛苦趕羊上卡車、忙了一上午之後，我會和路克坐在一塊享受著一種親密感，它結合了辛苦共事、彼此尊重和某種存在於我們之間、無可言喻的深厚情感。但我沒法得知牠銜起花栗鼠時心中作何想法，這不是一件人類能夠和狗兒討論的事。

惺惺相惜

我們在許多方面和我們的狗兒很相近——我們都愛在春天的草地上打滾嬉鬧，在慵懶的週日午後靠在一塊兒打盹，在秋日涼爽的林間愉快地散步，但我們之間的個體差別及物種差異卻彷彿宇宙星球般相隔之遠。美國作家亨利．貝斯頓（Henry Beston）在《最遠方的屋子》（*The Outermost House*）書中寫道：

動物不應該受人類的眼光評斷；牠們的世界比我們人類的更久遠也更完美，擁有我們已失去或從未發展出的超感能天賦，能夠聽到我們無法聆聽的聲音。牠們不是我們的兄弟，也不是卑微低等的生物；牠們來自另一個國度，與我們同時被生命和時間交織的大網捕捉，也同為這個壯麗苦難地球的囚犯。

弔詭的是，即便我永遠無法理解路克的行爲，但這一點也不重要，因爲愛和理解是兩回事。我相信每位曾經對配偶或小孩的行爲百思不解的人應該都能體會這一點。

當然，愛狗的人若能獲得足夠資訊以提供狗兒良好的環境，將是件極爲可喜之事。這份瞭解也將使他們能夠協助狗兒成爲健康快樂且有禮貌的狗，不會因無知而害了牠們。每位馴犬師所學習到的第一件事就是：人犬之間大多數的問題都來自一些原本就可以避免的誤會。本書的目的就是希冀增進大眾對人類及狗兒行為的認識，期盼藉此改善人犬關係。對於事物的認識可分成不同層次來看，或許我們和狗兒之間毋需在意要達到多高的層次，重要的是，在這段關係中，雙方能夠共同努力，並且共享努力後所能達到的境界，打從心底、平和地接受它的極限。

我很慶幸路克並不是一個長著膨毛、以四腳行走的小小人類，因為上帝已經賜給我許多人類朋友了，不需要狗兒來替代他們。雖然我從狗兒身上獲得的東西，與我從人類關係中獲得的東西很相似，但就像我無法與鬱金香討論世界和平的話題一樣，我和牠心靈交流所帶來的感觸同樣也無法自人類朋友身上獲得。我不太清楚這些獲得是什麼，但是它深植我心，是種很原始、很美好的感受。它的意義在於：人類和大地結為一體，並且與其他生物共享這個地球的所有事物。人類處在一個很奇特的地位（我們這種動物的行為依舊反映我們祖先的行為），但是我們卻又如此獨一無二，不同於這世上的其他動物。我們的獨特性使我們獨立於其他動物之外，並且使我們輕易便忘記自己的由來；或許狗兒的存在協助我們想起了自己的動物根源有多深；牠提醒著我們這些牽繩另一端的動物：「人類或許很特殊，但是並不孤單。」難怪我們會稱狗兒是人類最好的朋友了。

請於此處用膠水黏貼

讀者回函卡

感謝您購買我們出版的書籍！請費心填寫此回函卡，我們將不定期寄上城邦集團最新的出版訊息。

姓名：＿＿＿＿＿＿＿＿＿＿＿＿ 性別：☐男 ☐女

生日：西元＿＿＿＿＿年＿＿＿＿＿月＿＿＿＿＿日

地址：＿＿＿＿＿＿＿＿＿＿＿＿＿＿＿＿

聯絡電話：＿＿＿＿＿＿＿＿＿＿ 傳真：＿＿＿＿＿＿＿＿

E-mail ：

學歷：☐ 1. 小學 ☐ 2. 國中 ☐ 3. 高中 ☐ 4. 大學 ☐ 5. 研究所以上

職業：☐ 1. 學生 ☐ 2. 軍公教 ☐ 3. 服務 ☐ 4. 金融 ☐ 5. 製造 ☐ 6. 資訊

☐ 7. 傳播 ☐ 8. 自由業 ☐ 9. 農漁牧 ☐ 10. 家管 ☐ 11. 退休

☐ 12. 其他＿＿＿＿＿＿＿＿＿＿

您從何種方式得知本書消息？

☐ 1. 書店 ☐ 2. 網路 ☐ 3. 報紙 ☐ 4. 雜誌 ☐ 5. 廣播 ☐ 6. 電視

☐ 7. 親友推薦 ☐ 8. 其他＿＿＿＿＿＿＿＿＿＿

您通常以何種方式購書？

☐ 1. 書店 ☐ 2. 網路 ☐ 3. 傳真訂購 ☐ 4. 郵局劃撥 ☐ 5. 其他＿＿＿＿

您喜歡閱讀那些類別的書籍？

☐ 1. 財經商業 ☐ 2. 自然科學 ☐ 3. 歷史 ☐ 4. 法律 ☐ 5. 文學

☐ 6. 休閒旅遊 ☐ 7. 小說 ☐ 8. 人物傳記 ☐ 9. 生活、勵志 ☐ 10. 其他

對我們的建議：＿＿＿＿＿＿＿＿＿＿＿＿＿＿＿＿

＿＿＿＿＿＿＿＿＿＿＿＿＿＿＿＿＿＿＿＿

＿＿＿＿＿＿＿＿＿＿＿＿＿＿＿＿＿＿＿＿

【為提供訂購、行銷、客戶管理或其他合於營業登記項目或章程所定業務之目的，城邦出版人集團（即英屬蓋曼群島商家庭傳媒（股）公司城邦分公司、城邦文化事業（股）公司），於本集團之營運期間及地區內，將以電郵、傳真、電話、簡訊、郵寄或其他公告方式利用您提供之資料（資料類別：C001、C002、C003、C011 等）。利用對象除本集團外，亦可能包括相關服務的協力機構。如您有依個資法第三條或其他需服務之處，得致電本公司客服中心電話 02-25007718 請求協助。相關資料如為非必要項目，不提供亦不影響您的權益。】

1.C001 辨識個人者：如消費者之姓名、地址、電話、電子郵件等資訊。
2.C002 辨識財務者：如信用卡或轉帳帳戶資訊。
3.C003 政府資料中之辨識者：如身分證字號或護照號碼（外國人）。
4.C011 個人描述：如性別、國籍、出生年月日。

請於此處用膠水黏貼

廣　告　回　函
北區郵政管理登記證
北臺字第000791號
郵資已付，免貼郵票

104　台北市民生東路二段141號2樓

英屬蓋曼群島商家庭傳媒股份有限公司城邦分公司　收

請沿虛線對摺，謝謝！

書號：BU8001　書名：別跟狗爭老大　編碼：

國家圖書館出版品預行編目資料

別跟狗爭老大：瞭解狗格,人狗共享好關係 / 派翠西亞.麥克康諾(Patricia B. McConnell)
著；黃薇菁譯. -- 三版. -- 臺北市：商周出版：英屬蓋曼群島商家庭傳媒股份有限公司
城邦分公司發行, 2022.09
面； 公分. -- (Pet blog ; 1)
譯自：The Other End of the Leash: Why We Do What We Do Around Dogs
ISBN 978-626-318-348-3（平裝）

1.CST: 犬 2.CST: 寵物飼養 3.CST: 動物行爲
437.354 111009508

petBlog 01

別跟狗爭老大：瞭解狗格，人狗共享好關係

原 書 名／The Other End of the Leash: Why We Do What We Do Around Dogs
作 者／派翠西亞・麥克康諾博士（Patricia B. McConnell, Ph.D.）
譯 者／黃薇菁
企畫選書人／彭之琬
責任編人／楊慧莉
特約編輯／莊遠芬

版 權／吳亭儀、江欣瑜
行銷業務／周佑潔、黃崇華、賴玉嵐
總 編 輯／黃靖卉
總 經 理／彭之琬
事業群總經理／黃淑貞
發 行 人／何飛鵬
法律顧問／元禾法律事務所 王子文律師
出 版／商周出版
台北市104民生東路二段141號9樓
電話：(02) 25007008 傳眞：(02)25007759
E-mail:bwp.service@cite.com.tw
發 行／英屬蓋曼群島商家庭傳媒股份有限公司 城邦分公司
台北市中山區民生東路二段141號2樓
書虫客服服務專線：02-25007718；25007719
服務時間：週一至週五上午09:30-12:00；下午13:30-17:00
24小時傳眞專線：02-25001990；25001991
劃撥帳號：19863813；戶名：書虫股份有限公司
戶名：英屬蓋曼群島商家庭傳媒股份有限公司城邦分公司
讀者服務信箱：service@readingclub.com.tw
城邦讀書花園：www.cite.com.tw
香港發行所／城邦（香港）出版集團有限公司
香港灣仔駱克道193號東超商業中心1樓_ E-mail:hkcite@biznetvigator.com
電話：(852) 25086231 傳眞：(852) 25789337
馬新發行所／城邦（馬新）出版集團【Cité (M) Sdn. Bhd. (458372U)】
41, Jalan Radin Anum, Bandar Baru Sri Petaling,
57000 Kuala Lumpur, Malaysia
電話：(603)90563833 傳眞：(603) 90576622
Email: service@cite.com.my

封面設計／徐璽設計工作室
排 版／極翔企業有限公司
印 刷／韋懋實業有限公司
經 銷／聯合發行股份有限公司
地址：新北市231新店區寶橋路235巷6弄6號2樓
電話：(02)2917-8022 傳眞：(02)2911-0053

■2006年 1 月25日初版
■2022年 9 月27日三版
定價400元

Printed in Taiwan

城邦讀書花園
www.cite.com.tw

 ISBN 978-626-318-348-3

參考資料

引言　知己知彼，人狗雙贏

若想查詢關於黑猩猩、侏儒黑猩猩和人類的行爲比較資料，靈長目行爲學家佛朗斯．狄瓦爾博士的數本著作是文筆絕佳又容易取得的優良資料來源，它們包括《黑猩猩政治說》（*Chimpanzee Politics*）、《靈長類的求和行爲》（*Peacemaking Among Primates*）、《天性良善：人類和其他動物對錯的起源》（*Good Natured: The Origins of Right and Wrong in Humans and Other Animals*）、《行爲傳承：人猿和壽司達人》（*The Ape and The Sushi Master*）。另外一本圖文俱佳、有關侏儒黑猩猩的好書是由狄瓦爾與法蘭斯．藍汀（Frans Lanting）合著的《倭黑猩猩：被遺忘的猿類》（*Bonobo:The Forgotten Ape*），書中的倭黑猩猩照片，其行爲表現近乎人類的程度叫人臉紅心跳。如果你想看看引人興味的金剛猩猩行爲（以及金剛猩猩保育之戰的眞實故事），請讀比爾．偉伯和艾咪．韋德博士合著的《猩猩國度》（*In the Kingdom of Gorillas*）。

以上各書和本章其他參考書目的詳細資料如下：

Coppinger, R. and L. Coppinger. 2001. *Dogs: A Startling New Understanding of Canine Origin, Behavior and Evolution*. New York: Scribner.

Delson, E. et al., eds. 2000. *Encyclopedia of Human Evolution*

and Prehistory. 2d ed. New York: Garland Publishing.

de Waal, Frans. 1989. *Peacemaking Among Primates*. Cambridge, Mass.: Harvard University Press.

de Waal, Frans. 1996. *Good Natured: The Origins of Right and Wrong in Humans and Other Animals*. Cambridge, Mass.: Harvard University Press.

de Waal, Frans. 1998. *Chimpanzee Politics, Power and Sex Among Apes*. Baltimore: Johns Hopkins University Press.

Diamond, Jared. 1992. *The Third Chimpanzee: The Evolution and Future of the Human Animal*. New York: Harpers.

Gibson, Kathleen R. and Tim Ingold. 1993. Tools, *Language and Cognition in Human Evolution*. New York: Cambridge University Press.

Harrington, Fred H. and Paul C. Paquet, eds. 1992. *Wolves of the World: Perspectives of Behavior, Ecology and Conservation*. Park Ridge, NJ: Noyes Publications.

Ingold, Tim, ed. 1994. *Companion Encyclopedia of Anthropology: Humanity,Culture and Social Life*. New York: Routledge.

Jolly, Alison. 1985. *The Evolution of Primate Behavior*. 2d ed. New York: Macmillan Publishing Co.

Morris, Desmond. 1967. *The Naked Ape*. New York: McGraw-Hill Book Co.

Peoples, J. and G. Bailey. 1997. *Humanity: An Introduction to*

Cultural Anthropology. Belmont, Calif.: est/Wadsworth.

Serpell, James, ed. 1995. *The Domestic Dog: Its Evolution, Behaviour and Interactions with People*. New York: Cambridge University Press.

Weber, Bill and Amy Vedder. 2001. *In the Kingdom of Gorillas*. New York: Simon and Schuster.

Wills, Jo and Ian Robinson. 2000. *Bond for Life: Emotions Shared by People and Their Pets*. Minoequa, Wis.: Willow Creek Press.

第一章　狗眼如何看人？

有關靈長類的文獻資料多不勝多，我鼓勵各位讀者多多利用閱讀、錄影帶或網路查詢的方式，學習人類源自靈長類的一些行爲。美國有關靈長類行爲資料的最佳資源之一就是威斯康辛大學麥德遜分校的靈長類中心附設圖書館（Primate Center Library of the University of Wisconsin-Madison），它的網址是：www.primate.wisc.edu。兩本介紹動物行爲學的入門好書是《動物行爲學：機制、生態及演化》（*Animal Behavior: Mechanisms. Ecology and Evolution*）和《動物行爲學的發展前景》（*Perspectives on Animal Behavior*）。任何想認眞學習更多人狗行爲的人，若能經由動物行爲學中隱而不見的科學觀點建立動物行爲學的良好基礎，都將獲益良多。

以上書籍及有關人類和犬科動物視覺訊號的資料來源詳列如下：

Abrantes, Roger. 1997. *Dog Language*. USA: Wakan Tanka Publishers.

Darwin, Charles. 1872/1998. *The Expression of Emotions in Man and Animals*. Definitive edition, with commentary by Paul Ekma. New York: Oxford University Press.

de Waal, Frans. 1989. *Peacemaking Among Primates*. Cambridge, Mass.: Harvard University Press.

de Waal, Frans. 1996. *Good Natured: The Origins of Right and Wrong in Humansnand Other Animals*. Cambridge, Mass.: Harvard University Press.

Drickamer, Lee C., Stephen H. Vessey, and Douglas Miekle. 1995. *Animal Behavior: Mechanisms, Ecology and Evolution*. New York: McGraw Hill.

Fox, Michael W. 1978. *The Dog: Its Domestication and Behavior*. New York: Garland STMP Press.

Goodall, Jane van Lawick. 1971. *In the Shadow of Man*. Boston: Houghton Mifflin Company.

Goodenough, Judith, Betty McGuire, and Robert A. Wallace. 2000. *Perspectiveson Animal Behavior*. New York: John Wiley & Sons.

Jolly, Alison. 1985. *The Evolution of Primate Behavior*. 2d ed. New York: Macmillan Publishing Co.

Kummer, Hans. 1995. *In Quest of the Sacred Baboon: A Scientist's Journey*. Princeton, NJ: Princeton University Press.

Mech, David. 1970. *The Wolf: The Ecology and Behavior of an Endangered Species*. Minneapolis, Minn.: University of Minnesota Press.

Snowdon, Charles T. In Press. "Expression of Emotion in Nonhuman Animals.'' In *Handbook of Affective Science*, edited by R. J. Davidson, H. H. Goldsmith, and K. Scherer. New York: Oxford University Press.

Strum, Shirley C. 1987. *Almost Human*. New York: Random House.

Zimen, Erik. 1982. "A Wolf Pack Sociogram.'' *In Wolves of the World: Perspectives of Behavior, Ecology and Conservation*. edited by Fred H. Harrington and Paul C. Paquet. Park Ridge, NJ: Noyes Publications.

古典反制約原理，可治療怕生的狗兒，如果讀者有興趣想知道更多這方面的訊息（如本章簡述的蜜斯提情形），請注意在你精通此種治療方法之前，不可逕自進行療程，進行此類療程的方法詳述於我所撰寫的小書冊《小心謹慎的狗兒：如何協助牠們面對恐懼》（*The Cautious Canine: How to Help Dogs Conquer Their Fears*）中，但是如果自己的狗兒極怕人或具潛在攻擊性的話，我鼓勵飼主尋求有經驗的專業人士協助後再進行療程，因爲若進行不當會越弄越糟，以下是一些描述療程及運用古典反制約的好書：

Campbell, William. 1975. *Behavior Problems in Dogs*. Santa Barbara, Calif.: American Veterinary Publications.

Campbell, William E. 1995. *Owner's Guide to Better Behavior in Dogs*. 2d ed. Loveland, Col.: Alpine Blue Ribbon Books.

Dodman, Nicholas. 1996. *The Dog Who Loved Too Much*. New York: Bantam Books.

Hetts, Suzanne. 1999. *Pet Behavior Protocols*. Lakewood, Col.: AAHA Press.

McConnell, Patricia B. 1998. *The Cautious Canine: How to Help Dogs Conquer Their Fears*. Black Earth, Wis.: Dog's Best Friend Training, Ltd.

Overall, Karen. 1997. *Clinical Behavioral Medicine for Small Animals*. St. Louis, MO: Mosby.

Ryan, Terry. 1998. *The Toolbox for Remodeling Your Problem Dog*. New York: Howell Book House.

以下是幾本介紹牧羊犬故事的有趣好書：

Billingham, Viv. 1984. *One Woman and Her Dog*. Cambridge, U.K.: Patrick Stephens.

Halsall, Eric. 1980. *Sheepdogs: My Faithful Friends*. Cambridge, U.K.: Patrick Stephens.

McCaig, Donald. 1998. *Eminent Dogs, Dangerous Men*. New York: Lyons Press.

第二章　你的身體會說話

第二章和第三章的重點有二：一、我們該如何以最有效的方法和狗兒溝通，二、想擁有人見人愛的好狗兒關鍵在於有效溝

通。以下參考書目列出了一些我最喜歡的訓練書籍，我建議讀者不要只買一本，並且請特別注意所有作者一致同意的論點是什麼，馴犬有各家各派的方法（任何剛開始閱讀馴犬書籍的人都瞭解這一點），但是其中有些方法是普遍獲得大家認同的，因爲它們不但能使你更容易學習，也使人或狗都覺得訓練很愉快、很有趣。別看那些會建議你與狗兒溝通時要用體罰來糾正狗兒行爲（包括猛抽牽繩）的馴犬書。雖然我也會體罰狗兒，但只有在特殊且極罕見的情況下我才會這麼做。何時體罰以及如何體罰是一種進階技巧，新手絕對不該急著這麼做。幾乎在所有狀況下，使用正面的方法會比較容易成功，而且對人和狗都好、也更加有趣。

如果讀者想要聯繫專業的動物行爲應用專家或馴犬師，請與以下機構聯絡：動物行爲學會（Animal Behavior Society，網址爲 www.animalbehavior.org）、美國獸醫醫學學會（American Veterinary Medical Association）、美國動物行爲獸醫協會（American Veterinary Society of Animal Behavior），或寵物馴犬師協會（Association of pet Dog Trainers，網址爲 www.apdt.com）。

以下眾多書目也是有關犬科動物視覺訊號的絕佳資料來源，飼主若能學會辨識這些訊號將很有助益。

Booth, Sheila. 1998. *Purely Positive Training: Companion to Competition*. Ridgefield, Conn.: Podium Publications.

Coren, Stanley. 2000. *How to Speak Dog*. New York: Free Press.

Donaldson, Jean. 1996. *The Culture Clash*. Berkeley, Calif.: James and Kenneth Publishers.

Dunbar, Ian. 1998. *How to Teach a New Dog Old Tricks*. Berkeley, Calif.: James and Kenneth Publishers.

Kilcommons, Brian. 1992. *Good Owners, Great Dogs: A Training Manual for Humans and Their Canine Companions*. New York: Warner Books.

McAuliff, Claudeen E. 2001. *Lucy Won't Sit: How to Use* Your *Body, Mind and Voice for a Weil-Behaved Dog*. Neosho, Wis.: Kindness K-9 Dog Behavior and Training.

McConnell, Patricia B. 1996. *Beginning Family Dog Training*. Black Earth, Wis.: Dog's Best Friend, Ltd.

Milani, Myrna. 1986. *The Body Language and Emotion of Dogs*. New York: Quill.

Reid, Pamela. 1996. *Excel-erated Learning: Explaining in Plain English How Dogs Learn and How Best to Teach Them*. Oakland, Calif: James and Kenneth Publishers.

Rogerson, John. 1991. *Understanding Your Dog*. London: Popular Dogs Publishing Co.

Rugas, Turid. 1997. *On Talking Terms with Dogs: Calming Signals*. Kula, Hawaii: Legacy By Mail.

Ryan, Terry. 1998. *The Toolbox for Remodeling Your Problem Dog*. New York: Howell Book House.

Weston, David. 1990. *Dog Training: The Gentle Modern*

Method. New York: Howell Book House.

本章引用之靈長類視覺訊號相關資料，來自以下重要書目：

de Waal, Frans. 1996. *Good Matured: The Origins of Right and Wrong in Humans and Other Animals*. Cambridge, Mass.: Harvard University Press.

de Waal, Frans. 1998. *Chimpanzee Politics, Power and Sex Among Apes*. Baltimore, Md.: Johns Hopkins University Press.

Goodall, Jane van Lawick. 1971. *In the Shadow of Man*. Boston: Houghton Mifflin Company.

Snowdon, Charles T. In Press. "Expression of Emotion in Nonhuman Animals.'' In *Handbook of Affective Science*, edited by R. J. Davidson, H. H. Goldsmith, and K. Scherer. New York: Oxford University Press.

Strum, Shirley C. 1987. *Almost Human*. New York: Random House.

第三章 別對狗狗「雞同鴨講」

本章列出的訓練書籍包含如何使用人聲訓練的重要資訊，如果讀者想更瞭解我的博士研究論文中專業動物操作手如何利用聲音的細節，請查詢學術資源《動物行為期刊》(*Animal Behavior*)或《動物行為學前景期刊》(Perspectives in Ethology)，或《自然史》(*Natural History*)書中的一篇科普文章《世界皆聞的哨聲》(*The Whistle Heard Round the World*)。

以下所列出的動物聲音溝通行為資料書目，尚不及相關文獻

資料的九牛一毛，談到靈長類使用聲音的行爲，有一本特別有趣的大眾書籍是桃樂蒂・錢尼（Dorothy Cheney）與羅勃・西發斯（Robert Seyfarth）合著的《猴子如何看世界》（*How Monkeys See the World*）。

對這個題目特別有興趣、想深入了解的讀者，可能會想看看動物行爲學會所出版的《動物行爲期刊》，幾乎每一期都包含特定物種（從昆蟲到靈長類）如何以聲音溝通的相關精彩文章（先提醒讀者：它是本學術期刊，所以文章皆按學界形式撰寫），文章範例請見該學會網站：www.animalbehavior.org，請點選Animal Behaviour，或到鄰近大學圖書館查閱該期刊。

Barfield, R. J., P. Auerback, L. A. Geyer, and T. K. Mclntosh. "Ultra-sonic Vocalizations in Rat Sexual Behavior." *American Zoologist* 19.

Berger, C. R. and P. de Battista, 1993. "Communication and Plan Adaptation: If at First You Don't Succeed, Say It Louder and Slower." *Communication Monographs* 60: 220-238.

Booth, Sheila. 1998. *Purely Positive Training: Companion to Competition*. Ridgefield, Conn.: Podium Publications.

Cheney, Dorothy and Robert Seyfarth. 1990. *How Monkeys See the World*. Chicago: University of Chicago Press.

Frost, April. 1998. *Beyond Obedience: Training with Awareness for You and Your Dog*. New York: Harmony Books.

Gibson, Kathleen R. and Tim Ingold. 1993. *Tools, Language and Cognition in Human Evolution*. Cambridge, U.K.: Cambridge

University Press.

Goodall, Jane van Lawick. 1971. *In the Shadow of Man*. Boston: Houghton Mifflin Company.

Hirsh-Pasek, K. 1981. "Doggerel: Motherese in a New Context." *Journal of Child Language*, 9.

Harrington, F. H. and L. D. Mech., 1978. "Wolf Vocalization." In *Wolf and Man: Evolution in Parallel*, edited by R. L. Hall and H. S. Sharp. New York: Academic Press.

Marler, P., A. Duffy, and R. Pickett. 1986. "Vocal Communication in the Domestic Chicken: II. Is a Sender Sensitive to the Presence and Nature of a Receiver?" *Animal Behaviour* 43: 188-193.

McAuliffe, Claudeen E. 2001. *Lucy Won't Sit: How to Use Your Voice, Body, Mind and Voice for a Well-Behaved Dog*. Neosho, Wis.: Kindness K-9 Dog Behavior and Training.

McConnell, Patricia B. 1988. "The Effect of Acoustic Features on Receiver Response in Mammalian Communication." Dissertation: Madison, Wis.: University of Wisconsin-Madison.

McConnell, Patricia B. 1990. "Acoustic Structure and Receiver Response In *Cants Familiaris*." *Animal Behaviour* 39: 897-904.

McConnell, Patricia B. 1991. "Lessons from Animal Trainers: The Effect of Acoustic Structure on an Animal's Response." In *Perspectives in Ethology*. Vol. 9. edited by P. P. G. Bateson and

Peter H. Klopfer. New York: Plenum Press.

McConnell, Patricia B. 1992. "The Whistle Heard Round the World." *Natural History* 101, no. 10: 50-59.

McConnell, Patricia B. 1992. "Louder than Words." *AKC Gazette* 109 (May) no. 5: 38-43.

McConnell, Patricia B. and Charles T. Snowdon. 1986. "Vocal Interactions Between Unfamiliar Groups of Cotton-top Tamarins (*Saguinus oedipus oedifus*)." *Behavior* 97-3/4: 273-296.

Mitani, J. C. 1996. "African Ape Vocal Behavior." In *Great Ape Societies*, edited by William McGrew, Linda Marchant, and Toshissanda Nishido. New York: Cambridge University Press.

Morton, E. S. 1977. "On the Occurrence of Motivation-Structural Rules in Some Birds and Mammals Sounds." *American Naturalist* 3: 981.

Snowdon, Charles T. In Press. "Expression of Emotion in Nonhuman Animals." In *Handbook of Affective Science*, edited by R. J. Davidson, H. H. Goldsmith, and K. Scherer. New York: Oxford University Press.

第四章　海邊有逐「臭」之夫

有關人類嗅覺的討論，我最喜歡的一篇文章來自黛安·艾克曼的好書《感官之旅》(*A Natural History of the Senses*)，等你讀過她探討氣味的章節之後，你將不會再小看你的鼻子。史丹利·柯倫博士的《聽狗在說話》(*How to Speak Dog*) 一書中也有一個

討論嗅覺的絕佳章節。羅伊・杭特（Roy Hunter）的好書《有趣的狗鼻》（*Fun Nosework for Dogs*）告訴你狗鼻子驚人的各項知識，相當具有啓發性。

Ackerman, Diane. 1990. *A Natural History of the Senses*. New York: Vintage Books.

Bownds, M. Deric. 1999. *The Biology of Mind*. Bethesda, Md.: Fitzgerald Science Press.

Budiansky, Stephen. 2000. *The Truth About Dogs*. New York: Viking Press.

Coren, Stanley. 2000. *How to Speak Dog*. New York: Free Press.

Ganz, Sandy and Susan Boyd. 1990. *Tracking from the Ground Up*. St. Louis, MO.: Show-Me Publications.

Gilling, Dick and Robin Brightwell. 1982. *The Human Brain*. London: Orbis Publishing.

Hunter, Roy. 1995. *Fun Nosework for Dogs*. Eliot, Me: Howln Moon Press.

Johnson, Glen R. 1977. *Tracking Dog Theory and Methods*. Rome, NY: Arner Publications.

Laska, M., A. Seibt, and A. Weber. 2000. " 'Microsomatic' Primates Revisited: Olfactory Sensitivity in the Squirrel Monkey.'' *Chemical Senses* 25: 47-53.

MacKenzie, S. A. and J. A. Schultz. 1987. "Frequency of Back-tacking in the Tracking Dog.'' *Applied Animal Behavior*

Science 17: 353-359.

Sanders, William. 1998. *Enthusiastic Tracking*. Stanwood, Wash.: Rime Publications.

Scott, John Paul and John L. Fuller. 1965. *Genetics and the Social Behavior of the Dog*. Chicago: University of Chicago Press.

Steen, J.B. and E. Wilsson. 1990. "How Do Dogs Determine the Direction of Tracks?" *Acta Physiologica Scandinavica* 139: 531-534.

Washabaug, Kate and Charles Snowdon. 1998. "Chemical Communication of Reproductive Status in Female Cotton-top Tamarins (*Saguinus oedipus oedipus*)." *American Journal of Primatology* 45:337-349.

第五章　共享愛玩的天性

本章所引用狗兒及人類玩要行爲比較的資料來源，除了我自身的觀察之外，還來自兩本非常精彩的學術著作《孩童與動物的玩要及探索》（*Play and Exploration in Children and Animals*）和《動物玩要行爲：演化、比較及生態》（*Animal Play: Evolutionary, Comparative and Ecological Perspectives*），以下爲這兩本書及本章中引用其他資料來源的詳細資料：

Bekoff, Marc and John A. Byers. 1998. *Animal Play: Evolutionary, Comparative and Ecological Perspectives*. New York: Cambridge University Press.

Bolhuis, Johan J. and Jerry A Hogan. 1999. *The Development*

of Animal Behavior. Oxford, U.K.: Blackwell Publishers.

Budiansky, Stephen. 1999. *Covenant of the Wild*. New Haven, Conn.: Yale University Press.

Coppinger, R. and L. Coppinger. 2001. *Dogs: A Startling New Understanding of Canine Origin, Behavior and Evolution*. New York: Scribner.

Fiske, A. 1884. *The Destiny of Man Viewed in Light of His Origin*. Boston: Houghton-Mifflin.

Hunter, Roy. 1995. *Fun Nosework for Dogs*. Eliot, Maine: Howln Moon Press.

Itani, J. and A. Nishimura. 1973. "The Study of Infrahuman Culture in Japan: A Review.'' In *Precultural Primate Behavior*, edited by E. W. Menzel. Basel: Karger.

Power, Thomas G. 2000. *Play and Exploration in Children and Animals*. Mahwah, NJ: Lawrence Erlbaum Associates.

第六章　狗狗的朋友 & 第七章　好狗不與人爭

我綜合了這兩章的參考資料，因爲其中大部分的學術資訊來自相同的幾本書。談到人類、其他靈長類、狗兒及其他犬科動物的社會化天性時，有很多不同的作法，從動人的故事到科學研究結果都有，一本我最喜歡的文學好書是卡洛琳·柯奈普（Caroline Knapp）的傑作《當人有了狗》（*Pack of Two: The Intricate Bond Between People and Dogs*）。伊莉莎白·馬歇爾·湯瑪士也描寫過有關自己狗兒的動人故事，包括《狗兒的社交生

活》(*The social Life of Dogs: The Grace of Canine Company*)。有關人犬關係演變的另一本好書則是洛伊德·溫特(Lloyd Wendt)的《狗:歷史性的旅程》(*Dogs: A Historical Journey*)。

如果讀者想找有關靈長類社會系統的學術資料,我推薦《靈長類行爲的演化》(*The Evolution of Primate Behavior*)和《靈長類的社會衝突》(*Primate Social Conflict*)兩本書,許多有關靈長類行爲的暢銷好書作者包括狄瓦爾、雪莉·史壯、珍古德、比爾·偉伯和艾咪·韋德。我鼓勵愛狗人士挑選任何一個自己覺得最有趣的物種,多多閱讀牠們的行爲,因爲能夠由較廣的層面去看待個體行爲非常重要,如同我們「見林卻不懂林」,即使見到林中的樹也無法眞正懂得樹一般。

推薦靈長類行爲相關書籍所面臨的最大問題是:該從數百本書中挑出哪些?令人遺憾的是,想推薦狗兒社會行爲方面的書籍時,卻找不到幾本有科學爲根據的好書,人類顯然對於越親近熟悉的事物越會抱持輕蔑的心態,因爲研究狗兒行爲的優良文獻資料少之又少(舉例來說,分析家犬聲音的研究非常之少,然而研究紅翼黑鸝鳴聲的發表文獻卻超過百篇),不過我很高興地告訴大家這種趨向已經有所改變,近年來出現了一些架構嚴謹的家犬行爲研究,目前最具有科學依據的狗兒行爲好書是詹姆士·舍貝爾(James Serpell)的《家犬:演化、行爲及人犬互動》(*The Domestic Dog: Its Evolution, Behaviour and Interactions with People*)。另一本有關人犬關係的有趣好書則是史蒂芬·布迪恩斯基(Stephen Budiansky)所著的《關於狗的眞相》(*The Truth About Dogs: An Inquiry into the Ancestry, Social Conventions,*

Mental Habits and Moral Fiber of Canis Familiaris）。

《永遠的親蜜關係》（*Bond for Life: Emotions Shared by People and Their Pets*）是一本收錄名言及照片的好書，自從我收到這本書後，它使得我家客廳蓬蓽生輝，我極力推薦本書，此類書籍當然還有很多，在六、七章中所引用的其他資料細節都在以下列出。

關於人擇育種對狗兒的影響，市面上有許多發表強烈看法的書籍，最近期的兩本是馬克・戴爾（Mark Derr）的《狗最好的朋友：人犬關係年鑑》（*Dog's Best Friend: Annals of the Dog-Human Relationship*），以及雷蒙與洛納・考賓格（Raymond and Lorna Coppingers）的《狗：犬類起源、行爲和演化的驚奇新觀點》（*Dogs: A Startling New Understanding of Canine Origin, Behavior and Evolution*）。如果你對完全相反的觀點有興趣，請參閱美國育犬協會（American Kennel Club）網站www.akc.org。

有關美國印第安那州野狼公園（Wolf Park）的資訊可至其網站 www.wolfpark.org。

Beck, Alan M. 1973. *The Ecology of Stray Dogs: A Study of Free-Ranging Urban Animals*. Baltimore, Maryland.: York Press.

Beck, Alan and Aaron Katcher. 1983. *Between Pets and People: The Importance of Animal Companionship*. New York: G. P. Putnam's Sons.

Beckoff, Marc, ed. 1978. *Coyote Biology, Behavior and Management*. New York Academic Press.

Bolhuis, Johan H. and Jerry A. Hogan, eds. 1999. *The Development of Animal Behavior*. Oxford, U.K.: Blackwell Publishers.

Brazleton, T. Berry. 1983. *Infants and Mothers: Differences in Development*. New York: Delacorte Press.

Campbell, William E. 1995. *Owner's Guide to Better Behavior in Dogs*., 2d ed. Loveland, Col.: Alpine Blue Ribbon Books.

Delson, Eric, Ian Tatersall, John A. Van Couvering, and Alison S. Brooks, eds. 2000. *Encyclopedia of Human Evolution and Prehistory*. New York: Garland Publishing.

de Waal, Frans. 1989. *Peacemaking Among Primates*. Cambridge, Mass.: Harvard University Press.

de Waal, Frans. 1996. *Good Natured: The Origins of Right and Wrong in Humans and Other Animals*. Cambridge, Mass.: Harvard University Press,

de Waal, Frans. 1998. *Chimpanzee Politics, Power and Sex Among Apes*. Baltimore, Md: Johns Hopkins University Press.

Dodman, Nicholas H. 1996. *The Dog Who Loved Too Much*. New York: Bantam Books.

Goodall, Jane van Lawick. 1971. *In the Shadow of Man*. Boston: Houghton Mifflin Company.

Gould, Stephen Jay. 1979. "Mickey Mouse Meets Konrad Lorenz." *Natural History* 88. no. 5: 30-36.

Gould, Stephen Jay. 1982. "A Biographical Homage to Mickey

Mouse.'' Pp. 95-107 in *The Panda's Thumb*. New York: W. W. Norton.

Harlow, Harry F. and Margaret K. Harlow. 1962. "Social Deprivation in Monkeys.'' *Scientific American* 207(5): 136-46.

Ingold. Tim, ed. 1994. *Companion Encyclopedia of Anthropology: Humanity, Culture and Social Life*. New York: Routledge.

Jolly, Allison. 1985. *The Evolution of Primate Behavior*. 2d ed. New York: Macmillan Publishing, Co.

Knapp, Caroline. 1995. *Pack of Two: The Intricate Bond Between People and Dogs*. New York: Dial Press.

Llewellyn, Karl, and E. Adamson Hoebel. 1941. *The Cheyenne Way*. Norman, Okla.: University of Oklahoma Press.

Mason, William A. and Sally P. Mendoza, eds. 1993. *Primate Social Conflict*. Albany, NY: State University of New York Press.

McConnell, Patricia B. 1998. *The Cautious Canine: How to Help Dogs Conquer Their Fears*. Black Earth, Wis.: Dog's Best Friend, Ltd.

McGrew, William C., Linda F. Marchant, and Toshisada Nishida, eds. 1996. *Great Ape Societies*. New York: Cambridge University Press.

Monks of New Skete. 1978. *How to Be Your Dog's Best Friend*. Boston: Little, Brown and Company.

Patterson, Francine. 1985. *Koko's Kitten*. New York:

Scholastic.

Peoples, James and Garrick Bailey. 1997. *Humanity: An Introduction to Cultural Anthropology*. 4th ed. Belmont, Calif.: Wadsworth Publishing Co.

Ryan, Terry. 1998. *The Toolbox for Remodeling Your Problem Dog*. New York: Howell Book House.

Scott, John Paul and John L. Fuller. 1965. *Genetics and the Social Behavior of the Dog*. Chicago: University of Chicago Press.

Serpell, James, ed. 1995. *The Domestic Dog: Its Evolution, Behaviour and Interactions with People*. New York: Cambridge University Press.

Strum, Shirley C. 1987. *Almost Human: A Journey into the World of Baboons*. New York: Random House.

Thomas, Elizabeth Marshall. 2000. *The Social Lives of Dogs: The Grace of Canine Company*. New York: Pocket Books.

Walker, Peter. 1995. *Baby Massage: A Practical Guide to Massage and Movement for Babies and Infants*. New York: St. Martin's Griffin.

Wendt, Lloyd M. 1996. *Dogs: A Historical Journey*. New York: Howell Book House.

Wills, Jo and Ian Robinson. 2000. *Bond for Life: Emotions Shared by People and Their Pets*. Minoequa, Wis.: Willow Creek Press.

Zimen, Erik. 1982. "A Wolf Pack Sociogram." Pp. 282-322 in

Wolves of the World, edited by Fred H. Harrington and Paul C. Paquet. Park Ridge, NJ: Noyes Publications.

第八章 教「犬」有方

有關「統治性地位」影響狗兒行爲問題之不同觀點，請見以下書目：

Dodman, Nicholas. 1996. *The Dog Who Loved Too Much.* New York: Bantam Books.

Donaldson, Jean. 1996. *The Culture Clash*. Berkeley, Calif: James and Kenneth Publishers.

Dunbar, Ian. 1998. *How to Teach a New Dog Old Tricks*. Berkeley, Calif: James and Kenneth Publishers.

Hetts, Suzanne. 1999. *Pet Behavior Protocols*. Lakewood, Col: AAHA Press.

London, Karen L. and Patricia B. McConnell. 2001. Feeling Outnumbered? *How to Manage and Enjoy Your Multi-Dog Household*. Black Earth, Wis.: Dog's Best Friend, Ltd.

McConnell, Patricia B. 1996. *Beginning Family Dog Training*. Black Earth, Wis.: Dog's Best Friend, Ltd.

McConnell, Patricia B. 1996. *How to be Leader of the Pack and Have Your Dog Love You for It.* Black Earth, Wis.: Dog's Best Friend, Ltd.

Overall, Karen. 1997. *Clinical Behavioral Medicine for Small Animals.* St. Louis, MO: Mosby.

Wright, John C. and Judi Wright Lashnits. 1999. *The Dog Who Would Be King*. Emmaus, Penn.: Rodale Press.

第九章　什麼樣的狗最適合你？

任何想養隻和你速配的狗的人，最好請一位有經驗的馴犬師或動物行爲專家，請他們協助你評估狗兒的個性，即便是一點小小的經驗，對於預測狗兒到不同環境會作何反應仍有很大的幫助。如果你要養純種狗，應該瞭解該犬種的一般特性。不過有成千上萬的好狗兒都不是純種犬，而且如同此章中所述，狗兒並不一定會照著書上的特性表現。

雖然美國育犬協會的註冊純種犬標準大多以外觀特徵爲主，閱讀某特定犬種協會的犬種標準，有時可以瞭解一些該犬種中許多狗兒共同具有的基本性情（切記：美國育犬協會只是幾個追蹤狗兒血統的犬種註冊機構之一，雖然是規模最大的註冊機構，但它所頒發的「血統證書」就像其他註冊機構的證書一樣，只是列出狗兒前幾代祖先的名字，並不保證狗兒的品質），你不能完全相信犬種標準和犬種描述，因爲它們的作者都是這個犬種的超級愛好者，甚至會把該犬種的每隻狗都當成是一模一樣的複製品。不過如果某個犬種標準或犬種的描述是「對陌生人表現冷淡」時，你可得當心了，這樣的狗可能不太適合家裡經常有訪客的人飼養，除非你找得到一隻不符合該犬種描述的狗兒。

對犬種描述最詳盡且完善的一本書是《世界犬種集錦》（*The Atlas of Dog Breeds of the World*，由邦妮．威爾克斯〔Bonnie Wilcox〕和克里斯．瓦可威茲〔Chris Walkowicz〕合著），它近

期才更新過資料，而且包括了最深入的各種犬種描述，還有犬種由來的實用資訊。請特別留意犬種的由來，因爲像西藏獒犬這樣的犬種，其培育目的是在無人的狀況下工作，而且天生就對其他狗很有戒心，牠可能不會是你兒子進行服從訓練的好對象。如果你想先選對犬種再選狗的話，最有保險的方法就是先查閱一些書和上網找資料，然後再想辦法盡可能增加與很多狗及牠們飼主面對面接觸的機會。

請考慮一下飼養混種犬吧！即便狗兒沒有血統證明書，也不代表牠不是隻好狗。無論你如何挑狗，請你以理性做選擇，避免在衝動之下買狗，否則對人和狗都將造成莫大的痛苦。

Cambell, William. 1975. *Behavior Problems in Dogs*. Santa Barbara, Calif.: American Veterinary Publications

de Waal, Frans. 1998. *Chimpanzee Politics, Power and Sex Among Apes*. Baltimore, Md.: Johns Hopkins University Press.

Etcoff, Nancy. 2000. *Survival of the Prettiest: The Science of Beauty*. New York: Anchor Books.

Karsh, Eileen B. and Dennis C. Turner. 1990. "The Human-Cat Relationship.'' In *The Domestic Cat: The Biology of Its Behavior,* edited by Dennis C. Turner and Patrick Bateson. Cambridge, U.K.: Cambridge University Press.

Scott, John Paul and John L. Fuller. 1965. *Genetics and the Social Behavior of the Dog*: *The Class Study*. Chicago: University of Chicago Press.

Strum, Shirley C. 1987. *Almost Human*. New York: Random

House.

Suomi, Stephen J. 1998. *Genetic and Environmental Factors Influencing Serotonergic Functioning and the Expression of Impulsive Aggression in Rhesus Monkeys*. Plenary Lecture: Italian Congress of Biological Psychiatry, Naples, Italy.

Suomi, Stephen J. 2001. *How Gene-Environment Interactions Can Shape the Development of Socioemotional Regulation in Rhesus Monkeys*. Round Table: Socioemotional Regulation, Dimensions, Developmental Trends and Influences, Johnson and Johnson Pediatric Round Table, Palm Beach, Fl.

Wilcox, Bonnie and Chris Walkowicz. 1989. *The Atlas of Dog Breeds of the World*. Neptune City, NJ: TEH Publications.

Zimbardo, Philip G. 1977. *Shyness: What It Is, What to Do About It*. Reading, Mass.: Addison-Wesley.

第十章　面對愛與失去

馬克・哈斯在《野生心靈：動物的心聲》（*Wild Minds: What Animals Really Think*）書中，有一段有趣的文章討論到動物失去同伴之後有何行爲，當我撰寫此章時發現它很有幫助，這本書文筆流暢，總結概述了許多認知研究的結果，使非科學家的一般動物愛好者也能輕易理解裡頭的研究。

本章的參考書目如下：

Beston, Henry. 1992. *The Outermost House: A Year of Life on the Great Beach of Cape Cod*. New York: Henry Holt.

Harrington, Fred H. and Paul C. Paquet, eds. 1992. *Wolves of the World:Perspectives of Behavior, Ecology and Conservation.* Park Ridge, NJ: Noyes Publications.

Hauser, Marc D. 2000. *Wild Minds: What Animals Really Think.* New York: Henry Holt and Company.

Kaufman, Julie. 1999. *Crossing the Rubicon: Celebrating the Human-Animal Bond in Life and Death.* Cottage Grove, Wis.: Xenophon Publications.

Kay, William J. et al. 1984. *Pet Loss and Human Bereavement.* Ames, Iowa: Iowa State University Press.

Quintana, Maria Luz, Shari L. Veleba, and Harley King. 1998. *It's OK to Cry*. Perrysburg, Oh.: K & K Communications.